U0321509

从零开始学
C语言^{（第3版）}

◎ 戴晟晖 冯志强 编著

电子工业出版社
Publishing House of Electronics Industry
北京·BEIJING

内 容 简 介

为了使初学者都更好地掌握这门高级语言——C语言，本书系统地介绍了程序设计的基本理论与编程技术。每一个知识点都作为一个独立的章节进行详细的讲解，目的在于让读者在学习C语言的过程中，能循序渐进、由浅入深。

本书共4篇分为18章，内容包括C语言入门基础、C语言程序、常量/变量与标识符、数据类型、运算符及其表达式、输入与输出、顺序结构与选择结构、循环结构程序设计、结构语句的转移、数组、函数、指针、结构体、共用体和文件等内容。最后的实例篇，运用C语言建立一个学生成绩管理系统，通过对该系统的界面设计、功能分析、模块描述，使读者对C语言程序设计有一个更加系统、深刻的理解。

本书内容全面、论述翔实，适合C语言的初学者，也可作为大、中专院校师生的培训教材。对于C语言爱好者，本书也有很大的参考价值。

图书在版编目（CIP）数据

从零开始学C语言 / 戴晟晖，冯志强编著. —3版. —北京：电子工业出版社，2017.1
（从零开始学编程）
ISBN 978-7-121-30104-9

Ⅰ. ①从… Ⅱ. ①戴… ②冯… Ⅲ. ①C语言－程序设计 Ⅳ. ①TP312.8

中国版本图书馆 CIP 数据核字(2016)第 246763 号

策划编辑：牛 勇
责任编辑：徐津平
印　　刷：北京盛通商印快线网络科技有限公司
装　　订：北京盛通商印快线网络科技有限公司
出版发行：电子工业出版社
　　　　　北京市海淀区万寿路 173 信箱　邮编：100036
开　　本：787×1092　1/16　印张：23　字数：662 千字
版　　次：2011 年 2 月第 1 版
　　　　　2017 年 1 月第 3 版
印　　次：2022 年 1 月第 11 次印刷
定　　价：59.80 元

凡所购买电子工业出版社图书有缺损问题，请向购买书店调换。若书店售缺，请与本社发行部联系，联系及邮购电话：（010）88254888，88258888。

质量投诉请发邮件至 zlts@phei.com.cn，盗版侵权举报请发邮件至 dbqq@phei.com.cn。

本书咨询联系方式：010-51260888-819，faq@phei.com.cn。

> C 语言的诞生是现代程序语言革命的起点，是程序设计语言发展史中的一个里程碑。
>
> ——Dennis M Ritchie（C 语言之父）

近年来，C 语言是应用非常广泛的一种高级程序设计语言，它不仅是计算机专业学生的必修课，也是许多非计算机专业学生所青睐的技术学科。C 语言程序设计是全国和各省计算机等级考试的重要考试内容。C 语言功能丰富，表达能力强，使用灵活方便，程序效率高，是结构化程序设计语言。C 语言具有很强的实用性，既可用来编写应用软件，也适合于编写系统软件。

改版说明

本书前面两版已经销售了数万册，广受读者欢迎，这次改版主要在如下几个方面进行了升级：

1．修订了书中的个别错误。

2．增加了大量的代码注释，让书中代码的可读性更强，即使以前没有学过编程，也能轻松读懂代码。

3．每章最后增加了"典型实例"栏目，全书增加了 40 多段经典 C 语言代码，帮助读者体会知识的精髓。

4．赠送《C 语言函数速查效率手册》电子书及配套代码文件，内含 300 多个常用函数的语法规范讲解和 300 多个典型案例，方便速查速用。

5．赠送《C 语言程序设计经典 236 例》与《C++程序设计经典 300 例》电子书及配套代码文件，分别精心收录 236 与 300 个经典开发案例，全面覆盖 C 语言与 C++开发技术，实践出真知。

6．赠送《C/C++程序员面试指南》电子书，内含 200 多个经典面试题及解析，在提高开发水平的同时快速提升面试能力。

本书的特点

C 语言是学习其他语言的基础，读者只要掌握 C 语言，学习其他语言就会很快入门。本书为了使读者能够从 C 语言的初学者成为编程高手，专门对 C 语言知识进行研究分析。本书的主要特点如下：

- ❑ 结构清晰明了。本书共 18 章，每章都分为若干节，每节一个小知识点，结构层次清晰可见。
- ❑ 内容全面详细。本书涵盖了 C 语言中的所有主要知识，并将 C 语言各个知识点作为单独章节进行讲解，并举出大量实例。
- ❑ 讲解由浅入深。本书首先向读者介绍 C 语言的基本理论知识、数据结构和基本的编程规则，让读者对 C 语言的基本知识及结构化程序设计思想有一个初步的认识；接着对 C 语言一些复杂的数据结构类型如数组、函数、指针操作、结构体与共用体、文件等进行详细的讲解。

❑ 实例丰富多样。本书所讲的每一个知识点都运用充分的实例进行讲解说明，便于读者掌握。

1．清晰的体例结构

① **知识点介绍**　准确、清晰是其显著特点，一般放在每一节开始位置，让零基础的读者了解相关概念，顺利入门。

② **贴心的提示**　为了便于读者阅读，全书还穿插着一些技巧、提示等小贴士。体例约定如下。

提示：通常是一些贴心的提醒，让读者加深印象或提供建议，或者解决问题的方法。

注意：提出学习过程中需要特别注意的一些知识点和内容，或者相关信息。

警告：对操作不当或理解偏差将会造成的灾难性后果做出警示，以加深读者印象。

③ **实例**　书中出现的完整实例，各章中接顺序编号，便于检索和循序渐进地学习、实践，各实例均放在每节知识点介绍之后。

④ **实例代码**　与实例编号对应，层次清楚、语句简洁、注释丰富，体现了代码优美的原则，有助于读者养成良好的代码编写习惯。

⑤ **运行结果**　针对实例给出运行结果和对应图示，帮助读者更直观地理解实例代码。

⑥ **习题**　每章最后提供专门的测试习题，供读者检验所学知识是否牢固掌握。

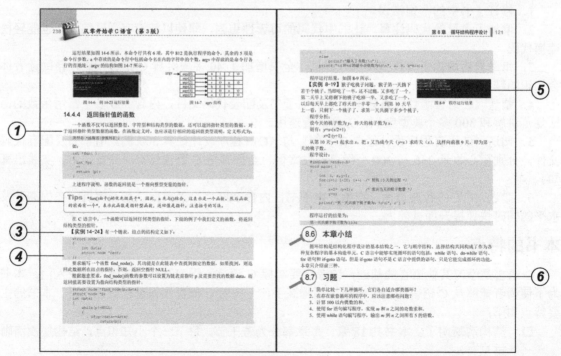

经作者多年的培训和授课证明，以上讲解方式是非常适合初学者学习的方式，读者按照这种方式，会非常轻松、顺利地掌握本书知识。

2. 实用超值的配套资源包

为了帮助读者比较直观地学习，本书附带大容量资源包，内容包括同步教学视频、电子教案（PPT）和实例源代码，以及赠品等，下载地址为：www.broadview.com.cn/30104。

● 教学视频

配有长达 15 小时手把手教学视频，讲解关键知识点界面操作和书中的一些综合练习题。作者亲自配音、演示，手把手指导读者进行学习。

● 电子教案（PPT）

本书可以作为高校相关课程的教材或课外辅导书，所以笔者特别为本书制作了电子教案（PPT），以方便老师教学使用。

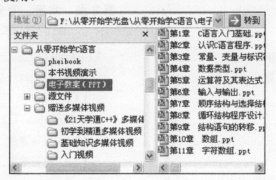

适合阅读本书的读者

- ❑ C 语言的初、中级读者。
- ❑ 了解 C 语言，但所学不全面的人员。
- ❑ 高等理科院校学习 C 语言课程的学生。
- ❑ 使用 C 语言进行毕业设计的学生。
- ❑ 熟悉其他语言，以此作为参考书的开发人员。

目　录

读者服务

轻松注册成为博文视点社区用户（www.broadview.com.cn），扫码直达本书页面。

- 下载资源：本书如提供示例代码及资源文件，均可在 下载资源 处下载。
- 提交勘误：您对书中内容的修改意见可在 提交勘误 处提交，若被采纳，将获赠博文视点社区积分（在您购买电子书时，积分可用来抵扣相应金额）。
- 交流互动：在页面下方 读者评论 处留下您的疑问或观点，与我们和其他读者一同学习交流。

页面入口： http://www.broadview.com.cn/30104

第1篇 C语言入门

第1章 C语言入门基础

C语言作为国际上流行的计算机高级语言，能实现多种功能。为使读者能够对C语言有一个全面的认识，本章在介绍C语言之前，简单介绍了很多其他的相关知识。

- ❏ 计算机语言的演变；
- ❏ 数制、数制转换与存储；
- ❏ 程序设计思想——算法；
- ❏ C语言的发展简史和特点。

1.1 计算机语言的演变

计算机语言的发展是一个不断演变的过程，从开始的机器语言到汇编语言到各种结构化高级语言，最后到支持面向对象技术的面向对象语言。

1.1.1 机器语言

机器语言是第一代计算机语言。计算机所使用的是由"0"和"1"组成的二进制数。二进制是计算机语言的基础，所以也称为二进制语言。机器语言指用机器码书写程序，不易被人们识别和读写，所以使用机器语言是十分痛苦的，特别是在程序有错需要修改时，更是如此。而且，由于每台计算机的指令系统往往各不相同，所以在一台计算机上执行的程序，要想在另一台计算机上执行，必须另编程序，造成了重复工作。但由于计算机能够直接识别程序中的指令，故而运算效率是所有语言中最高的，这种用二进制编写的程序也叫"目标程序"。

1.1.2 汇编语言

汇编语言又称符号语言，对机器指令进行简单的符号化，它也是利用计算机所有硬件特性并能直接控制硬件的语言。人们为了减轻使用机器语言编程的痛苦，对机器语言进行了一种有益的改进：用一些简洁的英文字母、符号串来替代一个特定的指令的二进制串，比如，用"ADD"表示加法，"MOV"表示数据传递等，因此，人们就能理解程序所进行的操作，方便用户对程序进行纠错及维护。汇编语言属于第二代计算机语言。汇编语言十分依赖于机器硬件，它像机器指令一样，是硬件操作的控制信息，因而仍然是面向机器的语言。针对计算机特定硬件编制的汇编语言程序，能准确发挥计算机硬件的功能和特长，程序精炼而质量高，但是汇编语言的通用性不强，可移植性不好，使用起来比较烦琐，很费时。汇编语言的效率仍十分高，所以至今仍是一种常用而强有力的软件开发工具。

1.1.3 高级语言

1958年首次出现了一种描述加工过程很方便、并且能在任何计算机上使用的第三代程序设计语言。程序设计人员可以利用这种语言直接写出各种表达式来描述简单的计算机过程，这种语言称为高级语言。这种语言接近于数学语言或人的自然语言，同时又不依赖于计算机硬件，编出的程序能在所有机器上通用。使用较普遍的有FORTRAN、ALGOL、COBOL、BASIC、LISP、SNOBOL、PL/1、Pascal、C、PROLOG。

用高级语言编写的程序称为"源程序"。源程序不能在计算机上直接运行，必须将其翻译成二进制程序后才能执行。翻译有两种方式：解释程序和编译程序。解释程序是一次只读一行源程序，并执行该行语言指定的操作，每次运行用户程序时，必须要用解释程序。在程序的开发过程中，运用解释的方式执行程序，便于程序员对程序进行调试。编译程序是将源程序全部翻译成目标代码即二进制程序后再执行，只读取一次，节省了大量的时间。

1.1.4 面向对象或面向问题的高级语言

第四代语言是使用第二代、第三代语言编制而成的。面向对象的语言是在面向过程的计算机语言的基础上发展而来的，如 C++语言就是由 C 语言发展而来的。所谓面向对象，就是基于对象的概念，以对象为中心，类和继承为构造机制，认识、了解、刻画客观世界并开发出相应的软件系统。它把构成问题的事务分解成各个对象，建立对象的目的不是为了完成一个步骤，而是为了描述某个事物在整个解决问题的步骤中的行为。比较典型的代表面向对象程序设计语言有 C++、Visual Basic、Delphi 等。

1.2 数制、数制转换与存储

上一节我们了解到高级语言在执行的过程中要解释或编译成二进制代码，即转换成计算机语言才能被识别。C 语言程序在执行的过程中要将源程序解释或编译成目标程序，因此在开始学习 C 语言之前我们先学习一下数制及不同数制之间的转换和存储。

1.2.1 数制

数制也称计数制，是指用一组固定的符号和统一的规则来表示数值的方法。计算机处理的信息必须转换成二进制形式数据后才能进行存储和传输。计算机中，经常使用的进制有二进制、八进制、十进制、十六进制。

1. 二进制数

二进制数由两个基本数字 0、1 组成，二进制数的运算规律是逢二进一。二进制数的书写通常在数的右下方注上基数 2，或在后面加 B 与其他进制加以区别，如二进制 100101 可以写成 $(100101)_2$ 或写成 100101B。

二进制数的加法和乘法运算如下：

0+0=0 0+1=1+0=1 1+1=10	10001
0*0=0 0*1=1*0=0 1×1=1	+ 00101
	————————
	10110

2. 八进制数

八进制是由 0～7 共 8 个数字组成的，运算规则是逢八进一。八进制的基 $R=8=2^3$，并且每个数码正好对应三位二进制数，所以八进制能很好地反映二进制。八进制数据表示时用下标 8 或数据后面加 O 表示，如八进制 261 写成 $(261)_8$、(261)O。

3. 十进制数

十进制数是我们常用的数据表示方法，由 0～9 共 10 个数字组成，运算规则是逢十进一。表示时用下标 10 或数据后面加 D，也可以省略。

4. 十六进制数

十六进制数由 0～9 及 A～F 共 16 个数字组成，A～F 分别表示十进制数 10～15，运算规则是逢十六进一。通常在表示时用下标 16 或数据后面加 H，如（1FA)$_{16}$或（1FA）H。

> **Tips**　在 C 语言程序中，我们可以通常按十进制写，如果写的是十六进制，需要以 0x 开头；八进制以 0 开头，如 0123 表示八进制的 123，0x123 则表示十六进制的 123。

1.2.2　数制的转换

我们知道计算机中数据是以二进制的形式存在的，但是二进制数据太长，没有人愿意对很长的二进制进行操作，用十六进制或八进制可以解决这个问题。因为进制越大，数的表达长度也就越短。不过，为什么偏偏是十六或八进制，而不是其他的诸如九或二十进制呢？因为 2、8、16，分别是 2 的 1 次方、3 次方、4 次方，这一点使得三种进制之间可以非常直接地互相转换。八进制或十六进制既缩短了二进制数又保持了二进制数的表达特点。

1．二进制、八进制、十六进制转换成十进制

规则：数码乘以各自的权的累加。

【实例 1-1】其他进制转换成十进制。

（10001）B=2^4+2^0=17

（101.01）B=2^2+2^0+2^{-2}=5.25

（011）O=8^1+8^0=9

（72）O=7×8^1+2×8^0=58

（112A）H=1×16^3+1×16^2+2×16^1+10×16^0＝4394

2．十进制转换成二进制、八进制、十六进制

规则如下。

❑　整数部分：除以进制取余数，直到商为 0，余数从下到上排列。

❑　小数部分：乘以进制取整数，得到的整数从上到下排列。

【实例 1-2】十进制转换成其他进制。

（1）十进制 20.345 转换成二进制

整数部分：20/2=10　----余 0　　　　小数部分：0.345×2=0.69　----取整数 0

　　　　　10/2=5　----余 0　　　　　　　　　　0.69×2=1.38　----取整数 1

　　　　　5/2=2　----余 1　　　　　　　　　　　0.38×2=0.76　----取整数 0

　　　　　2/2=1　----余 0　　　　　　　　　　　0.76×2=1.52　----取整数 1

　　　　　1/2=0　----余 1　　　　　　　　　　　0.52×2=1.04　----取整数 1

20.345D=10100.01011B

（2）十进制 100 转换成八进制、十六进制

100/8=12　----余 4　　　　　　　　100/16=6　----余 4

12/8=1　----余 4　　　　　　　　　6/16=0　----余 6

1/8=0　----余 1

100D=144O　　　　　　　　　　　　100D=64H

3．二进制转换成八进制

规则如下。

❑　整数部分：从右向左按三位进行分组，不足补零。

❑　小数部分：从左向右按三位进行分组，不足补零。

【实例 1-3】将二进制数（1101101110.110101）$_2$ 转换成八进制数。

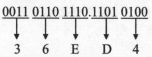

001 101 101 110.110 101

1　5　5　6　6　5

（1101101110.110101）$_2$=（1556.65）$_8$

4．二进制转换成十六进制

规则如下。

❑ 整数部分：从右向左按四位进行分组，不足补零。

❑ 小数部分：从左向右按四位进行分组，不足补零。

【实例 1-4】将二进制数（001101101110.110101）$_2$ 转换成十六进制数。

0011 0110 1110.1101 0100

3　6　E　D　4

（001101101110.110101）$_2$=（36E.D4）$_{16}$

5．八进制、十六进制转换成二进制

规则如下。

❑ 一位八进制对应三位二进制。

❑ 一位十六进制对应四位二进制。

【实例 1-5】八进制、十六进制转换成二进制。

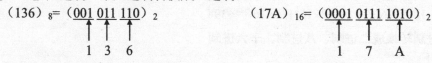

（136）$_8$=（001 011 110）$_2$　　　　　　（17A）$_{16}$=（0001 0111 1010）$_2$

1　3　6　　　　　　　　　　　　　　1　7　A

1.2.3　计算机中数据的存储

我们已经知道在计算机内所有数据最终都是使用二进制数表示的，上一节中我们已经学习了如何将一个十进制、八进制、十六进制数转换为二进制数。数值有正负之分，它们在计算机内是如何存储的呢？

在计算机中，数据有三种表示方法：原码、反码和补码。计算机用一个二进制的最高位存放所表示数值的符号，最高位为 0 表示正数，最高位为 1 表示负数。对于一个正数，原码是将该数转换成二进制，它的反码和补码与原码相同。对于一个负数，原码是将该数按照绝对值大小转换成的二进制数，最高位即符号位为 1；它的反码是除符号位外将二进制数按位取反，所得的新二进制数称为原二进制数的反码；它的补码是将其二进制的反码加 1。计算机中任何一个带有符号的二进制数都是以补码形式进行运算和存储的。

如表 1-1 所示为比较 1 与-1 的原码、反码和补码。

表 1-1　数据存储表（1 与-1 的原码、反码和补码）

整　　数	原　　码	反　　码	补　　码
1	0000 0001	0000 0001	0000 0001
-1	1000 0001	1111 1110	1111 1111

注：为了方便比较我们在这里用一个字节的整数举例。

1.3 程序设计思想——算法

在我们遇到问题的时候，首先在大脑中形成一种解题思路，然后根据可行的思路运用具体的步骤解决问题。在程序设计中，也需要有一种编程思路，这就是算法。

1.3.1 算法的概念

广义上的算法指的是解决问题的方法。就程序设计而言，算法是指计算机求解某一问题而采用的具体方法、步骤。事实上，在日常生活中解决问题经常要用算法，只是通常不用"算法"这个词罢了，例如，乐谱是乐队指挥和演奏的算法；菜谱是厨师做菜的算法，等等。

在程序设计中，算法应该能够离散成具体的若干个操作步骤，每一个步骤都是能够用程序设计语言提供的语句或者语句串来完成的。

例如，求两个整数中较大的数。解决这个问题的算法如下：

第 1 步　开始。
第 2 步　输入两个整数 a、b。
第 3 步　比较 a、b 的大小，如果 a>b，输出 a，否则输出 b。
第 4 步　结束。

需要注意的是，程序是有开始和结束的，所以算法必须有"开始"和"结束"这两个步骤。

计算机解题算法分为两大类：数值运算算法和非数值运算算法。数值运算算法解决的是求数值的问题，运用一定的求值公式如二元一次方程的求根公式、圆面积的计算公式等。这类算法相对比较成熟。非数值运算的算法涉及的内容比较广，而且难以量化，一般都需要参考已有的类似算法，针对具体问题重新设计。

1.3.2 算法的特点

解决问题我们需要一个可行的算法，而如何去衡量这个算法是否得当，是否可行呢？通常，算法具有以下 5 个重要的特征。

1．有穷性

一个算法应包括有限个操作步骤，其中每一步都应在合理的时间范围内完成。有的可能要花很长的时间来执行指定的任务，但仍将在一定的时间内终止。它执行的时间没有严格的限制，受所要处理问题的约束。

2．确定性

算法在指导计算执行每步程序时，这些指令都是明确的，没有任何歧义。例如：

输出：A/正整数

是无法执行的，因为正整数指的是一类数，没有指定 A 除以哪一个正整数，所以这个步骤是不确定的。

3．有效性

算法中的每个步骤都应该是有意义、能够有效执行的，并能得到确定的结果。比如，开方运算的数不能是负数；分母不能够为 0。

4．输入

一个算法有零个或多个输入。在某些算法中，所需要的数据可以由用户用输入设备输入，例如，求两个数中的较大值，这两个数可以是用户随意输入的两个数，它们的值是不确定的。

另外在编程的过程中也可以直接用两个确定的数进行比较，这时就不需要用户的输入，即零输入。

5．输出

一个算法有一个或多个输出。算法的输出反映了输入数据加工后的结果，没有输出的算法是毫无意义的。例如：求两个数的最大公约数，执行后，若这两个数有最大公约数就输出，若没有最大公约数就输出"这两个数无最大公约数"给用户以反馈。

1.3.3　算法的表示方法

一个算法可以用多种不同的方法来描述，有自然语言、伪代码、流程图、N-S 图等，每种表示方法都有自己的优缺点，可以根据不同的需要选择适当的表示方法。

1．自然语言

使用自然语言描述算法是指用文字加上一些必要的数学符号来描述解决问题的算法。

【实例 1-6】 用自然语言描述 100 以内正整数的和。

（1）设 S 代表总和，N 代表正整数；

（2）$S=0$，$N=1$；

（3）$S=S+N$，原来的和加上一个正整数；

（4）$N=N+1$，把下一个正整数赋给 N；

（5）判断 N 是否小于 100，如果是则跳转到步骤（3），否则跳转到步骤（6）；

（6）输出 S 的值。

自然语言表示法，除了很简单的问题外，一般不用这种方法。从上面的例子中我们不难发现，自然语言容易理解，也比较容易掌握，但需要用大量的文字进行解释说明，不直观，当算法中含有多分支或循环操作时很难表述清楚。

2．流程图

流程图很好地弥补了自然语言描述算法的缺陷，它用标准的图形元素来描述算法步骤，程序结构一目了然。流程图中最基本、最常用的构件如表 1-2 所示。

表 1-2　常用流程图构件

符　号	名　称	用　途
▭	开始、结束符	用来表示程序的开始和结束。一个算法只能有一个开始处，但可以有多个结束处
▱	输入、输出框	表示数据的输入和计算数据的输出
▭	处理框	表示需要处理的内容，只有一个入口和一个出口
◇	判断框	用来表示分支情况，菱形框的四个顶点中，通常用上方的顶点表示入口，视需要用其余两个顶点来表示出口
→	流程线	指出流程控制的方向，即动作的次序

用流程图表示 100 以内的正整数的算法如图 1-1 所示。

算法从"开始"执行，依次按照流程顺序执行了前四个输入框内的动作，到达判断框后先判断 N 是否满足条件，如果条件成立，即判断的结果为 True（简写为 T），沿着 T 所示的流程返回到第三步开始继续执行，如果判断条件不成立，即判断的结果为 False（简写为 F），沿着 F 所示的流程线向下执行，最后输出 S。

使用流程图来描述算法比较自由灵活，形象直观，可以用来表示任何算法，但是绘制流程图之前要弄清哪些是判断的条件，哪些是处理的操作，而且绘图也比较麻烦，并且需要用箭头表示程序流程的方向，随意性太大。

3. 伪代码

伪代码是一种在算法开发过程中用来表达思想的非形式化的符号系统。相对于编程语言来说，它的语法规则、语义结构等规定限制比较宽松，是一种更加易用的表示系统。

将【实例 1-6】用伪代码描述表示如下：

```
①N←1;
②S←0;
③do while N≤100
④{S←S+N;
  N←N+1;
}
⑤print S
```

伪代码通常采用自然语言、数学公式和符号描述算法的操作步骤，同时采用计算机高级语言的控制结构来描述算法步骤的执行顺序。但前提是必须熟悉某种程序设计语言，软件专业人员一般习惯使用伪代码。

4. N-S 图

N-S 图也被称为盒图。在使用流程图的过程中，人们发现流程线不一定是必需的，为此，又设计出了一种新的流程图，把整个程序写在一个大框图内，这个大框图由若干个小基本框图构成，这种流程图简称为 N-S 图。

在结构化程序设计中，用 N-S 图表示顺序结构、选择结构和循环结构的结构有所不同，具体表示如下。

（1）顺序结构 N-S 图

如图 1-2 中的顺序结构图所示，程序执行的顺序按照矩形块出现的顺序从上向下依次执行，先执行 A 块再执行 B 块。

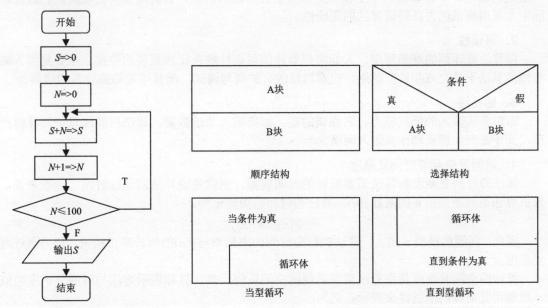

图 1-1 100 以内正整数的流程图表示   图 1-2 三种结构的 N-S 图表示

（2）选择结构 N-S 图

如图 1-2 中的选择结构图所示，程序执行到此步时，先判断条件的真假，如果为真就执行 A 块，如果为假就执行 B 块。

（3）循环结构 N-S 图

如图 1-2 中的循环结构图所示，循环结构的 N-S 图有两种结构，一种是当型循环，一种是直到型循环。当型循环指的是先判断条件，如果条件为真就执行循环体，否则就跳过循环体执行下面的程序。直到型循环指的是先执行一次循环体，然后再判断条件，如果条件为真就返回继续执行循环体，否则就不执行循环体，开始向下执行。

将【实例 1-6】用 N-S 图描述表示如图 1-3 所示。

N-S 图弥补了流程图自由性大、任意转移控制的缺点，表示嵌套关系方便直观，对模块和控制结构的层次和作用域显示行比较清晰；但是 N-S 图修改起来没有流程图方便，如果分支嵌套层次一多就比较难画了。

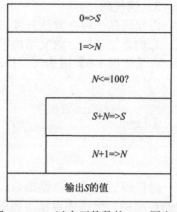

图 1-3　100 以内正整数的 N-S 图表示

1.3.4　算法分析

算法分析是对一个算法需要多少计算时间和存储空间做定量的分析。求解一个给定的可计算或可解的问题，不同的人可以编写出不同的程序，分析算法可以预测这一算法适合在什么样的环境中有效地运行，对解决同一问题的不同算法的有效性做出比较。

什么样的算法才是一个好的算法呢？通常从下列几个方面衡量算法的优劣。

1. 正确性

也称为有效性，是指算法能满足具体问题的要求，即对任何合法的输入，算法都会得出正确的结果。确认正确性的根本方法是进行形式化的证明。但对一些较复杂的问题，这是一件相当困难的事。许多计算机科学工作者正致力于这方面的研究，目前尚处于初级阶段。因此，实际中常常用测试的方法验证算法的正确性。

2. 可读性

指算法被理解的难易程度。人们常把算法的可读性放在比较重要的位置，主要是因为晦涩难懂的算法不易交流和推广使用，也难以修改、扩展与调试，而且可能隐藏较多的错误。

3. 健壮性

即对非法输入的抵抗能力。它强调的是，如果输入非法数据，算法应能加以识别并做出处理，而不是产生错误动作或陷入瘫痪。

4. 时间复杂度与空间复杂度

算法的时间复杂度指算法需要消耗的时间资源，也就是说算法的运行时间。一般来说，计算机算法是问题规模 n 的函数 $f(n)$，算法的时间也因此记为：

$$T(n)=O(f(n))$$

因此，问题的规模 n 越大，算法执行的时间的增长率与 $f(n)$ 的增长率正相关，称为渐进时间复杂度。

算法的空间复杂度是指算法需要消耗的空间资源。其计算和表示方法与时间复杂度类似，一般都用复杂度的渐近性来表示，记为：

$$S(n)=O(f(n))$$

1.4　C 语言的发展简史和特点

C 语言能够快速发展成为最受欢迎的语言之一，主要是因为它具有强大的功能。它既有高级语言的特点，又具有汇编语言的特点。它可以作为工作系统设计语言，编写系统应用程序，也可以作为应用程序设计语言，编写不依赖于计算机硬件的应用程序。在开始正式学习 C 语言之前我们先对 C 语言的发展历程及它的特点做简单的了解。

1.4.1　C 语言的诞生与发展

C 语言诞生于 1972 年，是由著名的美国贝尔实验室科学家 D．M．Ricthie 发明的。C 语言的原型是 ALGOL 60 语言。为了更好地开发新版本的 UNIX，D．M．Ricthie 在 B 语言的基础上设计了 C 语言。除了系统的最核心部分，UNIX 的后来版本基本都是用 C 开发的。C 语言后来又被多次改进，并出现了多种版本。

1．C 语言诞生的背景

我们知道汇编语言程序依赖于计算机硬件，其可读性和可移植性都很差；但一般的高级语言又难以实现对计算机硬件的直接操作（这正是汇编语言的优势）。于是人们盼望有一种兼有汇编语言和高级语言特性的新语言。

1963 年，剑桥大学将 ALGOL 60 语言发展成为 CPL（Combined Programming Language）语言。C 语言的原型就是 ALGOL 60 语言。

1967 年，剑桥大学的 Martin Richards 对 CPL 语言进行了简化，于是产生了 BCPL 语言。

1970 年，美国贝尔实验室的 Ken Thompson 将 BCPL 进行了修改，并为它起了一个有趣的名字"B 语言"，意思是将 CPL 语言"煮干"，提炼出它的精华，并且他用 B 语言写了第一个 UNIX 操作系统。而在 1972 年，B 语言也给人"煮"了一下，美国贝尔实验室的 D.M.Ritchie 在 B 语言的基础上最终设计出了一种新的语言，他取了 BCPL 的第二个字母作为这种语言的名字，这就是 C 语言。

2．C 语言的发展历程

1972 年，贝尔实验室 D.M.Ritchie 设计出 C 语言，当时 Ken Thompson 刚刚使用汇编语言和 B 语言开发出 UNIX 操作系统，但用汇编语言开发系统非常烦琐，于是 D.M.Ritchie 用 C 语言改写 UNIX 系统的内核。

为了推广 UNIX 操作系统，1977 年 D.M.Ritchie 发表了不依赖于具体机器系统的 C 语言编译文本《可移植的 C 语言编译程序》。

C 语言在 1978 年由美国电话电报公司（AT&T）贝尔实验室正式发布。由 B.W.Kernighan 和 D.M.Ritchie 共同完成了著名的《The C Programming Language》一书，通常简称为《K&R》。

1983 年，美国国家标准化协会（ANSI），根据 C 语言问世以来各种版本对 C 语言的发展和扩充，制定了 ANSI C 标准。

由于《K&R》中并没有定义一个完整的标准 C 语言，K&R 第一版在很多语言细节上也不够精确，所以 ANSI 于 1983 年夏天，在 CBEMA 的领导下建立了 X3J11 委员会，目的是产生一个 C 标准。X3J11 在 1989 年末提出了一个他们的报告[ANSI 89].

1990 年，国际标准化组织 ISO（International Organization for Standards）接受了 89 ANSI C 为 I SO C 的标准（ISO9899-1990）。

目前 C 语言在世界范围内都是相当流行的高级语言。C 语言最初是为了描述和实现 UNIX 系统的，但随着 C 语言的发展，它适用于任何平台，C 语言可以用来编写应用软件，也可以用来编写系统软件。许多著名的系统软件，如 DBASE IV 都是由 C 语言编写的。用 C 语言加上一些汇编语言子程序，就更能显示 C 语言的优势了，像 PC- DOS、WORDSTAR 等就是用这种方法编写的。

1.4.2　C 语言的特点

一种语言之所以能够存在和发展，并具有生命力，在于它具有一些不同于或者说优于其他语言的特点。C 语言具有以下几个基本特点。

1．紧凑简洁、灵活方便

与学习自然语言一样，掌握任何程序设计语言都需要掌握一些关键字（也称为保留字），即基本词汇。C 语言一共只有 32 个保留字，9 种控制语句，压缩了一切不必要的成分，相对于其他语言，C 语言的关键字比较少，便于记忆。另外，完成同样的任务，C 程序往往比其他语言的程序短，因此输入程序时工作量少，有利于提高程序员的编程效率。

2．运算符丰富多样

C 语言具有种类丰富的运算符，共 34 种运算符和 15 个等级的运算优先顺序，除了具有一般高级语言使用的算术运算符、关系运算符及逻辑运算符外，还有自增、自减运算符，复合赋值运算符，3 项条件运算符和位运算符等。另外，C 语言还把括号、赋值、强制类型转换等都作为运算符处理。如此丰富的运算符使运算表达式简洁多样化，且编译处理也统一简单，灵活地使用这些运算符可以实现在其他语言中难以实现的运算。

3．数据结构多样性

C 语言的数据类型有整型、实数型、字符型、数组类型、指针类型、结构体类型、联合体类型及枚举类型等，可以实现各种复杂的数据结构的运算，特别是指针类型，使用起来更是灵活、多样。因此，C 语言具有较强的数据处理能力。

4．程序语言模块化

C 语言程序由许多个函数构成，各个函数之间相互独立，这样不仅有利于把整体程序分割成若干个具有相对独立功能的模块，而且便于模块间相互调用及相互传递数据。

5．控制语句结构化

C 语言为结构化程序设计提供了 if-else、switch-case、while、do-while、for 等流程控制语句，便于采用自顶向下、逐步细化的结构化程序设计方法，符合现代编程风格的要求。

6．接近硬件与系统

C 语言既有高级语言的特点，又具有汇编语言的特点，能够用来开发系统程序。C 语言允许程序根据地址直接访问内存，允许程序按位处理数据，也可以直接对硬件进行操作。

7．运行效率高

C 语言编写的程序生成目标代码质量高，程序执行效率高，一般只比汇编程序生成的目标代码效率低 10%～20%。在相同的计算机上完成相同的任务，C 程序往往比其他语言的程序运行时间短，占用的内存空间少。

8．可移植性好

在一种计算机上开发的 C 程序，经过少量的修改，甚至不经修改，就可以在其他类型的计算机上运行。它适合于多种操作系统，如 DOS、UNIX，也适用于多种机型。

任何一种语言都有各自的优点也有自己的缺点。C 语言有着众多的优点也有一些弱点，比如运算符的优先级比较多，有些还与常规约定不同，不便记忆；C 语言的语法限制不太严格，对变量的类型约束不严格，影响程序的安全性；对数组的下标越界不做检查等。对初学者来说，必须掌握 C 语言的基础知识，只有熟练掌握了才能灵活运用。

总体上说，C 语言功能强大，灵活易用，对编程人员的限制少，可以编写出任何类型的程序（系统软件与应用软件）。同时，C 语言作为一门基础性语言掌握之后，学习其他语言会很快入门。

1.5 本章小结

计算机语言经历了运用二进制代码编写的第一代机器语言、相对来说容易理解的第二代汇编语言，到后来的第三代高级语言运用完全接近人类习惯的英语单词表示，以及现在面向对象或问题的高级语言。程序语言的发展越来越向人类可以接受的方向发展，而计算机只能识别二进制代码，因此数据在计算机内部需要进行转换才能识别存储，常用的数制有二进制、八进制、十进制和十六进制。二进制、八进制和十六进制有着特殊的对应关系，它们分别是 2^1，2^3，2^4，进制之间易于转换。

程序设计就是要找出解决问题的算法，并把它用程序语言描述出来。因此首先要学习程序设计的思路即解决问题的思想。

1.6 习题

1. 算法的特点有哪些？
2. 为什么说 C 语言是一门"中间语言"？
3. 简述 C 语言的发展历史。

第 2 章　认识 C 语言程序

计算机语言与人类的自然语言一样，都有自己特定的结构特征与书写风格。只有遵循特定的语法结构，程序才能被识别；通过正确的书写风格，增强程序的可读性，程序员之间才能更好地交流。本章通过一个简单的 C 语言程序例子来说明 C 语言程序的结构和书写格式，帮助初学者对 C 语言程序建立初步的认识，以便于进一步学习。

❑ C 语言程序的结构特征；
❑ C 语言程序的书写风格；
❑ C 语言程序的开发过程；
❑ 熟悉 Visual C++ 6.0 集成开发环境；
❑ 用 Visual C++ 6.0 运行一个 C 语言程序。

2.1　C 语言程序的结构特征

一种语言只有熟悉它的语法和结构特征，才能更好地理解并掌握它。下面我们通过一个简单的 C 语言程序实例来对其结构进行分析，使读者对 C 语言程序有一个初步的认识，在以后的章节中，我们将进行深入的讲解。

下面是用 C 语言编写的一个程序，实现的功能是从输入端任意输入两个整型数，并求这两个数的和，最后输出到屏幕上。为了讲解方便我们将每一行的开头用序号标出，要注意的是这些序号不属于编写程序本身，只是为了方便说明而添加上去的。

```
# include<stdio.h>                          ①文件包含
void main()                                 ②主函数
{                                           ③程序开始
    int  a ,b ,sum;                         ④变量定义
    scanf( "%d", &a );        /*输入a*/      ⑤格式输入函数与注释
    scanf( "%d", &b );                       ⑥格式输入函数
    sum=a+b;                  /*对a、b求和*/  ⑦求和与注释
    printf("sum=%d \n",sum);                 ⑧格式输出函数
}                                           ⑨程序结束
```

我们用序号将各行语句的作用都标注出来，下面将对 C 语句的结构和作用进行逐一的讲解。

1. 文件包含

include<stdio.h>是文件包含，通用的格式是# include<文件名>或# include "文件名"，它属于预处理命令中的一种。文件包含的作用是将该程序编译时所需要的文件复制到本文件，再对合并后的文件进行编译。stdio.h 是基本输入/输出的头文件，在上例中，我们用到输入/输出函数 printf()、scanf()，因此需要在源程序的开头写上# include<stdio.h>。

在编写程序的时候，常会用到不同的函数，如 sin()、cos()、abs()，而这些函数虽然已经编好，但需要提供有关信息，这就需要用到这些预处理命令，且要放在程序的开头，故也称为头文件。当用到数学函数，如 sin()、cos()、abs()时，则需要写#include<math.h>。

【实例 2-1】输入一个正整数求其平方根。

```
#include <stdio.h>
#include <math.h>
```

```
void main()
{
    float a,b;                /*定义两个实数型变量 a、b*/
    scanf("%f",&a);           /*输入 a 的值*/
    a=fabs(a);                /*保证被开方数为正数*/
    b=sqrt(a);                /*对 a 进行开平方,并将其赋予 b*/
    printf("%f",b);
}
```

程序运行时,当输入:4

屏幕上输出的结果为:4 的平方根是 2

在【实例 2-1】中,程序编译时用到了 sqrt()函数,因此在源程序的开头将该函数所在的头文件引入。

2. 主函数

main()表示主函数,这是系统提供的特殊函数,每一个 C 语言程序有且只有一个 main()函数。函数的内部用一对大括号括起来,括起来的部分称为函数体,上例中函数体一共包括五条语句,一个 C 程序执行是从第 1 个大括号开始,到另一个大括号结束。在上面的例子中,③⑨表示的是 main()函数的开始与结束,同时它也表示源程序的执行的开始与结束,这两个大括号必须配对使用,不能省去。④⑤⑥⑦⑧构成 main()函数的函数体,④是函数体的说明语句,⑤⑥⑦⑧是执行语句。每一个语句后面都要以分号结尾,分号是语句结束标志。

不管 main()函数在源程序中的位置在何处,执行完主函数中的所有语句后,程序就结束了。

【实例 2-2】程序的执行过程示例。

```
#include <stdio.h>
int c , a=4 ;                  /*定义两个整型变量 c、a,并对 a 赋值*/
int func(int a , int b)        /*定义 func()函数,函数值为整数,a,b 为形式参数*/
{
    c=a*b ;
    a=b-1 ;
    b++ ;
    return  (a+b+1) ;
}
void main()
{
    int b=2 , p=0 ; c=1 ;      /*定义三个整型变量 b、p、c,并进行赋值*/
    p=func(b , a);             /*调用 func()函数*/
    printf("%d,%d,%d,%d\n", a,b,c,p) ;
}
```

程序运行时,屏幕上输出的结果为:4,2,8,9。

【实例 2-2】中,源程序的执行不是从开头进行的,而是从 main()函数所在的位置开始的,func()函数是用户自定义函数。程序从 main()函数开始执行,执行到 main()函数中的第四行时,开始调用 func()函数,程序转到 func()函数,执行完 func()函数中的所有语句后,再返回到主函数 func()函数中继续执行。

3. 变量的定义

一个变量在内存中占据一定的存储单元,在该存储单元中存放变量的值。本行定义了三个变量 a、b、sum,分别用来存储等待输入的两个整型数和它们的和,便于以后的操作。

C 语言中,变量的定义必须符合标识符的命名规则,即标识符只能由字母(大小写均可)、数字和下画线 3 种字符组成,第 1 个字母不能是数字。

C 语言对大小写严格区分,变量一般用小写。变量遵循先定义后使用的原则,定义变量有利于系统分配存储空间,定义变量其实就是在内存中开辟存储单元。

4. 格式输入与输出函数

C 语言本身不提供输入/输出语句，输入与输出操作是由函数来实现的。在 C 标准函数库中有一些输入/输出函数，可以在程序中直接调用，如 printf()函数和 scanf()函数，它们不是 C 语言文本的组成部分，而是以函数库的形式存放在系统之中。

输入函数的作用是将输入设备（如键盘）按指定的格式输入一组数据，赋给指定的变量存储单元，作为变量的值。⑤⑥两行是 C 语言提供的标准输入函数。&a，&b 中的"&"表示"地址"，运用输入函数分别从外部输入设备输入两个整型数，存放在 a、b 所代表的存储单元里面。⑤⑥⑧中的"%d"是输入的"格式说明"，用来指定输入的数据类型和格式（详见第 3 章），"%d"表示"十进制整数类型"。

输出函数的作用是向系统指定的输出设备（如显示器）输出若干个任意类型的数据。本例中，将输入的两个整型数求和后存放在 sum 所代表的存储单元中，用输出函数输出到屏幕上。

5. 注释部分

例子中的⑤⑦行"/*"开头到"*/"结尾之间的内容表示注释，它可以在一行书写或分多行书写，可写在程序的任何位置。为了便于理解，我们常用汉字表示注释，当然也可以用英文或汉字拼音作注释。注释是程序员对程序某部分的功能和作用所做的说明，是给人看的，对编译和运行不起作用。

⑤⑦中的注释部分是对所要进行的操作的说明，⑤是一个输出语句，输入变量 a 的值，⑦是一个赋值语句，将 a、b 相加的和赋给 sum。在程序中添加注释语句可以提高程序的可读性，具有提示的作用，也便于不同程序员之间的交流。

根据上面一个简单的实例，我们对 C 语言程序的结构做了一些简单的解释，在以后的章节中我们将对各个部分逐一进行详细的讲解。

2.2 C 语言程序的书写风格

为了增强程序的可读性，便于人们理解和查错，建议使用良好的书写格式。这些书写格式有些是强制性的，有些是建议性的。怎样的才算是良好的书写格式呢？我们从下面这个实例说起。

【实例 2-3】

```c
#include <stdio.h>
void main( )
{
    int k=0; char c='A';        /*定义一个整型变量，一个字符变量，并赋值*/
    do {                        /*直到型循环*/
        switch (c++)
        {                       /* switch 多分支语句*/
            case 'A': k++; break;
            case 'B': k--;
            case 'C': k+=2; break;
            case 'D': k=k%2; break;
            case 'E': k=k*10; break;
            default: k=k/3;
        }
    k++;
    }while(c<'G');
    printf("k=%d\n", k);
}
```

从这个实例中，程序里面的成分结构可以一目了然，上述程序表现了 C 语言的书写格式，具体如下：

- ❑ C 语言程序使用英文小写字母书写。大写字母一般用于符号常量或特殊用途。C 语言区分字母大小写，如 student 和 STUDENT 是两个不同的标识符。
- ❑ 标识符是用于标识某个量的符号，可由程序员任意定义，但为了增加程序的可读性，命名应尽量有相应的意义，以便阅读理解及程序员之间的交流。
- ❑ 不使用行号，通常按语句的顺序执行。前面的例子中我们使用编号是为了讲解方便，在正常的源程序中，不能使用行号。
- ❑ 所有语句都必须以分号"；"结束，作为语句之间的分隔符。
- ❑ C 程序中一个语句可以占多行，一行也可以有多个语句，但要用分号分隔开。
- ❑ 不强制规定语句在一行中的起始位置，但同一结构层次的语句应左对齐。低一层次的语句或说明可比高一层次的语句或说明缩进若干格后书写，以便看起来更加清晰，增加程序的可读性。属于同一模块时要用"{ }"括起来，如上例中的 do-while 语句和 switch 语句。
- ❑ 为了使程序更加清晰，可以使用空行，空行不影响程序的执行，但不要在一个语句内加空行。
- ❑ C 语言中有的符号必须配对使用。如注释符号"/* */"，模块起止符号"{ }"，圆括号"( )"等。在输入时为了避免忘记，可连续输入这些起止符，然后再在其中插入代码来完成内容的编辑。
- ❑ 在源程序中，凡是用"/*"和"*/"括起来的文字都是注释。可以在程序的任何一处插入注释。注释是对程序或其局部的说明，不参加编译也不在目标程序中出现。建议多使用注释信息，可以增加程序的可读性。

在编程时应力求遵循这些规则，以养成良好的编程风格。

2.3 C 语言程序的开发过程

在本章的第一节我们了解到计算机语言的发展过程及几种语言的区别。我们知道计算机只能识别和执行由 0、1 组成的二进制指令即机器语言，不能识别和执行用高级语言编写的指令即源程序。为了让计算机能执行高级语言编写出来的源程序，必须通过一定的转换过程，将源程序"翻译"成计算机能懂的机器语言，如图 2-1 所示。

把高级语言翻译成机器语言的过程称为"编译"。对 C 程序来说，先要通过"编译程序"将源程序翻译成二进制形式的"目标程序"，然后再通过"链接程序"将该目标程序与系统的库函数及其他目标程序链接起来，形成可执行目标程序。

一般来讲，C 程序开发过程要经历创建源程序、编译源程序、链接目标代码、运行可执行文件等过程，如图 2-2 所示是 4 个基本步骤。

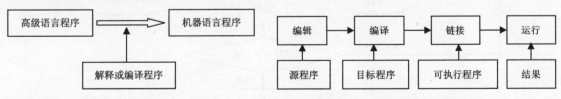

图 2-1　C 语言程序的"翻译"过程　　　　图 2-2　C 语言程序的开发过程

1. 编辑

编辑创建源程序是将编写好的 C 语言源程序代码录入到计算机中，形成源程序文件。编辑器可以是计算机所提供的某种文本编辑软件，也可以是 C 系统提供的编辑器。源程序编辑好后以文本文件的形式保存到磁盘中，本书使用 Visual C++ 6.0 运行环境，保存文件的扩展名为"·cpp"，源程序文件名由用户自己选定，例如"student.cpp"。

2. 编译

编译的功能就是调用"编译程序"将已编辑好的源程序翻译成二进制的目标代码。系统对源程序进行编译时，还对源程序的语法进行检查。当发现错误时，会在屏幕上列出错误的位置及种类，此时要再次使用编辑工具对源程序进行排错修正，如果源程序没有语法错误，编译后将产生一个与源程序同名，以"·obj"为扩展名的目标程序。例如，编译源程序为"student.cpp"，将产生目标程序"student.obj"。

3. 链接

编译后产生的目标程序不能直接用于运行，因为每一个模块往往都是单独编译的，需要把各个模块编译后得到的目标程序及系统提供的标准库函数等链接后才能运行。链接过程是使用系统提供的"链接程序"进行的，链接后产生以"·exe"为扩展名的可执行目标程序。例如编译源程序为"student.cpp"，编译链接后生成"student.exe"。

4. 运行

可执行目标程序生成后，就可以在操作系统的支持下运行。若执行结果达到预期的目的，则开发工作到此完成。否则，要进一步检查修改源程序，再经过"编辑—编译—链接"的过程，直到取得正确的运行结果为止。

本书使用 Visual C++ 6.0 集成开发环境。为了帮助读者更好地理解 C 语言开发的过程，我们在这里以"student.cpp"为例，将它的开发过程以流程图的形式展现出来，运行过程一目了然，如图 2-3 所示。

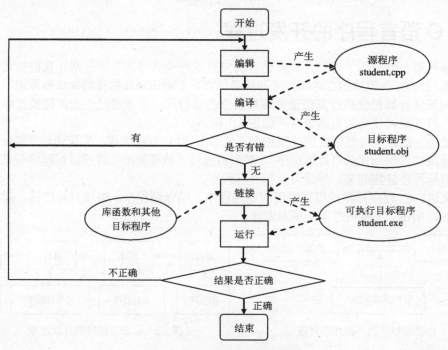

图 2-3　C 语言程序开发流程图

2.4 Visual C++集成开发环境

在了解 C 语言的初步知识之后,本节要讲解一下 C 语言的集成开发环境——Visual C++ 6.0。Visual C++ 6.0 是一个基于 Windows 操作系统的可视化集成开发环境(Integrated Development Environment, IDE),已成为专业程序员进行软件开发的首选工具,是目前非常盛行的一种 C 编译系统,功能十分强大,操作方便,视图界面友好。

2.4.1 熟悉 Visual C++ 6.0 集成开发环境

为了帮助大家熟练运用 Visual C++ 6.0 进行 C 语言开发,在这一部分我们熟悉 Visual C++ 6.0 集成开发环境的界面及构成。

1. 安装 Visual C++ 6.0

Visual C++ 6.0 过程不是非常复杂,只需要运行安装文件中的 setup.exe 程序,然后按照安装程序的提示信息进行操作,可以指定系统文件存放的路径,但一般不必自己另行指定,采用系统提示的默认方案即可完成安装过程。

2. 启动 Visual C++ 6.0

在【开始】菜单中的【程序】选项的 Microsoft Visual Studio 6.0 级联菜单下,选择 Microsoft Visual C++ 6.0,启动 Visual C++ 6.0,进入 Visual C++ 6.0 的界面。或者双击安装过程中建立在桌面的快捷图标,也可以启动 Visual C++ 6.0。

3. Visual C++ 6.0 的工作界面

Visual C++ 6.0 的工作界面如图 2-4 所示。

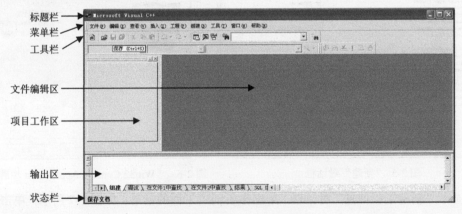

图 2-4 Visual C++ 6.0 主窗口

- ❑ 标题栏位于主窗口的最上方,它显示了应用程序的标题名称。
- ❑ 菜单栏除包含常用的文件操作以外,还包含了程序开发过程中所需要的各种操作。
- ❑ 工具栏是一种图形化的操作界面,将菜单栏中的常用项以快捷的方式显示出来,熟练掌握工具栏的使用方法以后,工作效率将会大幅提高。
- ❑ 编辑区用来对源文件、资源文件、文档文件等进行编辑,现在的编辑区是灰色的,表示还没有文件在进行编辑。
- ❑ 工作区(Workspace)用来管理工程的一些信息,包括类、工程文件、资源等,各种文件的类属很清晰,可以有条不紊地进行各种信息的编辑。
- ❑ 输出区(Output)包括编译、调试、查找等信息的输出,这些输出信息以多页面的方式出现在输出区中，例如，在对工程进行编译和链接后，如果程序有错误或警告，则显示在输出区，可以对照错误或警告提示进行程序修改。

❑ 状态栏用来显示界面当前所处的状态。

2.4.2　C 语言在 Visual C++ 6.0 的开发过程

如图 2-4 所示，刚开始进入 Visual C++ 6.0 的界面时，里面的项目工作区和文本编辑区是空的，要开始一个新程序的开发，需要通过应用程序向导建立新的工程项目，并在项目中添加文件，然后再进行其他的开发操作。

1．新建工程项目

项目也称工程，Visual C++ 6.0 用工程化和管理方法把一个应用程序中的所有相互关联的一组文件组织成一个有机的整体，项目以文件夹方式管理所有源文件，项目名作为文件夹名。具体过程如下：

（1）单击 Visual C++ 6.0 主窗口菜单栏中的"文件"菜单选项。

（2）单击下拉菜单中的"新建"命令，弹出"新建"对话框，如图 2-5 所示。

（3）在"工程"选项卡下，选择"Win32 Console Application"选项，在"工程名称"一栏中输入项目名称，如 c_example，"位置"一栏用来设置新建项目的存储位置，一般情况下为默认位置，不作设置，然后单击"确定"按钮。

（4）进入"Win32 Console Application 步骤"对话框，如图 2-6 所示，选择你想要创建的控制台程序，默认情况下为创建一个空工程，然后单击"完成"按钮。

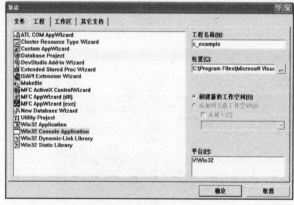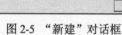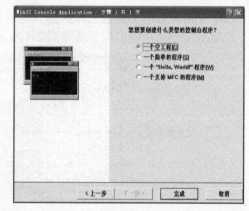

图 2-5　"新建"对话框　　　　　　　图 2-6　"Win32 Console Application 步骤"对话框

（5）显示"新建工程信息"对话框，给出你所创建工程的信息，如图 2-7 所示，单击"确定"按钮。

（6）系统自动返回 Visual C++ 6.0 的主窗口界面，此时项目工作区已经显示了你所创建的项目内容。

2．建立项目中的文件

若要在新建立的项目中创建文件，可以打开相应的项目文件，如刚才我们创建了一个名称为 c_example 的项目，里面没有任何文件，我们现在在里面创建源程序文件或头文件，具体操作如下：

（1）选择"文件"菜单下的"新建"命令，在弹出的"新建"对话框中，选择"文件"选项卡，如图 2-8 所示。

（2）选择想要创建的文件类型。这里我们选择"C++ Source File"选项，在"文件名"一栏中输入创建文件的名称，如图 2-8 所示，然后单击"确定"按钮。

（3）此时系统自动返回 Visual C++ 6.0 的主窗口界面，并显示刚才建立的文件编辑区窗口，在文件编辑区可以对源文件或头文件的内容进行编辑操作。

3．文件保存

编辑完源文件后，需要对其进行保存，有两种方法：

（1）选择"文件"|"保存"命令。

（2）单击工具栏中的保存按钮 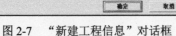。

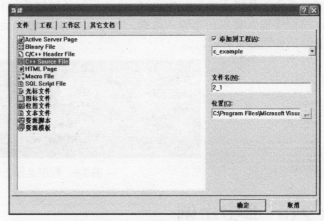

图 2-7　"新建工程信息"对话框　　　　　　　　　图 2-8　"新建"对话框

2.5　用 Visual C++ 6.0 运行一个 C 程序

在上一节我们熟悉了 Visual C++ 6.0 集成开发环境，以及其中的程序开发过程，现在我们来编辑并运行一个简单的 C 语言程序，熟悉 Visual C++ 6.0 中的整个上机过程。

1．编辑源程序

这里我们使用上一节建立的 c_example 工程，在其里面再建立一个名称为 example 的 C++ Source File 文件。进入文件编辑区输入以下程序代码：

【实例 2-4】

```
#include<stdio.h>
void main( )
{
    int  a,b,sum;
    printf("输入第 1 个数 a：");
    scanf( "%d", &a );                          /*输入 a*/
    printf("输入第 1 个数 b：");                  /*输入 b*/
    scanf( "%d", &b );
    sum=a+b;                                    /*对 a、b 求和*/
    printf("%d 和%d 的和是%d \n",a,b,sum);
}
```

2．编译链接源程序

源程序编辑完成之后，要进行编译、链接生成可执行目标代码文件。具体的操作过程如下：

选择菜单栏中的"组件"下拉菜单下的"编译"命令（或按 Ctrl+F7 组合键）进行编译，然后选择菜单栏中的"组件"下拉菜单下的"组件"（F7 键为快捷键命令进行链接），系统将会在输出窗口给出所有的错误信息和警告信息。当所有错误修正之后，系统将会生成扩展名为.exe 的可执行文件。对于输出窗口给出的错误信息，双击可以使输入焦点跳转到引起错误的源代码处以进行修改。

另一种方法是：可以先单击主窗口工具栏上的编译按钮 进行编译，再单击主窗口工具栏上的 Build 按钮 进行链接。

3．运行程序

选择菜单栏中的"组件"下拉菜单下的"执行"命令（Ctrl+F5 组合键为快捷键）运行程序，或者单击工具栏上的运行按钮 来执行编译链接后的程序。运行时，将会出现一个 DOS 窗口，按照程序输入要求正确输入数据。程序运行成功时将会在屏幕上输出执行结果。本源程序运行的结果如图 2-9 所示。

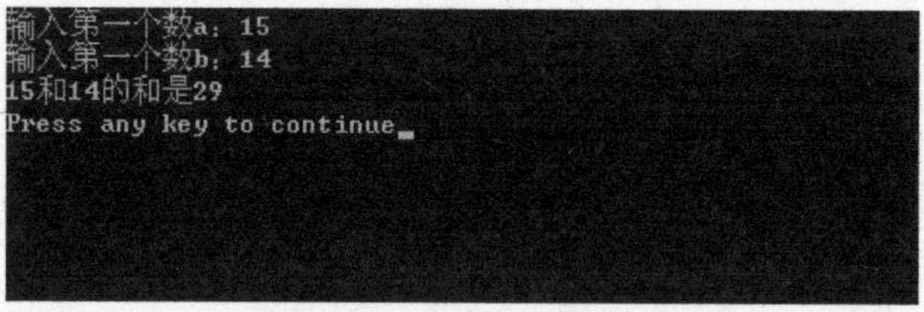

```
输入第一个数a: 15
输入第一个数b: 14
15和14的和是29
Press any key to continue
```

图 2-9　程序运行结果

2.6　典型实例

【实例 2-5】 输入一个角度，求其正弦值。

```c
#include <stdio.h>
#include <math.h>
void main()
{
    float a,b,r;                /*定义三个实型变量a、b、r*/
    printf("请输入一个角度:");
    scanf("%f",&a);             /*输入一个角度*/
    b=3.1415926/180*a;          /*将角度a转换为弧度b*/
    r=sin(b);                   /*求对b的正弦值，并将结果赋予r*/
    printf("sin(%f)=%f",a,r);
}
```

程序运行时，当输入：45

屏幕上输出的结果为：sin(45.000000)=0.707107，如图 2-10 所示。

```
请输入一个角度:45
sin(45.000000)=0.707107
```

图 2-10　程序运行结果

库函数 sin 的参数要求是一个弧度值，而日常习惯用的是角度值。因此，在上面的程序中，编写了一行代码将输入的角度值转换为弧度值，然后作为 sin 的参数。

【实例 2-6】 编写程序，输出如图 2-11 所示的图形。

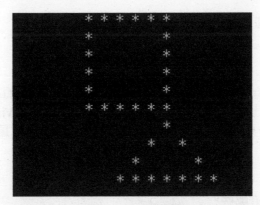

图 2-11 生成的图形

本程序的实现方法不难，通过少量的转义字符以及空格构成整个程序，要求读者牢记各种转义字符。转义字符见表 2-1。

表 2-1 转义字符

转义字符	意 义	ASCII 码值（十进制）
\a	响铃(BEL)	007
\b	退格(BS)，将当前位置移到前一列	008
\f	换页(FF)，将当前位置移到下页开头	012
\n	换行(LF)，将当前位置移到下一行开头	010
\r	回车(CR)，将当前位置移到本行开头	013
\t	水平制表(HT)（跳到下一个 TAB 位置）	009
\v	垂直制表(VT)	011
\\	代表一个反斜线字符"\'	092
\'	代表一个单引号（撇号）字符	039
\"	代表一个双引号字符	034
\0	空字符(NULL)	000
\ddd	1 到 3 位八进制数所代表的任意字符	三位八进制
\xhh	1 到 2 位十六进制所代表的任意字符	二位十六进制

本程序中利用转义字符以及 ASCII 码中的可打印字符"*"来实现正方形、三角形的输出。这里要注意的是输出时横行*号之间的空隙是竖列空隙的 1/2，所以要注意空格填充。代码如下。

```c
#include <stdio.h>
#include <stdlib.h>
void main()
{
    //利用 * 输出正方形
    printf("\t\t* * * * *\n");
    printf("\t\t*       *\n");
    printf("\t\t*       *\n");
    printf("\t\t*       *\n");
    printf("\t\t*       *\n");
    printf("\t\t* * * * *\n");
    //利用 * 输出三角形
    printf("\t\t      *     \n");
    printf("\t\t     *   *   \n");
    printf("\t\t    *       * \n");
    printf("\t\t   * * * * * * \n");
}
```

编译运行以上程序，即可得到图 2-11 所示的图形。

2.7 本章小结

本章通过对一个 C 语言程序实例进行分析，介绍了 C 语言程序的基本结构特点、正确规范的书写风格，在此基础之上认识了 C 语言程序的开发过程，并讲解了 Visual C++ 6.0 的运行环境，用 Visual C++ 6.0 运行一个具体的 C 语言程序实例，帮助读者熟练掌握 C 语言的开发过程。

2.8 习题

1. C 语言的结构特点有哪些？
2. 怎么使用注释语句？使用注释语句有哪些好处？
3. 简述 C 语言程序在 Visual C++6.0 中的开发过程。
4. 模仿例题，编写一个 C 语言程序，并上机调试。程序的输出结果为：

```
***********
hello world!
***********
```

第2篇 C语言基础

第3章 常量、变量与标识符

C 语言中的数据包括常量和变量，作为操作对象的数据都是以某种特定的形式存在的，可以用 C 语言中的标识符来表示一个常量或者一个变量。

❑ 标识符；
❑ 常量；
❑ 变量；
❑ 变量的初始化。

3.1 标识符

我们已经知道在 C 语言中，数据是在计算机内存中存储的，程序设计中用到的数据，要到计算机的内存中读取，因此需要用到一个符号来代表它，这就是我们所要讲的标识符。

标识符是指用来标识常量名、变量名、函数名、数组等对象，按照一定的命名规则定义的字符序列，即一个代号。

3.1.1 标识符的命名

标识符的命名规则如下：
❑ 标识符由字母（包括大写字母和小写字母）、数字及下画线组成，且第 1 个字符必须是字母或者下画线。
❑ 在 C 语言中，大写字母和小写字母是有区别的，即作为不同的字母来看待，应引起注意。

下面是合法的 C 语言标识符：

A_3、home、student_name、_file、Teacher、TEACHER

下面是不合法的标识符：
❑ A=2：标识符中出现非法字符"="。
❑ 3b：数字不能作为标识符的第 1 个字符。
❑ Student name：空格不能出现在一个标识符的中间。

3.1.2 保留字

保留字也称关键字，是指在高级语言中，那些已经定义过的标识符，用户不能再将这些字作为变量名、常量名、函数名、数组名等。

C 语言共有 32 个关键字，具体可分为 4 类。
❑ 数据类型关键字（12 个）：char、double、enum、float、int、long、short、signed、struct、union、unsigned、void。
❑ 控制语句关键字（12 个）：break、case、continue、default、do、else、for、goto、if、return、switch、while。
❑ 存储类型关键字（4 个）：auto、extern、register、static。
❑ 其他关键字（4 个）：const、sizeof、typedef、volatile。

C 语言中除了上述的保留字外，还使用一些具有特定含义的标识符，称为特定字。如 include、define、ifdef、ifndef、endif、line。这些特定标识符主要用在 C 语言的编译预处理命令中。

在 C 语言中，标识符的命名除了遵守命名规则、不使用关键字以外还要注意以下几点。

- 在 C 语言中，大写字母和小写字母是有区别的，即作为不同的字母来看待，因此 Teacher、TEACHER 是两个不同的标识符。
- 在起名时，应注意做到"见名知义"。比如表示姓名，比较好的标识符：Name、name、xing_ming、Xingming、xm 等；比较差的标识符：x、y、abc 等。
- 尽量不用单个的"l"和"o"作为标识符。这个与数字中的"1"和"0"很相像，程序设计过程中容易混淆。
- 数学计算时可以采用习惯的名字。如圆的半径和面积：r, s；立方体的长、宽、高和体积：a、b、h、v。

3.2　常量

常量是指在程序运行过程中其值不随程序的运行而改变的量。常量在程序中不需要进行任何说明就可以直接使用，它本身就隐含了它的类型。常量分为直接常量和符号常量。

3.2.1　直接常量

直接常量是直接写出来的，直接常量的书写形式决定了它的类型。直接常量包括整型常量、实数型常量、字符型常量和字符串常量。例如，

- 整型常量：15、-8、0。
- 实数型常量：3.7、-8.2、58.12E-2。
- 字符常量：'a'、'A'、'+'、'5'。
- 字符串常量："this is a boy."、"a"、"123"。

3.2.2　符号常量

符号常量是指用一个标识符代表一个常量。如商场内某一产品的价格发生了变化，如果在一个程序中多次用到了这种商品的价格，逐一修改非常麻烦，这时可以定义一个符号常量，在文件的开头写这么一行命令：

```
#define  PRICE  50
```

这里用#define 命令行定义 PRICE 代表常量 50，后面的程序中用到这种商品的价格时，直接用 PRICE，可以和常量一样进行运算。如果常量的值需要发生变化，那么只需要在#define 命令行进行修改，达到一改全改的目的。

这里需要说明以下几点：

- 符号常量名习惯上用大写，以便与变量名相区分。
- 一个#define 对应一个常量，占一行；有 n 个常量时需 n 个#define 与之对应，占 n 行（这将在第 7 章的预编译部分进行详细的讲解）。
- 符号常量不同于变量，它的值在其作用域内不能改变，也不能再被赋值。
- 在程序中使用符号常量具有可读性好、修改方便的优点。

【实例 3-1】符号常量使用举例。

```
#include<stdio.h>
#define  WHY "I am a student."        //定义符号常量
void main( )
{
```

```
    printf( "I am a student. \n" ); //输出直接常量
    printf( "%s \n", "I am a student." );
    printf( "%s \n", WHY );              //输出符号常量
}
```

程序的运行结果如图 3-1 所示。

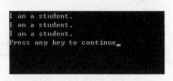

图 3-1　程序运行结果

3.3　变量

变量是指在程序运行过程中其值可以改变的量。程序中使用的变量名是用户根据需要而取名的，变量名必须符合标识符的命名规则。

在 C 语言中，由于程序的多样性的需要，对变量也有各种各样的要求，比如，变量的生命期，变量的初始状态，变量的有效区域，变量的开辟地和变量的开辟区域的大小等。为了满足这些要求，C 语言设置了以下变量：不同数据类型的变量、全局变量、局部变量、静态变量（静态全局变量和静态局部变量）、寄存器变量、外部变量等。这里只讲解不同数据类型的变量，在第 6 章将逐一对其他种类的变量进行讲解。

3.3.1　变量的定义

在 C 语言程序中，常量可以不经说明而直接引用，而变量则必须遵守"先定义，后使用"的原则。凡未被定义的，不能作为变量名，这就能保证程序中变量名使用正确。变量定义的语法为：

```
数据类型  变量名;
```

数据类型是 C 语言中合法的数据类型，包括整型、实数型、字符型等。

变量名是 C 语言中的合法标识符。这里的变量名可以是一个，也可以是多个。如果是多个变量名，彼此之间要用逗号分开，表示同时定义若干个具有相同数据类型的变量。例如：

```
int a;                       /*定义整型变量 a*/
char ch1,ch2,ch3;            /*定义一个字符型变量 ch1, ch2, ch3*/
```

定义变量时需要注意以下几点。

- ❑ 每个变量定义语句都必须以分号结尾。
- ❑ 变量定义语句可以出现在变量使用之前的任何位置。程序设计时只要不违背"先定义，后使用"的原则即可。
- ❑ 变量一经定义，每个变量就有一种确定的类型，在编译时就能为其分配相应的存储单元。
- ❑ 一个变量在内存中占据一定的存储单元，用变量名来标识在内存中所分配的存储单元，在该存储单元中存放变量的值。

3.3.2　变量初始化的方法

变量的初始化就是对变量赋初值。初始化变量并不是必需的，但是在 C 语言中未初始化的变量是其数据类型允许范围内的任意值（静态变量除外）。为了防止运算中出错，一般建议定义变量后，立即初始化。变量的初始化有两种方法：一种是定义初始化，即定义变量的同时对其赋予初始值。例如：

```
int a=10;
char c='V';
float p=15.36;
```

另一种方法是先定义变量，然后再进行赋值或是等到需要赋值的时候再赋值。例如：

```
double a,b,c;
a=1.2;
b=3.00;
c=3.14159;
```

3.4　变量的初始化

在 3.3 节中已经初步介绍了变量及其初始化，变量的初始化就是对变量赋予一定的初值。例如：

```
int x,y,z=1;
x=4;
y=2;
```

上例中，定义了 x、y、z 三个整型变量，变量 z 在定义的时候赋予了初始值，即定义初始化。而 x、y 在定义的时候并没有对其初始化，而是用赋值语句对其进行赋值。

对于变量的初始化，可以归纳出以下几点：

（1）初始化实际上是一个赋值语句。

（2）在定义变量的时候，可以只给部分变量赋值。例如：

```
char ch1,ch2='a',ch3='b',ch4;
```

这条语句定义了 4 个字符型变量，并给 ch2、ch3 赋了初值，而 ch1、ch4 没有赋值。

（3）如果同时对几个变量赋相同的初值，应该注意书写格式。

```
int a=1,b=1,c=1;
```

这条语句定义了三个整型变量，同时赋相同的初值 1，但是不能写成以下的格式：

```
int a=b=c=1;
```

而且几个变量之间用的是逗号，不是分号。如果是分号，相当于只定义了整型变量 a，并对其赋了初值，而变量 b,c 没有定义，但是赋了初值，这违反了变量"先定义，后使用"的原则，程序在运行的过程中会出现错误。

在 C 语言中使用变量时，如果它出现在表达式中，事先必须有一个初始值，否则其值将是一个不确定的值。变量获取初始值有以下几种方法。

- 赋值语句："="在 C 语言中是赋值符号，运用赋值符号可以对变量进行赋值。例如：ch='A'。
- 读取语句：有些程序的值是不确定的，需要用户自己输入，因此需要用读取语句从外部输入。例如：

```
int y;
scanf("%d",&y);
```

先定义一个整型变量，然后使用标准输入语句，由用户决定变量的值。

3.5　典型实例

【实例 3-2】输入圆的半径，求该圆的周长和面积。

```
#include <stdio.h>
#include <math.h>

#define PI 3.1415926
```

```
void main()
{
    float r;           /*定义实型变量 r 保存圆的半径*/
    float s;           /*定义实型变量 s 保存圆的面积*/
    float c;           /*定义实型变量 c 保存圆的周长*/

    printf("请输入圆的半径:");
    scanf("%f",&r);            /*输入圆的半径*/
    s=PI*r*r;                  /*计算圆的面积*/
    c=2*PI*r;                  /*计算圆的周长*/
    printf("半长为%f 的圆的周长是%f，面积是%f\n",r,c,s);
}
```

程序运行时，输入 2，屏幕上输出的结果如图 3-2 所示。

```
请输入圆的半径:2
半长为2.000000的圆的周长是12.566370，面积是12.566370
```

图 3-2　程序运行结果

在上面的程序中，圆周率 π 作为一个固定不变的值，将其定义为一个常量，在下方的代码中进行调用即可。

【实例 3-3】由用户输入 a、b、c。生成一元二次方程。然后根据高中所学的求解一元二次方程的方法进行求解方程的根值。

```
#include <stdio.h>
#include <stdlib.h>
#include <math.h>
void main()
{
    double a,b,c;                   //声明方程式生成参数保存的变量
    double x1,x2,p;                 //x1、x2 为两个根植。P 为临时变量
    printf("请输入 a,b,c 的值: ");
    scanf("%lf,%lf,%lf",&a,&b,&c);          //输入参数，lf 型。

    p=b*b-4*a*c;                    //求解 b^2-4*a*c，赋值给 p
    x1=(-b+sqrt(p))/(2*a);          //求解第一个根值
    x2=(-b-sqrt(p))/(2*a);          //求解第二个根值
    printf("x1=%f,x2=%f\n",x1,x2);  //输出计算结果
}
```

程序中对于一元二次方程的求解很简单，是利用普通的一元二次方程式的求解。需要注意的细节是各种数据类型的精度使用。

3.6　本章小结

本章主要讲解了标识符、常量和变量。标识符是用来标识变量名、符号名、函数名、数组名或文件名的一些具有专门含义的名字，如 a，_12。常量也称为常数，在程序运行过程中其值不能被改变，如 1.2，0xab。常量标识符通常大写。变量相对于常量，其值在程序运行过程中可以被改变。变量标识符通常小写，关键字不能作为变量名。对变量赋予一定的初值称为变量的初始化。

3.7　习题

1. 标识符的命名规则有哪些？

2．什么是保留字？

3．常量和变量有什么区别？

4．下列数据中属于"字符串常量"的是哪一个？

"a"　　　　　{ABC}　　　　'abc\0'　　　　'a'

5．在计算机中，"a\xff"在内存中占用多少字节数？为什么？

第4章 数据类型

  C语言具有丰富的数据类型。C语言中的数据类型分为四大类,即基本数据类型、构造类型、指针类型和空类型。本章重点介绍了基本数据类型。

  ❑ C语言中的数据类型;
  ❑ 整型数据;
  ❑ 实数型数据;
  ❑ 字符型数据;
  ❑ 数值型数据间的混合运算。

4.1 C语言中的数据类型

  所谓数据类型,是按被说明量的性质、表示形式、占据的存储空间的多少、构造特点来划分的。在C语言中,数据类型可分为基本数据类型、构造数据类型、指针类型、空类型,如图4-1所示。

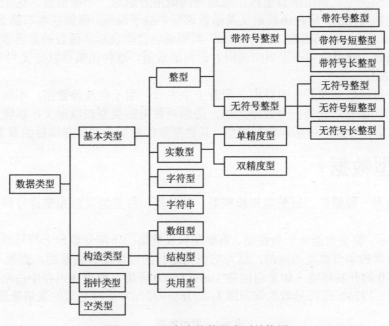

图 4-1 C语言中的数据类型结构图

  数据的类型不同,它们的取值范围、运算属性及存储方式都会不相同,C语言程序中所用到的数据都必须指明一定的数据类型后才能对数据进行各种操作。

4.1.1 基本数据类型

  基本数据类型是语言系统定义的数据类型,只能有单一的值,在程序定义变量时可以直接引用。C 语言中常用的基本数据类型有整型、实数型、字符型。如在填写人的年龄时，使用整型数据；学生的分数要用实数型类型；学生姓名是由多个字符组成的。

4.1.2　构造数据类型

构造数据类型是由基本数据类型按一定的规则组合而成的，因此也称为导出类型数据。数组是由相同类型的数据组合而成的，如将一个班级学生的数学成绩组合在一起，就是一个实数型数组。结构体是由不同类型的数据组合而成的，比如统计一个学生的信息包括学号（长整型）、学生姓名（字符型）、性别（字符型）、年龄（整型）等，所有的数据组合在一起就成了构造体。当若干个数据不同时使用时，为了节省内存空间，我们就可以让它们占用相同的内存区域，这些数据组合起来就是共用体，它可以是同类型的数据，也可以是不同类型的数据。

4.1.3　指针数据类型

指针是一种特殊的数据类型，是 C 语言的核心，也是 C 语言重点所在，同时又是具有重要作用的数据类型，其值用来表示某个量在内存储器中的地址。在本书的第 14 章我们将会进行重点讲解。

4.1.4　空类型

空类型是从语法完整性的角度给出的一种数据类型，表示不需要具体的数据值，因此也就没有数据类型。空类型在调用函数值时，通常应向调用者返回一个函数值，这个返回的函数值是具有一定的数据类型的，应在函数定义及函数说明中给予说明，例如在本书第 2 章例题【2-2】中定义的 int func(int a , int b)函数，其中"int"类型说明符即表示该函数的返回值为整型量。但是，也有一类函数，调用后并不需要向调用者返回函数值，这种函数可以定义为"空类型"，其类型说明符为 void。

在计算机中每种数据都要在内存中分配若干个字节，用于存放该数据，不同类型数据的长度是不同的，因此在使用任何一个数据之前，必须对数据的类型加以定义，以便为其安排长度合适的内存。本章将重点介绍基本数据类型，其他复杂的数据类型将在以后的章节中逐一介绍。

4.2　整型数据

整型数据分为一般整型、短整型和长整型，并且每一种类型又分为带符号和无符号两种类型。

如表 4-1 所示，整型数据中一般整型、短整型和长整型的带符号数和无符号数的取值范围以及在内存中所占用的字节数是不同的，这与它们所运行的环境是有关系的，而表 4-1 中使用的是 Visual C++ 6.0 的开发环境，如果用的是 Turbo C 2.0 环境，整型在内存中占两个字节数，取值范围为-32768～32767，带符号数的取范围为-32768～32767，无符号数的取值范围为 0～65535。

表 4-1　整型数据

数据类型	说　　明	所占字节	取值范围
short [int]	短整型	2	-32768～32767
signed short [int]	带符号短整型	2	-32768～32767
unsigned short [int]	无符号短整型	2	0～65535
int	整型	4	-2147483648～2147483647
signed [int]	带符号整型	4	-2147483648～2147483647

续表

数据类型	说　　明	所占字节	取值范围
unsigned [int]	无符号整型	4	0～4294967295
long [int]	长整型	4	-2147483648～2147483647
signed long [int]	带符号长整型	4	-2147483648～2147483647
unsigned long [int]	无符号长整型	4	0～4294967295

4.2.1　整型常量

整型常量的数据类型是整数，包括正整数、负整数和零。在 C 语言中，整型常量有以下三种不同的数制表示形式。

- ❑ 十进制整数常量：这种表示方法就是我们平时所熟悉的表示方法，由数字 0～9 构成，最高位也就是左边第一位不能为 0。例如-39、0、171 等。
- ❑ 八进制整型常量：以数字 0 开头，其后再写上要表示的八进制数。八进制数各位由 0～7 这八个数字之一组成。例如 0134、0471、-072。
- ❑ 十六进制整型常量：以 0X 或 0x 开头，其后再写上要表示的十六进制数。十六进制各位由数字 0～9 或字母 a～f 或 A～F 构成。如 0x17、0XCF、-0X1f 等。

C 语言中提出长整型常量是为了扩大整型数据的数值范围，书写方式也分为十进制、八进制和十六进制，唯一不同的是在整数的末尾要加上大写字母"L"或小写字母"1"。例如，18L、-023L、+0x3BL 都是长整型常量。需要注意的是 16 与 16L 虽然数值相同，但是它们是不同的整型常量。另外，各个进制都有正负之分，正数前面的"+"号是可以省略的。

4.2.2　整型变量

前面我们了解到，变量的定义由数据类型和变量名组成，数据类型不同变量的类型也就不同，有整型变量、实数型变量、字符型变量等。

整型变量是指其值为整型数据的变量。整型数据有三种，即整型（int）、短整型（short int）和长整型（long int）。为了方便书写，我们将 short int 和 long int 后面的 int 省略，分别用 short 和 long 来表示短整型和长整型。

1．整型变量的定义

整型变量分为整型变量、短整型变量、长整型变量。例如：

```
int a;          /*定义一个整型变量a*/
short d=16;     /*定义一个短整型变量d*/
long s;         /*定义一个长整型变量s*/
```

整型数据分为带符号数和无符号数，定义时在前面加上 signed 为带符号变量，加上 unsign 为无符号变量，因此整型变量归纳起来共有 6 种变量类型。通常情况下，我们定义的整型变量都是没有符号标识符的，默认为是带符号变量，只是省略了 signed 而已，因此上面定义的三个变量实际上为：

```
[signed] int a;             /*定义一个带符号整型变量a*/
[signed] short d=16;        /*定义一个带符号短整型变量d，并赋值为16*/
[signed] long s;            /*定义一个带符号长整型变量s*/
```

定义无符号整型变量如下：

```
unsigned [int] num;              /*定义一个无符号整型变量num*/
unsigned short b;                /*定义一个无符号短整型变量b*/
unsigned long count=429496720;   /*定义一个无符号长整型数count，并赋值为429496720*/
```

2. 整型变量的简单运用

不同类型的整型数据可以进行算术运算，下面我们来看一个简单的实例。

【实例4-1】 整型数据简单运算。

```
#include<stdio.h>
void main()
{
    int a,b,c;        /*定义三个整型变量a,b,c*/
    unsigned u;       /*定义一个无符号整型变量u*/
    a=12;u=8;         /*对变量c和u进行赋值*/
    b=a-24;
    c=b+u;
    printf("b=a-24=%d,c=b+u=%d\n",b,c);
}
```

程序运行的结果为：b=a-24=-12，c=b+u=-4，如图4-2所示。

此例只是将整型数据与无符号数据进行运算，实际上整型与短整型和长整型之间也可以进行运算，但涉及类型之间的转换，我们将在数值型数据间的混合运算一节中进行详细的讲解。

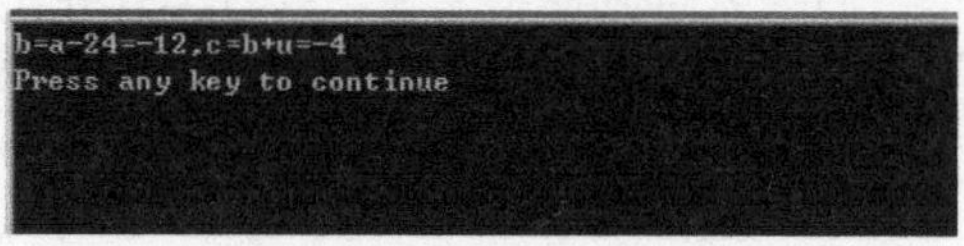

图4-2　程序运算结果

从表4-1中我们知道不同的整型数据有自己不同的取值范围，例如short int的值是在-32768～32767之间。如果我们将最大值加1或者最小值减1会产生什么情况呢？

【实例4-2】 整型数据的溢出。

```
#include <stdio.h>
void main()
{
    short a,b,c,d;    /* 定义4个短整型变量 */
    a=32767;          /* 短整型变量赋值 */
    b=a+1;
    c=-32768;
    d=c-1;
    printf("%d\n%d\n%d\n%d\n",a,b,c,d);
}
```

程序运行结果如图4-3所示。

从例4-2我们可以看到，当数据超出数据类型的取值范围时就会产生数据溢出，遇到这种情况程序在运行过程中并不会出错，好像汽车里程表一样，达到最大值以后又从最小值开始计数。因此，在给变量赋值及进行数值运算的时候要注意变量数据类型的取值范围，防止因出现数据的溢出现象而得不到正确的结果。

图4-3　程序运行结果

4.3　实数型数据

实数型数据表示的实际上就是带小数的数值，又称为浮点型数据。实数型数据分为单精度实数型（float）、双精度实数型（double）和长双精度实数型三种，长双精度实数型数据一般情况下很少用到。它们表示数值的方法是一样的，区别在于数据的精度、取值范围以及在内存中占用的存储空间有所不同，如表4-2所示。

表 4-2　实数型数据

数据类型	说　明	所占字节	取值范围	有效数字
float	单精度实数型	4	$-3.4\times10^{38}\sim3.4\times10^{38}$	6～7
double	双精度实数型	8	$-1.7\times10^{308}\sim1.7\times10^{308}$	15～16
long double	长双精度实数型	16	$-1.2\times10^{4932}\sim1.2\times10^{4932}$	18～19

如表 4-2 所示，不同类型的实数型数据有效数字不同。例如，实数 123456789 在单精度实数型数据的取值范围内，有效数字为 7～8 个，但它的有效数字超过了 8 个，如果将它赋给一个单精度实数型变量，该数的最后一位就失去了有效数字，变成了一个随机数，降低了精度。

4.3.1　实数型常量

在程序运行过程中不能被改变其值的实数型数被称为实数型常量。实数型常量在 C 语言中又称为浮点数。实数型常量有两种表示形式。

1．小数表示法

C 语言中实数只能使用十进制小数表示，不能用八进制或十六进制表示。这种形式由符号、整数部分、小数点和小数部分组成，其格式如下：

±整数部分．小数部分

其中整数部分或小数部分允许省略，但不能同时省略，即"14.0"可以写成"14."或"14"；"0.15"可以写成".15"，而"0.0"不能写成"."。数前面的"±"表示数的符号，"+"表示数为正数，可以省略，"－"表示数为负数，不能省略。小数点是小数部分的标志，不能省略。例如 25.6、−67.15、−.0014、0.48，这些都是正确的小数形式的实数。

2．指数表示法

用指数形式表示特别大或特别小的数值。指数形式的实数由尾数部分、字母 E 或 e 和指数部分组成。其格式如下：

±尾数部分 E(e)±指数部分

其中尾数部分是十进制实数，指数部分是十进制短整型常量。尾数前面的"±"决定这个数的正负，后面的"±"决定指数的大小。指数部分只能是整数，并且指数形式的三个组成部分都不能省略。例如 5.154E-12、54.12e+0.5、0.12e-25、-21.563e9，这些都是正确的指数形式的实数。

指数形式的表示方法实际等价于：

±尾数部分*10$^{\pm指数部分}$

因此，12.3e3 等价于 12.3×10^{3}，0.12E+5 等价于 0.12×10^{5}。

计算机在用指数形式输出一个实数时，是按规范化的指数形式输出的。所谓规范的形式即在字母 E 或 e 的尾数部分中，小数点左边应有且只有一位非零的数字。例如，10023.45 可以表示为 0.1002345e+5、1.002345e+4、10.02345e+3 等，其中只有 1.002345e+4 才是规范化的指数形式。需要说明以下几点：

- ❑ 实数型常量的类型都是双精度浮点型。
- ❑ 实数在计算机中只能近似表示，运算中也会产生误差。
- ❑ 小数部分和指数部分具体有多少位，没有具体的标准，不同的编译系统有不同的规定。小数部分越多，精确度越高；指数部分越多，数值的范围就越大。

4.3.2　实数型变量

在程序运行过程中可以改变其值的实数型数被称为实数型变量。实数型变量分为单精度（float）、双精度（double）和长双精度三种类型。在定义实数型变量时用以下方式：

```
float x;                /*定义 float 型变量 x*/
double y;               /*定义 double 型变量 y*/
long double z,          /*定义 long double 型变量 z*/
```

对于实数型常量不区分 float 型和 double 型。一个实数型常量可以赋给一个 float 型或 double型变量。根据变量的类型截取实数型常量中相应有效数字，在有效位以外的数字将被舍去，因此会产生一定的误差。

【实例 4-3】测试单精度实数型的有效位数。

```
#include <stdio.h>
void main()
{
    float x;                        /*定义 float 型变量 x*/
    x=7.123456789;                  /*对 float 型变量 x 赋值*/
    printf("%12.10f",x);            /*以总长度为 12，小数点位数占 10 位的形式输出 x*/
}
```

程序运行的结果为：7.1234569550。由此可以看出，**float** 型的数据只接收到 7 位有效数字，后面的数字是一些无效的数值。但是在很多时候，虽然数字在浮点数表示的范围之内，但是由于有效数字的限制，也会产生误差。

4.4　字符型数据

字符型数据由字母、符号和不用于算术操作的数字组成，又称为非数值型数据。字符型数据分为字符型（char）、带符号字符型（signed char）和无符号字符型（unsigned char），如表 4-3所示。

表 4-3　字符型数据

数据类型	说　　明	所占字节	取值范围
char	字符型	1	-128～127
signed char	带符号字符型	1	-128～127
unsigned char	无符号字符型	1	0～255

在附录 AASCII 字符集中列出了所有可以使用的字符，每个字符在内存中占用一个字节，用于存储它的 ASCII 码值，所以在 C 语言中，字符具有数值的性质，带符号字符与无符号字符能够参与到整型数据的运算当中。字符参与运算相当于对字符的 ASCII 码值进行运算。

4.4.1　字符型常量

字符型常量包括由一对单引号括起来的一个字符构成的一般字符常量和由反斜杠（\）开头的特定的字符序列构成的转义字符。

1．一般字符常量

字符型常量是由一对单引号括起来的一个字符。这个字符是 ASCII 字符集中的字符，字符常量的值为该字符的 ASCII 值。例如：

```
'A'、'x'、'D'、'?'、'3'、'X'
```

这些都是字符常量，但是'x'和'X'是不同的字符常量，从 ASCII 字符集中可以看到，'x'的码值为 88，而'X'的码值为 120。

字符常量可以像整数一样参与运算，如字符'A'的码值为 65，则'A'+1=66，在 ASCII 字符集中 66 对应的字符为'B'，因此我们就可以这样写：'A'+1='B'。

2. 转义字符

转义字符是指由反斜杠（\）开头的特定的字符序列。C 语言允许使用这种特殊形式的字符常量，因为在程序设计过程中，有一些字符如回车符、退格符、制表符等控制符号，不能在屏幕上显示，也不能从键盘上输入，只能用转义字符来表示，如表 4-4 所示。

表4-4　转义字符

转义字符	含　　义	转义字符	含　　义
\n	换行（相当于 Enter 键）	\t	水平制表符（相当于 Tab 键）
\v	垂直制表符	\b	退格（相当于 Backspace 键）
\r	回车	\f	换页
\\	输出一个反斜杠\	\'	输出一个单引号
\"	输出一个双引号	\0	表示空
\ddd	1 至 3 位八进制数所代表的字符	\xhh	1 到 2 位十六进制数所代表的字符

下面我们对表 4-4 中经常用到的转义字符进行解释：

（1）"\n" 换行符的 ASCII 码值为 10，常在输出时用于换行。如 printf("I am a student. \n");输出字符串"I am a student."后换行，下一次输出从另一行开始。

（2）"\t" 水平制表符的 ASCII 码值为 9，它的作用是将光标移到最接近 8 的倍数的位置，使得后面的输出从此开始。换句话说，如果所有数据都紧跟在制表符后面输出，则这些数据只能从第 9 列、第 17 列、第 25 列……开始。例如：

```
printf(" abc\tde\n");
```

输出的结果为：abc□□□□□de

（3）"\0" 是空字符，它的 ASCII 码值为 0，表示 NULL，是字符串的结束标志。

（4）"\ddd" 表示的是斜杠后面跟着三位八进制数，该三位八制数的值即为对应的八进制 ASCII 码值。例如："\101" 转换为十进制数为 65，在 ASCII 字符集表上对应的是字母'A'。

（5）"\xhh" 表示的是"\x"后面跟着二位十六进制数，该两位十六进制数为对应字符的十六进制 ASCII 码值。例如："\x47"转换成十进制数为 71，在 ASCII 字符集表上对应的是字母'G'。

【实例 4-4】转义字符应用举例。

```
#include <stdio.h>
void main( )
{
    printf("boy\tgirl\rj\n");     /* 输出转义符\t、\r、\n */
}
```

程序运行的结果是：joy□□□□□girl

4.4.2　字符型变量

字符型变量就是用一个标识符表示字符型数据，并且该标识符的值可以发生变化。字符变量只能存放一个字符。

1. 字符型变量的定义与存储

字符型变量就是值为字符常量的变量。字符型变量只能存放一个字符。

字符型变量的定义与整型变量、实数型变量的定义相同，如下：

```
char c1,ch1;
```

它表示定义两个字符型变量 c1、c2，它们可以各自存放一个字符。

字符型变量用来存放字符型常量，但它存储的不是字符本身，而是该字符对应的 ASCII 代码的值。例如：

```
char ch;
ch='a';
```

实际上，字符型变量 ch 在内存中存储的不是字符 a，而是字符 a 对应的 ASCII 代码的值 97，换算成二进制数为 01100001，因此字符型变量 ch 对应的内存单元中存放的是二进制数 01100001。

正是因为在内存中字符数据以 ASCII 码存储，所以字符的存储形式与整型的存储形式类似，这样使得字符型数据和整型数据之间可以通用。

【实例 4-5】字符型数据的输出。

（1）以字符形式输出，代码如下：

```
#include<stdio.h>
void main( )
{
    char ch1,ch2;               /*定义 2 个字符变量 */
    ch1='A';
    ch2='B';
    printf("%c,%c",ch1,ch2); /* 输出字符数据*/
}
```

程序运行的结果为：A，B。

（2）以整型数据形式输出，代码如下：

```
#include<stdio.h>
void main( )
{
    char ch1,ch2;               /*定义 2 个字符变量 */
    ch1='A';
    ch2='B';
    printf("%d,%d",ch1,ch2); /* 输出整型数据*/
}
```

程序运行的结果为：65，66。

从【实例 4-5】我们可以看出，字符型变量既可以以字符的形式输出，也可以以整型的形式输出。以字符的形式输出时，需要先把存储单元中的 ASCII 的值转换成相应的字符，然后输出。以整型形式输出时，直接将 ASCII 码值作为整型数输出。

在 C 语言中允许将字符型数值赋给整型变量，也允许将整型数值赋给字符型变量。如【实例 4-5】的第 1 个小例子中，用 "ch1=65;ch2=66;" 来替换 "ch1='A';ch2='B';"，将会得到同样的结果。

但字符型数据和整型数据之间通用的前提是必须在合法的范围内。因为两种数据类型数值的取值范围不同。字符数据只占一个字节，把字符看成无符号数时，它只能存放 0～255 范围内的整数；若是有符号数，则为-128～127。

2．字符型变量的简单运用

由于字符的存储形式与整型的存储形式类似，字符型数据和整型数据在一定范围内通用，因此字符型数据可以以其 ASCII 码值参与算术运算。

【实例 4-6】字符型数据的运算。

```
#include<stdio.h>
void main( )
{
    char c1,c2;                              /*定义两个字符型变量 c1,c2*/
    c1=97;                                   /*将整型数据 97 赋值给字符型变量 c1 */
    c2=98;                                   /*将整型数据 98 赋值给字符型变量 c2 */
    printf("%c  %c \n",c1,c2);               /*将字符型变量 c1,c2 以字符的形式输出*/
    printf("%d  %d \n", c1,c2);              /*将字符型变量 c1,c2 以整型的形式输出*/
    c1=c1-32;
    c2=c2-32;
    printf("%c  %c \n",c1,c2);
}
```

程序运行的结果为：

```
a  b
97  98
A  B
```

从上面的实例中我们可以看出以下几点：

（1）在一定范围内，字符型数值可以赋给整型变量，整型数值也可以赋给字符型变量。上例中我们定义了字符型变量 c1,c2，然后将整型数据 97 赋值给字符型变量 c1，将整型数据 98 赋值给字符型变量 c2。

（2）字符型变量可以用字符形式输出（即%c），也可以用整数形式输出（即%d），但是应注意字符数据只占一个字节。

（3）程序的第 9 行和第 10 行是把两个小写字母 a 和 b 转换成大写字母 A 和 B。'a'的 ASCII 码为 97，而'A'为 65，'b'为 98，'B'为 66。从 ASCII 代码表中可以看到每一个小写字母比它相应的大写字母的 ASCII 码大 32。C 语言允许字符数据与整数直接进行算术运算，即'a'+32 会得到整数 97，'a'-32 会得到整数 65。

4.5　数值型数据间的混合运算

C 语言中，一般情况下相同类型的数据可直接进行运算，运算的结果就是这种类型。例如：

- 5.0/2.0，参加运算的两个数都是实数型，结果为实数型 2.5。
- 5/2，参加运算的两个数都是整型，结果为整型 2。

C 语言中，不同类型的数据可以混合运算。前面我们知道整型数据和字符型数据通用，而实数型数据又可以与整型数据混合运算，因此，整型、实数型、字符型数据之间可以混合运算。但是在进行运算的时候，不同类型的数据要先转换成同一类型，然后再进行运算。数据的类型转换包括自动类型转换和强制类型转换。

4.5.1　自动类型转换

自动类型转换是由系统自动完成的，又称为隐式转换。不同类型的数值进行运算时，系统会自动将级别低的类型转换成级别高的类型，然后再进行运算，运算结果与其中级别高的操作数的类型相同。数据类型的自动转换需要遵循的规则如图 4-4 所示。

在水平方向上，从右向左转换。所有的 char 型和 short 型自动转换成 int 型，所有的 unsigned short 型自动转换成 unsigned 型，所有的 long 型自动转换成 unsigned long 型，所有的 float 型自动转换成 double 型。

在垂直方向上，自下而上转换。从级别比较高的向级别比较低的方向转换。这里需要注意的是，箭头表示的是对象为不同类型的数据时转换的方向，并不表示转换的过程。例如：

```
int i;
float f;
double d;
long e;
10 + 'a' + i*f - d/e
```

该表达式的数据类型的转换过程如图 4-5 所示。

根据运算的次序，先计算 i*f 和 d/e，分别先将 int 型的 i 转换成 double 型，将 float 型的 f 转换成 double 型，i*f 的结果是 double 型的；将 long 型的 e 转换成 double 型的，d/e 的结果为 double 型。就这样按照运算的顺序进行类型的转换，最终的结果为 double 型。

在赋值运算时，如果变量的类型与所赋予的变量的值不是同一类型，那么赋值号右侧表达式的类型自动转换成赋值号左侧变量的类型。例如：

```
int a;
char b;
long c;
c=a+b;
```

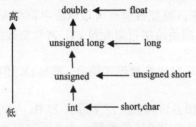

图 4-4　自动类型转换规则

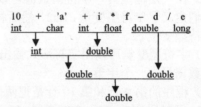

图 4-5　数据类型的转换过程

在进行运算时，先计算 a+b，将 a 和 b 转换成 int 型后求它们的和，结果是 int 型；再将 a+b 的和转换成变量 c 的类型 long，然后再赋值给 c。

4.5.2　强制类型转换

强制类型转换是利用强制类型转换运算符将数据类型转换成所需要的类型。强制类型转换符是由一对圆括号将某个类型名括起来构成的。

强制类型转换的语法格式为：

（类型名）表达式

如：

```
(double)a         /*将变量 a 转换成 double 型*/
(int)(x+y)        /*将 x 与 y 的和转换成整型*/
(int)x+y          /*先将 x 转换成整型，然后再与 y 求和*/
```

【实例 4-7】求一个浮点数的个位数字。

```
#include<stdio.h>
void main()
{
    float x;
    int a;
    printf("Enter a float number:\n");
    scanf("%f",&x);
    a=(int)x%10;            /* 求余 */
    printf("a=%d\n",a);
}
```

程序运行的结果为：

```
Enter a float number:
123.456↙
a=3
```

求余运算符的两个操作数必须是整型数据或字符型数据，而例 4-7 里面的变量 x 定义为一个单精度浮点型数据，无法进行求余运算，因此要将其进行强制类型转换，转换成整型，然后再进行求余运算。

在进行强制类型转换时，得到一个所需类型的中间值，原来变量的类型及该变量所存储的值并未发生变化。

【实例 4-8】 强制类型转换示例。

```c
#include<stdio.h>
void main()
{
    float x;
    int a;
    x=3.5;
    a=(int)x;        /*运用强制类型转换将浮点型数据转换成整型数据*/
    printf("x=%f,a=%d\n",x,a);
}
```

程序运行的结果为：x=3.500000,a=3

自动转换一般不会使数据受到损失，而强制转换就有可能使数据受损或结果难以理解，这是由于高级别的类型转换为低级别的类型时无法完整存储造成的。我们可以像下面这样理解数据类型之间的转换。

（1）实数型之间的转换

将单精度转换成双精度，数据处理的方法是数据所占的字节由 4 字节变成 8 字节；有效数字由 7 位变成 16 位；数字大小没有变化。

将双精度转换成单精度，数据处理方法是数据所占的字节由 8 字节变成 4 字节；截取前面 7 位有效数字，数字可能不准确，注意溢出。例如：

```c
float f;
double d=123.456789e100;
f=d;
printf("%f",f);
```

这段代码写在程序里面，在链接编译时并不会出现错误，但会给出将 double 型转换成 float 型可能会丢失数据的警告提示。

（2）整型与实数型之间的转换

将整型向实数型数据转换时，要补充小数位数和精度，如：整型数 2 转换成单精度浮点型为 2.000000。

将整型向实数型转换时，将截断小数位，只保留整数部分，而不是四舍五入，同时要注意数据的溢出。如：2.8 转换成整型数为 2。

（3）字符型与实数型之间的转换

字符型转换成实数型时，数据由字符型的存储方式转变成浮点数的存储方式，数字大小不变，补足有效位数。实数型转换成字符型时，以字符型的方式存储，舍弃小数部分，注意数字的溢出。

（4）整型之间的转换

较长整型向较短整型转换时，要截断高位，只保留低位数据。

较短整型向较长整型转换时，将较短整型数的 16 位送到较长整型的低 16 位中，如果较短整型为正值（符号位为 0），则较长整型变量的高 16 位补 0；如果较短整型变量为负值（符号位为 1），则较长整型变量的高 16 位补 1，以保持数值不变。如果是无符号数，低位直接赋值，高位补 0 即可。

（5）有符号数向无符号数转换时，原来的符号位不再作为符号，而变为数据的一部分；无符号数向有符号数转换时，最高位被当做符号位。

4.6 典型实例

【实例4-9】程序如果很大，程序员就需要对程序进行优化。有时候变量会很多，占用很大一块内存，这时候就需要对变量进行适当类型的选取，选取得好也可以节省很多内存。但是如何知道变量到底占多少字节的内存呢？下面的程序演示如何测量变量到底占用了多少字节的内存。

```c
#include <stdio.h>                         //标准输入输出头文件
#include <stdlib.h>                        //系统调用头文件
void main()                                //主程序
{
    //对 C 语言内置类型的所占字节数的测试
    printf("size of char is:%d\n",sizeof(char));           //检测字符型数据所占字节数
    printf("size of short is:%d\n",sizeof(short));          //检测短整型数据所占字节数
    printf("size of int is:%d\n",sizeof(int));              //检测整型数据所占字节数
    printf("size of short int is:%d\n",sizeof(short int));  //检测短整型数据所占字节数
    printf("size of long int is:%d\n",sizeof(long int));    //检测长整型数据所占字节数
    printf("size of float is:%d\n",sizeof(float));          //检测浮点型数据所占字节数
    printf("size of double is:%d\n",sizeof(double));    //检测双精度性数据所占字节数
    //对字符及字符串数组所占字节数的测量
    char a[] = {'a','b','c','d','e'};
    printf("size of a[] is:%d\n",sizeof(a));        //输出数组 a 所占字节数
    char b[] = "abcde";                 //初始化字符串 b
    printf("size of b[] is:%d\n",sizeof(b));        //输出字符串 b 所占的字节数

    //初始化二维字符型数组
    char c[][3] = {{'a','b','c'},{'d','e','f'},{'g','h','i'},{'j','k','l'}};
    printf("size of c[][] is:%d\n",sizeof(c));           //输出
    printf("sizeof(c[0]) is %d\n",sizeof(c[0])); //二维数组中某行所占字节数
    //二维数组中某个元素所占字节数
    printf("sizeof(c[0][0]) is %d\n",sizeof(c[0][0]));
    //对指针所占字节数的测量
    char *p = 0;//sizeof (p)=4
    printf("sizeof char *p is %d",sizeof(p));       //输出字符型指针所占字节数

    //对字符数组所占字节数的测量
    char d[][5] = {"abcc","deff","ghii","jkll"};
    printf("sizeof d[0] is %d\n",sizeof(d[0]));     //输出某一行字符所占字节数
    //输出二维字符数组中某一元素所占字节数
    printf("sizeof d[0][0] is %d\n",sizeof(d[0][0]));
}
```

程序运行结果，如图 4-6 所示。

本程序实现的功能比较重要，程序中主要使用的是一个函数 sizeof()，用这个函数可以对各种类型的变量进行所占内存字节数的测量。当然，sizeof()的使用方法很多。这里只举出部分使用方法，剩下的可以参看 C 语言的相关文档。

功能：判断数据类型长度符的关键字。

用法：sizeof（类型说明符，数组名或表达式）；或 sizeof 变量名。

定义：sizeof 是 C/C++中的一个操作符（operator），简单地说，其作用就是返回一个对象或者类型所占的内存字节数。

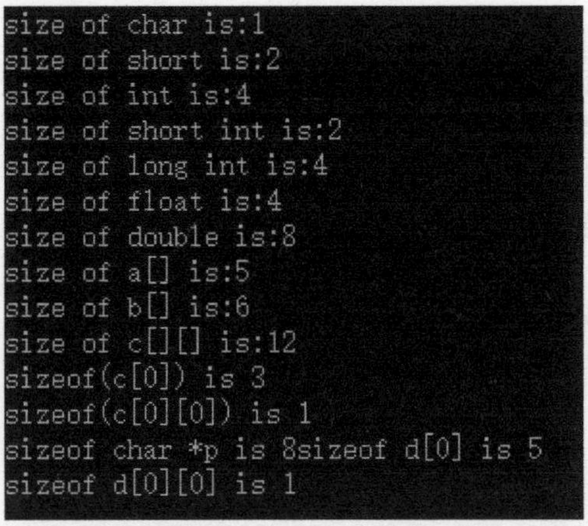

```
size of char is:1
size of short is:2
size of int is:4
size of short int is:2
size of long int is:4
size of float is:4
size of double is:8
size of a[] is:5
size of b[] is:6
size of c[][] is:12
sizeof(c[0]) is 3
sizeof(c[0][0]) is 1
sizeof char *p is 8sizeof d[0] is 5
sizeof d[0][0] is 1
```

图 4-6　程序运行结果

【实例 4-10】在程序中经常用到的是浮点数，在将这些浮点数保存到文件时，通常需要将其转换为字符串类型，以便保存在文本中。下面的程序演示如何将浮点数转换为字符串类型。

```
#include <stdio.h>
#include <stdlib.h>

void main()
{
    float num=3.1415926;                //定义浮点数
    printf("float 型的 num = %f\n",num);

    char chFloat[20];                   //用来存放转换后的字符串

    printf("转换为字符串输出：\n");
    sprintf(chFloat,"%f",num);          //负责将 num 的值转换成字符串保存在 chFloat 中
    printf("chFloat = %s\n",chFloat);   //输出结果
}
```

本程序中我们主要使用了一个函数——sprintf()函数。这里跟 printf()函数比较一下。

```
int printf( const char *format [, argument]... );
int sprintf( char *buffer, const char *format [, argument] ... );
```

buffer 是存放字符串指针或者数组名字，fromat 是格式化字符串。只要是 printf 使用的格式化字符串，在 sprintf 都可以使用，格式化字符串是该函数的精髓。

4.7　本章小结

C 语言中的数据类型分为四大类：基本数据类型、构造类型、指针类型和空类型。不同的数据类型在计算中所占的空间不同。字符型（char）占一个字节，整型数据中普通整型（int）占 4 个字节、短整型（short）占 2 个字节和长整型（long）占 4 个字节。单精度浮点型（float）占 4 个字节，双精度浮点型（double）占 8 个字节。不同的数据类型之间相互转换时，根据需要进行自动类型转换和强制类型转换。

4.8 习题

1. C 语言中的数据类型分为哪几类？
2. 简述整型常量的概念，并举例说明什么是整型常量。
3. 实数型常量的表示方法有哪些？
4. 数值在进行类型转换时，应该注意哪些问题？
5. 编写一个程序，计算整数 1～30 的和。

第 5 章　运算符及其表达式

运算符是指用来对运算对象进行各种运算的操作符号。表达式是指由多个运算对象和运算符组合在一起的合法算式。其中运算对象包括常数、常量、变量和函数。本章内容如下：

- ❑ 算术运算符及算术表达式；
- ❑ 赋值运算符及赋值表达式；
- ❑ 关系运算符及关系表达式；
- ❑ 逻辑运算符及逻辑表达式；
- ❑ 条件运算符及条件表达式；
- ❑ 逗号运算符及逗号表达式；
- ❑ 位运算符。

5.1　算术运算符及算术表达式

算术运算符与我们数学中的运算符相似，但也有不同之处。

5.1.1　算术运算符

算术运算符包括基本算术运算符和自增、自减运算符。基本算术运算符对数值型也包括字符型数据进行加、减、剩、除四则运算。自增自减运算符对字符型、整型等变量进行加 1、减 1 运算。算术运算符的运算的表达方式、运算功能如表 5-1 所示。

表 5-1　算术运算符

运 算 符	名　称	应用举例	实现功能
+	加法运算符	a+b	求 a 与 b 的和
	正值运算符	+5	表示正数 5
-	减法运算符	a-b	求 a 与 b 的差
	负值运算符	-8	表示负 8
*	乘法运算符	a*b	求 a 与 b 的乘积
/	除法运算符	a/b	求 a 除以 b 的商
%	求余运算符	a%b	求 a 除以 b 的余数
++	自增运算符	++a	变量 a 的值加 1，等价于 a+1
--	自减运算符	--b	变量 b 的值减 1，等价于 b-1

下面是算术运算符的具体运用原则。

- ❑ +（正）、-（负）运算符是属于同一级别的单目运算符，结合方向是自右向左。
- ❑ +（加）、-（减）运算符是属于同一级别的双目运算符，结合方向是自左向右。例如 a+b-c+d，这个式子在运算顺序是先求 a 与 b 的和，然后减去 c，得到差与 d 相加。在 C 语言中，加、减运算符与数学中的运算符含义完全相同。
- ❑ *，/，%是同一级别的双目运算符，结合方向是自左向右。即它们在运算过程中同时出现时，按照它们出现的顺序进行运算。这三种运算的优先级别高于+（加）、-（减）运算符。例如：a+b*c，运算顺序是先计算 b 与 c 的乘积，然后再与 a 求和，即 a+(b*c)。
需要注意以下几点：

❑ /（除法运算符）的除数不能为 0，即不能用一个数去除以 0。

❑ *（乘法运算符）在式子中不能省略，也不能写成是代数式子中的乘号"×"或"·"。
这一点要特别注意。例如：求长方体的体积公式为 abc，在编程时要写成 a*b*c。

❑ 两个整型数相除，得到整型结果。如果两个实数相除或其中有一个是实数，那么得到
的结果为实数型。例如：

```
5/3=1, 2/4=0, 5/-3=1, 5./3=1.666667, 5.0/3.0=1.666667
```

❑ %求余运算符（或称求模运算），只适合于整型数据和字符型数据。求余运算的结果符
号与被除数相同，其值等于两数相除后的余数。

```
5%3          /* 值为 2 */
3%5          /* 值为 3 */
10%2         /* 值为 0 */
-2%-3        /* 值为-2 */
-7%-3        /* 值为-1 */
```

❑ ++、--（自增、自减运算符）属于同一级别的单目运算符，结合方向是自右向左。自增、
自减运算符只能与变量结合使用，放在变量的前面或后面。有以下 4 种形式。

➢ ++a：a 的值先增加 1 后，再参与其他运算。
➢ a++：a 的值先参与其他运算，再使 a 的值增加 1。
➢ --a：a 的值先减小 1 后，再参与其他运算。
➢ a--：a 的值先参与其他运算，再使 a 的值减小 1。

例如：m=3;m1=m++;。
运算的过程是先将 m 的值赋给 m1，然后 m 的值再加 1，上面两个语句等价于：

```
m=3;m1=m;m++;
```

【实例 5-1】"++"和"--"运算符的使用。

```
#include <stdio.h>
void main( )
{
    int k1,k2,a,b;                /*定义四个整型变量*/
    k1=3;                         /*对 k1 赋值为 3*/
    k2=3;                         /*对 k1 赋值为 3*/
    a=++k1;                       /* k1 的先增加 1 后，再赋值给变量 a*/
    b=k2--;                       /*k2 的先赋值给变量 b，然后 k2 的值再增加 1*/
    printf("a=%d,k1=%d\n",a,k1);  /*输出 a、k1 的值*/
    printf("b=%d,k2=%d\n",b,k2);  /*输出 b、k2 的值*/
}
```

程序运行的结果为：

```
a=4,k1=4
b=3,k2=2
```

对于自增、自减运算符，做以下几点说明：

❑ 自增或自减函数只能用于变量，不能用于常量或表达式。例如，(a+b)++这样的表示方
法是错误的。

❑ 在一个表达式中对一个变量自增或自减多次，可能造成困惑。a=3;k=(++a)+(++a);这种
程序很容易出错，在编程的过程中要避免使用这样的程序，而且也没有必要使用如此
难懂的程序，完全可以使用另一种方法来表示，增加程序的可读性。

❑ ++、--运算符的结合方向是自右向左，即当优先级别相同的运算符在一起时，从右向左

算，如：-i++等价于-(i++)。
- ++、--运算符的优先级大于乘、除、求余的优先级。
- ++、--运算符运算的操作对象只能为整型变量、字符型变量和指针变量，而不能是其他类型的变量。
- ++、--运算符运算常用于循环变量中，是循环变量自动加 1 或减 1；也可用于指针变量，是指针指向前一个或后一个地址。++、--运算符在 C 语言的程序设计中是很有用的，在以后的章节中我们会经常常用到，为程序设计增加了便利。

5.1.2 算术表达式

用算术运算符将运算对象即运算量或操作数连接起来，构成符合 C 语言语法规则的式子，称为算术表达式。算术表达式中，运算对象包括常量、变量和函数。算术表达式求值规律与数学中的规律类似。例如，x+y*a/x-5%3，3.5+56%10+3.14，a++*1/3。

这些都是正确的算术表达式。关于算术表达式有以下几点说明：
- 算术表达式的求值顺序按算术运算的优先级别高低次序进行，先执行优先级别高的，再执行优先级别低的。例如，先算乘除后算加减，有括号先算括号里面的。以表达式 8%3+9/2 为例，%、/运算符的优先级高于+运算符的优先级，因此在运算的过程中先算求余和除法，8%3=2，9/2=4，然后再求和 2+4=6，因此最后的结果为 6。
- 在算术表达式中，运算对象有常量，也有变量。当为变量时，可能出现数据类型不同的情形，这时需要对其进行数据类型的转换，有的是系统自动完成的，有的需要运用强制类型转换符进行。

例如：

```
'a'+5*2
```

在算术表达式求值中，先求 5*2 的积，再求与'a'的和。因为 5*2 的结果为整型，而'a'为字符型，因此在运算过程中，系统自动将字符型转换为整型即取'a'的 ASCII 码值 97，然后再求和，最后的结果为 107。

```
(double)(8%3)
```

将 8%3 的值转换成双精度类型。

【实例 5-2】算术表达式的应用举例。

```
#include <stdio.h>
void main( )
{
    int a=1,b=4,c=2;                /* 定义整型变量并赋值 */
    float x=10.5,y=4.2,z;           /* 定义单精度变量并赋值 */
    z=(a+b)/c+(int)y%c*1.2+x;
    printf("%f\n",z);
}
```

程序运行的结果是：12.500000。

5.2 赋值运算符及赋值表达式

在前面介绍的变量初始化中，对变量的初始化赋值时，需要用到赋值运算符。C 语言的赋值运算符包括简单赋值运算符和复合赋值运算符，本节主要讲解简单赋值运算符，复合赋值运算符将在位运算符一节中进行详细的说明。

5.2.1　赋值运算符

赋值运算符与代数里面的等号相同，即"="。赋值运算符的作用是把运算符右边的表达式的值赋给其左边的变量，结合性是从右向左。例如：

```
a=5;
```

该语句的作用是把5赋给变量a，即把5存入变量a所对应的存储单元里面。

赋值运算符号"="之前加上其他运算符，就可以构成复合赋值运算符，如+=, -=、/=等。C语言中常用的赋值运算符如表5-2所示。

表5-2　赋值运算符

运 算 符	名　　称	应用举例	实现功能
=	赋值	a=b	将b的值赋给a
+=	加赋值	a+=b 等价于 a=a+b	将a加b的和赋给a
-=	减赋值	a-=b 等价于 a=a-b	将a减b的差赋给a
*=	乘赋值	a*=b 等价于 a=a*b	将a乘b的积赋给a
/=	除赋值	a/=b 等价于 a=a/b	将a除以b的商赋给a
%=	求余赋值	a%=b 等价于 a=a%b	将a除以b的余数赋给a
&=	位与赋值	a&=b 等价于 a=a&b	将a与b按位与后赋给a
|=	位或赋值	a|=b 等价于 a=a|b	将a与b按位或后赋给a
^=	按位异或赋值	a^=b 等价于 a=a^b	将a与b按位异或后赋给a
<<=	位左移赋值	a<<=2 等价于 a=a<<2	将a左移2位后赋值给a
>>=	位右移赋值	a>>=2 等价于 a=a>>2	将a右移2位后赋值给a

根据表5-2，对赋值运算符我们有以下几点认识：

（1）赋值运算符"="左边必须是变量，右边可以是常量、变量，也可以是函数调用或表达式。例如下面的赋值方式都是合法的。

```
ch='a';
b=c;
s=a*b/c-12.34
d=a*b*sin(A)/2.0;
```

在赋值的过程中，赋值运算符的右边常量、变量、函数或表达式的值不是左边变量的类型时，需要进行自动类型转换或强制类型转换。例如：

```
int a; a='b';
```

定义一个整型变量a，将字符'b'赋值变量a。这是两个不同的数据类型，在赋值过程中，系统自动的将字符'b'转换成整型数据，即取字符'b'的ASCII码值98，赋值给变量a。

再如：

```
double d;
int a;
a=(int)d%5;
```

求余的两个操作数必须为整型数，而d为double型数据，因此要将其转换成整型，从级别比较高的数据类型向级别比较低的数据类型转换时需要进行强制类型转换。

（2）赋值与运算符"="与数学中的等号"="看起来相同，但是它们的含义、作用完全不同。例如：

```
a=a+2;
```

在数学中，这个式子是不成立的，因为式子的左边和右边是不相等的。而在 C 语言中，这个式子是完全正确的，它表示的含义是将变量 a 当前的值加 2，再把结果赋给变量 a。

（3）复合赋值运算符是由其他运算符与基本的赋值运算符组合而成的。复合赋值运算符的左边必须是一个变量，右边可以是常量、变量、函数或表达式，当右边为表达式时，要将右边的所有部分都看成是一个整体，不能把它们开分。

例如：a+=3;相当于：a=a+3;，b*=a;相当于 b=b*a;。h/=x+y;不能理解为：h=h/x+y，应该理解为h=h/(x+y)，它表示的是 h 除以 x 加 y 的和，然后将商赋给 h。再如：a+=b+5;相当于 a=a+(b+5);，a*=b-c;相当于 a=a*(b-c);，a<<=b+c;相当于 a=a<<(b+c);。采用这种复合赋值运算符，一方面简化了程序，另一方面提高了编译的效率。

5.2.2　赋值表达式

由赋值运算符将一个变量和一个表达式连接起来的式子称为赋值表达式。一般的书写形式如下：

```
变量 赋值运算符 表达式
```

例如：

```
a=10
b=c+d
a/=d+2
```

在赋值表达式后添加一个分号，就成为赋值语句。

例如：

```
a=10;
b=c+d;
a/=d+2;
```

对于赋值表达式，需要说明以下几点：

（1）赋值运算符的左边必须为变量，而赋值表达式的左边可以是变量，也可以是赋值表达式。当赋值表达式的左边是赋值表达式的时候，应该带上括号。例如：

```
(a=3*4)=4*6
```

这种表示是正确的。

```
a=3*4=4*6
```

这种表示是错误的，因为3*4是常量，不能作为左值。

（2）赋值表达式右边的表达式可以是一个算术表达式、关系表达式、逻辑表达式等，也可以是一个赋值表达式。例如：

```
c2=c1=5
```

因为赋值运算符的结合方向是从右向左，因此上式相当于 c2=（c1=5），c1=5 是一个赋值表达式，表示将 5 赋值给 c1，c2=（c1=5）表示将 c1=5 赋值表达式的值 5 赋给 c2，c2 的值为 5，整个表达式的值也就为 5。再如：

```
a=(b=1)+4
```

这个赋值表达式表示 a 的值为赋值表达式 b=1 的值加 4 的和。因此整个表达式的值为 5，其中的两个变量的值分别为a=5，b=1。

```
z=(x=2)*(y=3)
```

这个赋值表达式表示 z 的值为赋值表达式 x=2 的值与赋值表达式 y=3 的值相乘的积。该式子相当于 z=2*3，因此整个表达式的值为 6，其中的三个变量的值分别为 x=2，y=3，z=6。

（3）赋值表达式里面可以包含复合赋值运算符。例如：

```
c2=c1+=1
```

这个赋值表达式相当于 c2=(c1+=1)，而 c1+=1 等价于 c1=c1+1，因此该式子相当于 c2=(c1=c1+1)。假设 c1 的值为 6，赋值运算方向是从右向左，首先计算 c1=c1+1 表达式的值，结果 c1 的值为 7，再运算表达式 c2=(c1=7)，因此整个表达式的值为 7，最后 c1=7，c2=7。

【实例 5-3】设整型变量 a=4，执行 a+=a-=a*a 后，求 a 的值。

例题分析：

a+=a-=a*a 是由两个复合赋值运算符组成的表达式，由于赋值运算符的结合性是从右向左，因此该表达式相当于 a+=(a-=a*a)。

第一步：a=4，求 a-=a*a，a-=a*a 等价于 a=a-(a*a)，a=4，于是 a=4-4*4=-12。第一步运算结束后 a 的值由原来的 4 变成了现在的-12。

第二步：a=-12，求 a+=a-=a*a 即 a+=a，a+=a 等价于 a=a+a，此时 a=-12，于是 a=(-12)+(-12)=-24。第二步运算结束后 a 的值由-12 变成了-24，因此执行 a+=a-=a*a 后，a 的值为-24。

（4）在 C 语言中，赋值操作不仅出现在赋值语句中，而且可以以表达式形式出现在其他语句中。例如：

```
printf("%d",a=b=3);
```

程序执行时，首先计算出表达式 a=b=3 的值，这个输出语句最后输出的是 a 的值为 3。

5.3　关系运算符及关系表达式

C 语言中关系运算常用于选择结构、循环结构的条件判断。由关系运算符连接的式子称为关系表达式，用于条件的判断。

5.3.1　关系运算符

关系运算符是用来比较两个运算量大小的运算符，实际上就是一种"比较运算"，运算的结果只能是"1"或"0"。当两者的比较关系成立的时候，结果为"1"；当两者的比较关系不成立的时候，结果为"0"，因此关系运算符的结果类型为整型。C 语言中常用的关系运算符如表 5-3 所示。

表 5-3　关系运算符

关系运算符	名　　称	应用举例	实现功能
<	小于	a<b	a 小于 b
<=	小于或等于	a<=b	a 小于或等于 b
>	大于	a>b	a 大于 b
>=	大于或等于	a>=b	a 大于或等于 b
==	等于	a==b	a 等于 b
!=	不等于	a!=b	a 不等于 b

根据表 5-3，对关系运算符进行以下几点说明：

（1）关系运算符的优先级别比算术运算符的级别低，但比赋值运算符的级别高。而所有的关系运算符的优先级别也不相同，如表 5-3 所示，前 4 种运算符（<、<=、>、>=）的优先级别相同，后面两种（==、!=）优先级别相同。前面四种的优先级别高于后面两种的优先级别。因此关系运算符的运算优先级别如图 5-1 所示。

算术运算符　（<、<=、>、>=）（==、!=）　赋值运算符

高　　　　　　　　　　　　　　　　　　　　低

图 5-1　关系运算符的优先级

例如：

```
a=2*2<8
```

该式子的运算顺序为 a=((2*2)<8)，用括号表示其运算优先级，首先算术运算符优先，计算 2*2=4；关系运算符次之，即 4<8，关系成立，结果为 1，最后是赋值运算符，将关系运算的结果赋值给变量 a，即 a=1。

（2）关系运算符用于比较的两个运算量的类型为整型、字符型等，也可以连接两个表达式，比较的结果是一个逻辑量，即"真"或"假"，在 C 语言中没有逻辑型数值，分别用整数 1 和 0 表示。例如：

```
5>=2
```

该表达式成立，结果为真，用"1"表示。

```
5-2>=7+1
```

由于算术表达式的优先级高于关系运算符，因此要先计算关系表达式两侧的算术表达式，然后再进行比较，3>=8 显然不成立，结果为假，用"0"表示。

（3）关系运算符的结合方向是从左向右，因此当一个表达式中出现优先级相等的关系运算符时，从左向右开始运算。例如：

```
b= =a>c
```

从图 5-1 可以看出">"优先级高于"= ="的优先级，因此表达式 b= =a>c 等价于 b= =(a>c)。如果 a=5，b=1，c=3，即 1= =5>3，5>3 为成立，关系运算的结果为 1，1= =1 表达式成立，最后表达式 b= =a>c 的结果为 1。

在所有的运算符当中，括号"（ ）"的优先级别最高，为了明确运算的顺序，增加程序的可读性，最好将优先运算的表达式用括号括起来。例如：

```
a=b>=c
```

从图 5-1 我们可以看出关系运算符的优先级高于赋值运算符，但是为了避免运算混淆，将 a=b>=c 写成 a=(b>=c)，表示 b>=c 的结果赋值给变量 c，将用括号使运算更加清晰明了。

（4）在关系运算符用"= ="表示等于，用"!="表示不等于，这与数学中的表示方法完全不同，因此在编程中要特别注意，以免写错关系运算符而导致错误的结果。例如：

```
a==b
```

表示判断 a 与 b 是否相等，结果是一个整型数，"1"或者"0"。而

```
a=b
```

表示将 b 赋值给 a。

5.3.2　关系表达式

用关系运算符将两个表达式连接起来构成的式子称为关系表达式。一般的书写形式如下：

```
表达式 关系运算符 表达式
```

其中，表达式可以是算术表达式、关系表达式、逻辑表达式、赋值表达式等，关系表达式

的数据类型为整型，结果值只能是"1"或"0"。

例如，假设定义变量：

```
char c='A';
int a=2;
float f=3.56;
'A'>(c='a')
```

该关系表达式中的表达式为赋值表达式，将字符'a'赋值给变量 c，即'A'>'a'，'A'的 ASCII 值为 65，'a'的 ASCII 值为 97，即 65>97，关系不成立，关系运算的结果为 0。

```
c<a!=a>f
```

该关系表达式中的表达式为关系表达式，该关系表达式等价于(c<a)!=(a>f)，'A'的 ASCII 值为 65，因此关系表达式 c<a!=a>f 转换成(65<2)!=(2>3.56)，表达式 65<2 的结果为 0；表达式 2>3.56，整型数与实数型数进行比较，要进行类型转换即整型数自动转换成实数型数，即 2.0>3.56，结果为 0。(65<2)!=(2>3.56)转化成 0!=0，整个关系表达式的值为 0。

【实例 5-4】关系表达式的应用举例。

```
#include <stdio.h>
void main( )
{
    int a,b,c;                          /*定义变量*/
    a=1+5>2*4;                          /*先进行判断，然后确定 a 的值*/
    b='A'<'B';                          /*先进行判断，然后确定 b 的值*/
    c=a==b;
    printf("a=%d,b=%d,c=%d\n",a,b,c);   /*输出 a、b、c 的值*/
}
```

程序运行的结果为：

```
a=0,b=1,c=0
```

关系表达式实现两个运算量之间的比较，主要用于程序设计中选择结构的条件判断，例如：

```
if(a>b) c=a;
```

这段程序代码表示：如果关系表达式 a>b 成立，那么把变量 a 的值赋给变量 c。

通过关系表达式，程序通过判断，选择执行某段程序代码还是跳过，很容易实现跳转，使程序设计更加灵活自如。

5.4　逻辑运算符及逻辑表达式

逻辑运算符与关系运算符经常放在一起使用。关系运算是指值与值之间的关系，逻辑运算是指将真值和假值连接在一起的方式。由于关系运算符产生了真或假的结果，所以关系运算表达式中常常使用逻辑运算符。

5.4.1　逻辑运算符

逻辑运算符是对两个含有关系运算符的表达式或逻辑值进行运算的符号，运算的结果为逻辑值。

逻辑运算符的表示形式、结合性等如表 5-4 所示。

表 5-4　逻辑运算符

逻辑运算符	名　称	结 合 性	应用举例	功能说明
&&	逻辑与	自左向右	a&&b	a 与 b 相与
||	逻辑或	自左向右	a||b	a 与 b 相或
!	逻辑非	自右向左	!a	非 a，逻辑值与 a 相反

根据表 5-4，对逻辑运算符做以下几点说明：

（1）"&&" 和 "||" 是双目运算，需要两个操作数，如 a&&b，a||b。而 "!" 是单目运算符，只需要要一个操作数，如!a。

（2）三个逻辑运算符的优先顺序如图 5-2 所示。

由此可知，逻辑非的优先级高于逻辑与的优先级，而逻辑与的优先级又高于逻辑或的优先级。

（3）目前为止已经学习了算术运算符、赋值运算符、关系运算符和逻辑运算符，这些运算符之间的运算优先顺序是逻辑非（!）运算符优先级最高，算术运算符优先级高于关系运算符，关系运算符又高于逻辑与（&&）和逻辑或（||），而赋值运算符优先级最低，如图 5-3 所示。

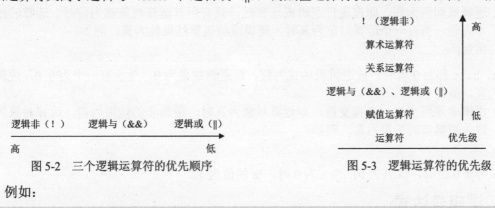

图 5-2　三个逻辑运算符的优先顺序　　　　图 5-3　逻辑运算符的优先级

例如：

```
10<x && y<100   p==q || x!=y
```

由于关系运算符的优先级高于逻辑与(&&)，10<x && y<100 等价于(10<x)&&(y<100)；p= =q || x!=y 等价于(p= =q) || (x!=y)。

5.4.2　逻辑运算规则

用逻辑运算符进行逻辑运算时，结果只有真或假两种情况，在 C 语言中，用 "非 0" 表示真，"0" 表示假。因此逻辑运算有一定的运算规则，如表 5-5 所示。

表 5-5　逻辑运算规则

对象 a	对象 b	a&&b	a||b	!a
0	0	0	0	1
0	非 0	0	1	1
非 0	0	0	1	0
非 0	非 0	1	1	0

从表 5-5 可以看出：参加逻辑运算的对象，用 "0" 表示假，用 "非 0" 表示真，由此看来，任何数值型的数据都可以看成逻辑值，所以逻辑运算符的运算对象可以是关系运算结果，还可以是整型、实数型及字符型等数据。例如：!(a>b)运算的对象为关系运算结果，4&&0||2 运算的

对象为整型数值。

逻辑运算的结果是一个逻辑值，即真或假。在 C 语言中，在判断一个逻辑运算对象是否为真时，以"非 0"代表真，以"0"代表假，而在给出逻辑运算的结果时，以整型数值"1"代表真，以"0"代表假。例如：

```
'B'&&10
```

'B'的 ASCII 值为 66，其值为非 0，即为真；10 为非 0，也为真，对照表 5-5 所示的逻辑符的运算规则表，两个运算对象都为真时，它们的逻辑与为真，因此'B'&&10 的运算结果为 1，表示为真。

逻辑运算的运算规则可简单归纳为：

❑　逻辑与同真为真，即在进行逻辑与运算时，只有所有的运算对象都为真时，运算结果才为真，当有一个运算对象为假时，逻辑与的运算结果就为假。例如：

```
a&&b&&c
```

当 a、b、c 都为非 0 值时，该逻辑表达式为真，即逻辑结果为 1，至少有一个为 0，逻辑表达式就为假，值为 0。

❑　逻辑或同假为假，即在进行逻辑或运算时，只有所有运算对象都为假时，运算的结果才为假，当有一个运算对象为真时，逻辑或的运算结果就为真。例如：

```
a || b || c
```

当 a、b、c 都为 0 值时，该逻辑表达式为假，即逻辑结果为 0，至少有一个为非 0，逻辑表达式就为真，值为 1。

❑　逻辑非遇假变真，遇真变假，即运算对象为真时，逻辑非的结果为假，运算对象为假时，逻辑非的结果为真。例如：

```
!a
```

当 a 为非 0 值时，!a 值为 0；当 a 为 0 时，!a 的值为 1。

5.4.3　逻辑表达式

由逻辑运算符连接起来构成的表达式称为逻辑表达式。逻辑运算的对象通常是关系表达式、逻辑表达式，也可以是算术表达式、赋值表达式等其他的表达式。例如：

```
a>10 && a<15            /*逻辑表达式的运算对象是关系表达式*/
!(a<=10) && !(a>=15)    /*逻辑表达式的运算对象是逻辑表达式*/
(m=a>b)&&(n=c>d)        /*逻辑运算符的运算对象是赋值表达式*/
t=++x||++y&&++z         /*逻辑运算符的运算对象是算术表达式*/
```

与关系表达式一样，逻辑表达式的值也是一个逻辑量，逻辑量为真时，值为 1，逻辑量为假时，值为 0。例如：假设 a=11，对于逻辑表达式!(a<=10) && !(a>=15)，逻辑非（!）的优先级高于逻辑与（&&）的优先级，逻辑与（&&）的结合方向是自左向右。

首先求!(a<=10)，将 a=11 代入即!(11<=10)，括号的优先级最高，11<=10 该关系不成立，值为 0，!0 的逻辑值为 1，因此表达式!(11<=10)的值为 1。然后求表达式!(a>=15)，同理，a>=15 等价于 11>=15 关系不成立，值为 0，!0 的逻辑值为 1，因此表达式!(a>=15)的值为 1。!(a<=10) && !(a>=15)等价于 1&&1，根据逻辑运算规则，逻辑与（&&）所有运算对象为真时，整个运算表达式为真，结果为 1。

由于逻辑运算表达式的运算对象可以是各种表达式，逻辑运算有时比较复杂，需要注意以下两点。

（1）在一个逻辑表达式中可以包含多个逻辑运算和其他各种运算符，首先注意哪些是数值

运算，哪些是关系运算，哪些是逻辑运算，搞清各个运算符之间的关系，然后按它们的优先级进行运算。

【实例 5-5】设 a=3，b=4，c=5，求逻辑表达式!(a+b)*c-1&&b+c%2 的值。

例题分析如下。

第一步：由图 5-3 可知，逻辑与（&&）的优先级低于逻辑非（!）、关系运算符、算术运算符，因此逻辑表达式!(a+b)*c-1&&b+c%2 等价于(!(a+b)*c-1)&&(b+c%2)，因为逻辑与（&&）结合性是自左向右，所以运算从左边开始。

第二步：进行!(a+b)*c-1 的运算。根据优先级别，逻辑非（!）优先于算术运算符，首先进行逻辑非（!）的运算，!(a+b)代入值后为!(3+4)=!7，逻辑运算的结果为 0，!(a+b)*c-1 等价于 0*c-1，乘法的优先级高于减法，因此运算的结果为-1。

第三步：进行 b+c%2 的运算。由于求余运算符的优先级高于加法，因此首先进行求余运算，即 4+5%2=4+1=5。

第四步：进行逻辑与运算。逻辑表达式!(a+b)*c-1&&b+c%2 最后等价于-1&&5，-1 和 5 都为非 0 的整型数，根据逻辑运算规则，两个非 0 值相与结果为真，即为 1，因此该逻辑表达式最后的结果为 1。

（2）逻辑表达式在进行求值的过程中，不一定必须将表达式求值到底，这是逻辑运算的特殊性所在，称为短路运算。例如，a&&b&&c。

根据逻辑运算的运算规则，"逻辑与同真为真"，只有当 a、b、c 都为真的时候，表达式才为真，只要有一个为假，表达式就为假。因此，首先判断 a，当 a 为假时，这个表达式就为假，后面的 b、c 无须进行判断。只有当 a 为真时，才判断 b，当 b 为假时，这个表达式就为假，无须判断 c。当 a&&b 为真时才判断 c，例如：a || b || c。

同理，"逻辑或同假为假"，只要 a 为真，就不必再继续判断 b 和 c，结果一定为真。只有当 a 为假时，才对 b 进行判断，依此类推。

逻辑运算表达式的运用场合与关系表达式完全相同，也用于流程控制语句的条件描述。逻辑运算符连接关系表达式用于复合条件的描述。

ch 是字符变量，判断 ch 是英文字母的逻辑表达式为：

```
ch>='a' && ch<='z' || ch>='A'&&ch<='Z'
```

在 ASCII 表中，英文大小写字母分别对应一个数值，变量 ch 为英文字母，或为小写或为大写，若为小写，取值应在'a'~'z'之间，即 ch>='a'和 ch<='z'，两者都要满足；若为大写，取值应在'A'~'Z'之间，即 ch>='A'和 ch<='Z'，两者也要同时满足，因此用逻辑与（&&）连接。ch 为大写还是为小写，这两个条件只要有一个满足就可以了，因此用逻辑或（||）连接。

【实例 5-6】输入若干个字符，分别统计数字字符的个数、英文字母的个数，当输入换行符时输出统计结果，运行结束。

```c
#include <stdio.h>
void main()
{
    char  ch;
    int  s1=0;                    /*定义整型 s1，记录数字的个数*/
    int  s2=0;                    /*定义整型 s2，记录数字的个数*/
    while(( ch=getchar( ) )!='\n')
    {
        if(ch>='0'&&ch<='9')                          /*判断输入的字符是否为数字*/
        {
            s1++;
        }
        if(ch>='a'&&ch<='z' || ch>='A'&&ch<='Z' )     /*判断输入的字符是否为字母 */
```

```
        {
            s2++;
        }
    }
    printf("%d\t%d\n",s1,s2);
}
```

输入一段字符：

```
Olympic Games 2008✓
```

程序运行的结果为：

```
4       12
```

变量 a、b 中必有且只有一个为 0 的逻辑表达式为：

```
a==0&&b!=0||a!=0&&b==0
```

根据题意，变量 a、b 中必有且只有一个为 0，即当 a 为 0 时，b 不能为 0，这两者必须同时满足；当 a 不为 0 时，b 必须为 0，这两者也是需要同时满足的，因此都用逻辑（&&）与连接。而这两情况只能满足其中的一个，用逻辑或（||）连接。

m 是值为两位数的整型变量，判断其个位数是奇数而十位数是偶数的逻辑表达式为：

```
m/10%2= =0&&m%2= =1
```

个位数是奇数和十位数是偶数这两个条件是要同时满足的，因此要用逻辑与（&&）。判断一个数是偶数还是奇数，让它对 2 求余，如果余数为 0，说明能被 2 除尽为偶数，如果余数为 1，说明不能被 2 除尽为奇数。判断个位数是否为奇数，即判断这个数是否为奇数，用这个数对 2 进行求余，判断余数是否与 1 相等，即 m%2==1；判断十位数是偶数，用 m/10 求出其十位上的数字，然后对 2 进行求余，判断余数是否为 0，即 m/10%2= =0。

【实例 5-7】输入一个正整数，判断其是否个位数是奇数而十位数是偶数，若是，输出"YES"，若不是，输出"NO"。

```
#include <stdio.h>
void main( )
{
    int  k;                          /*定义一个整型变量*/
    scanf ("%d", &k);                /*输入一个整型数据*/
    if (k/10%2==0&&k%2==1)           /*判断其是否个位数是奇数而十位数是偶数*/
    {
        printf("YES\n");
    }
    else
    {
        printf ("NO\n");
    }
}
```

输入一个整型数：

```
25✓
```

程序运行的结果为：

```
YES
```

5.5 条件运算符及条件表达式

条件运算符是 C 语言中唯一的三目运算符，它根据一个表达式的结果等于 true 还是 false，执行两个表达式中的一个。由于涉及三个操作数——一个用于判断的表达式和另外两个表达式，因此这个运算符也称为三元运算符。

5.5.1　条件运算符

条件运算符是由符号"？"和"："组合而成的。条件运算符有三个运算对象，三个运算对象都表达式。第一个运算对象可以是任何类型的表达式，如算术表达式、关系表达式、赋值表达式和逻辑表达式等，后面两个表达式是类型相同的任何表达式。条件运算符的表达方式、结合方向、功能如表 5-6 所示。

表 5-6　条件运算符

运 算 符	名　　称	结 合 性	应 用 举 例	功 能 说 明
？ :	条件运算符	自右向左	a?b:c	如果 a 的逻辑值为真，计算 b，生成该操作的结果；如果 a 的逻辑值为假，计算 c，生成该操作的结果

从表 5-6 可以得出：

（1）在程序设计中，条件运算符可以用于程序的判断和选择。可以用条件运算符非常简单地计算出两个变量中比较大或比较小的那个值。例如：

```
a>=b?a:b
```

上面的式子表示求两个变量中数值比较大的那个变量。如果 a>=b 为真，表示 a 是两个数中比较大的，结果就是 a；如果 a>=b 为假，表示 b 是两个数中比较大的，结果就是 b。

（2）条件运算符的结合方向是自右向左。当一个式子中出现多个条件运算符时，应该将位于最右边的问号与离它最近的冒号配对，并按这一原则正确区分各条件运算符的运算对象。

例如：

```
w<x ? x+w : x<y ? x : y
```

该式子中含有两个条件运算符，根据上述的运算规则，我们很容易得出 x<y？x：y 是一个条件运算符构成的整体。因此 w<x？x+w：x<y？x：y 与 w<x？x+w：(x<y？x：y) 等价，而不是与 (w<x？x+w：x<y)？x：y 等价。

条件运算符的优先级仅仅高于赋值运算符和逗号运算符，低于所有其他运算符，即条件运算符优先于赋值运算符，低于逻辑运算符、关系运算符和算术运算符，如图 5-4 所示。

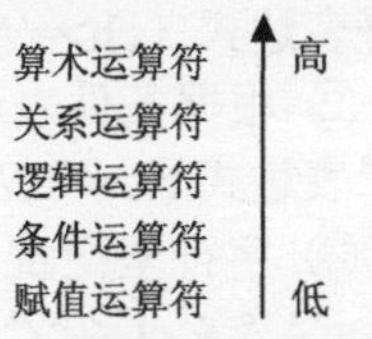

算术运算符　┃高
关系运算符　┃
逻辑运算符　┃
条件运算符　┃
赋值运算符　┃低

【**实例 5-8**】条件运算符的使用。

图 5-4　条件运算符的优先级

```
char c='A';
int a=2,b=3;
```

表达式一：

```
c>='A'&&c<='Z'?a:b
```

由图 5-4 条件运算符的优先级可知，逻辑运算符的优先级高于条件运算符，因此上式等价于 (c>='A'&&c<='Z')?a:b。关系运算符的优先级又高于逻辑运算符，因此(c>='A')&&(c<='Z')，由于 c='A'，所以关系表达式 c>='A'为真，c<='Z'也为真，根据逻辑与（&&）同真为真的运算规则，逻辑表达式(c>='A')&&(c<='Z')结果为真，因此条件运算表达式 c>='A'&&c<='Z'?a:b 的运算结果为 a，即值为 2。

表达式二：

```
b=3+a>5 ? 100 : 200
```

根据条件运算符的优先级可知：条件运算符优先于赋值运算符，因此上式等价于 b=(3+a>5 ？
100：200)，又因为条件运算符优先级低于关系运算符和算术运算符，所以表达式 3+a>5 ？100：
200 又等价于(3+a>5) ？100：200。3+a>5 等价于 3+2>5，即 5>5，逻辑值为假，所以条件表达式
3+a>5 ？100：200 的运算符结果为 200，然后将条件表达式的值，赋值给变量 b，因此 b=200。

5.5.2 条件表达式

由条件运算符连接而构成的表达式称为条件表达式。一般的表达形式为：

> 表达式 1 ？表达式 2 ：表达式 3

关于条件表达式做以下几点说明：

（1）条件表达式中含有三个操作对象，它们都是表达式，可以是各种类型的表达式。通常
情况下，表达式 1 是关系表达式或逻辑表达式，用于描述条件表达式中的条件，根据条件的真
假来判断是进行表达式 2 的运算还是进行表达式 3 的运算。表达式 2 和表达式 3 可以是常量、
变量或表达式如算术表达式、关系表达式、赋值表达式和逻辑表达式等。例如：

```
y>z? x+2 ： x-2
(a= =b)？ 'A'： 'B'
ch=(ch>='A'&&ch<='Z')?(ch+32):ch
```

这些都是正确的条件表达式。

（2）条件表达式的求解过程：

第一步：求解表达式 1 的值。

第二步：如果表达式 1 的值为真即为非 0，求解"表达式 2"的值作为整个条件表达式的值。

第三步：如果表达式 1 的值为假即等于 0，求解"表达式 3"的值作为整个条件表达式的值。

【实例 5-9】设 ch 是 char 型变量，其值为'A'，求表达式 ch=(ch>='A'&& ch<='Z') ？(ch+32)：
ch 的值。

例题分析：

① 根据运算符的优先级可知，条件运算符的优先级高于赋值运算符，因此首先计算条件运
算符表达式（ch>='A'&& ch<='Z') ？(ch+32):ch。

② 根据条件表达式的运算顺序，首先要求解表达式 ch>='A'&& ch<='Z'，由于 ch='A'，因此
逻辑表达式 ch>='A'&& ch<='Z'为真，所示求表达式（ch+32）的值。

③ 字符型变量 ch=的'A'，对应的 ASCII 码值为 65，ch+32=65+32=97，因此条件表达式
（ch>='A'&& ch<='Z') ？(ch+32):ch 最终的结果为 97。

④ 将条件运算符的结果赋值结字符型变量 ch。因为 97 在 ASCII 码中对应的字符为'a'，所
示 ch='a'。

由此可知，表达式 ch=（ch>='A'&& ch<='Z') ？(ch+32)：ch 实现的功能是：ch='a'。

首先判断字符型变量是不是大写字母，如果是大写字母，将大写字母转换成小写字母；如
果不是大写字母则直接将该字符赋值给 ch 变量。

（3）条件表达式允许嵌套使用，即允许条件表达式中的表达式 2 和表达式 3 又是一个条件
表达式。

【实例 5-10】若 a=13、b=25、c=-17，求条件表达式((y=(a<b)?a:b)<c)?y:c 的值。

例题分析：

① 根据括号的关系可以判断条件表达式((y=(a<b)?a:b)<c)?y:c 中(y=(a<b)?a:b)<c 相当于条件
表达式一般形式中的表达式 1，y 相当于表达式 2，c 相当于表达式 3。

② 在表达式(y=(a<b)?a:b)<c 中括号的优先级最高，条件运算符的优先级高于赋值运算符。
表达式(y=(a<b)?a:b)<c 的运算顺序是先求出条件运算表达式(a<b)?a:b 的值，然后赋值给变量 y，

最后与变量 c 进行比较。

已知 a=13、b=25、c=-17，a<b 等价于 13<25，该关系表达式成立，因此条件运算表达式(a<b)?a:b 的值为 a，即为 13。将条件表达式的(a<b)?a:b 的值赋给变量 y，即 y=13。表达式(y=(a<b)?a:b)<c 最终等价于 13<-17，该关系表达式不成立。

③ 由于表达式(y=(a<b)?a:b)<c 的逻辑值为假，所以条件表达式((y=(a<b)?a:b)<c)?y:c 的值为 c，即值为-17。

（4）一般情况下，条件表达式与结构程序设计中的 if 语句可以进行相互替换。

例如：

```
max=(a>b)?a:b;
```

用 if 语句表示为：

```
if(a>b)
{
    max=a;
}
else
{
    max=b;
}
```

条件表达式用流程图表示，如图 5-5 所示。

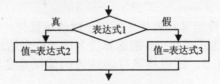

图 5-5 条件表达式的流程图

但并不是所有的条件表达式与 if 语句都能替换，只有当 if 语句中内嵌的语句为赋值语句，并且两个分支都赋给同一个变量时，才能用条件运算符代替。

例如：

```
if(a>b)
{
    printf("%d", a) ;
}
else
{
    printf("%d", b) ;
}
```

就不能写成像下面这样的形式：

```
a>b?printf("%d",a): printf("%d",b);
```

因为条件表达式的结果是一个值，要将这个值赋给一个变量或以一个值的形式输出，而上面的形式表示的是，如果 a>b 为真，就将 a 以整型的形式输出，否则将 b 以整型的形式输出，而在实际编程过程中无法将其值输出。

但可以用下面的语句：

```
printf("%d", a>b ? a : b) ;
```

这是一个 printf 输出语句，输出列表是一个条件表达式。这个语句的作用是：如果 a>b 为真，就将 a 以整型的形式输出，否则将 b 以整型的形式输出。

（5）条件表达式中，表达式 1 的类型可以与表达式 2、表达式 3 的类型不同，表达式 2 与表达式 3 的类型也可以不同，此时表达式值的类型为两者中较高者的类型。例如：

```
f=x>y ? 2:3.14
```

该表达式的作用是，如果 x>y 为真，条件表达式 x>y ? 2:3.14 的结果为 2；如果 x>y 为假，条件表达式 x>y ? 2:3.14 的结果为 3.14。因此条件表达式中表达式 2 是一个整型常量，而表达式 3 是一个浮点型常量，两个操作对象是不同的数据类型，该条件表达式的值要取两者中较高的类型，即为浮点型。

因此，如果 x>y 为真，条件表达式 x>y ? 2:3.14 的结果为 2.0。

【实例 5-11】条件表达式应用举例。

```c
#include <stdio.h>
void main( )
{
    int a=3;
    int b=4;
    int c;
    c=a>b?++a:++b;
    printf("a=%d,b=%d,c=%d\n",a,b,c);
}
```

程序运行的结果：

```
a=3,b=5,c=5
```

程序运行到第 7 行时，条件运算符的优先级高于赋值运算符，首先对条件表达式进行运算，a=3，b=4，所示 a<b，条件表达式进行 ++b 的运算作为该条件表达式的结果。b=4，经过 ++b 后，b=5，所示条件表达式的值为 5，然后将条件表达式的值赋给变量 c，即 c=5。输出结果为 a=3,b=5,c=5。

5.6 逗号运算符及逗号表达式

C 语言编程中，经常会用到逗号，比如在定义多个同一种类型的变量的时候，各个变量之间用逗号隔开；标准输入/输出函数中，输入/输出列表的各个对象之间也是用逗号隔开的。逗号在 C 语言中可以作为一种运算符使用，称为逗号运算符。

5.6.1 逗号运算符

逗号运算符（,）是 C 语言中提供的特殊运算符。逗号运算符的具体说明如表 5-7 所示。

表 5-7 逗号运算符

运 算 符	名　称	结合方向	应用举例	功能说明
,	逗号运算符	自左向右	a+b, c+d	先计算表达式 a+b 的值，再计算 c+d 的值，将 c+d 的值作为运算的结果

根据表 5-7 对逗号运算符做以下几点说明：

（1）逗号运算符是双目运算符，运算的对象可以是任何类型的表达式，运算的结果值是最后一个表达式的值。例如：

```
3+5,6+8
c=b*5,c=8*5,c=40
y=(x=a+b),(b+c)
```

这些都是逗号表达式。

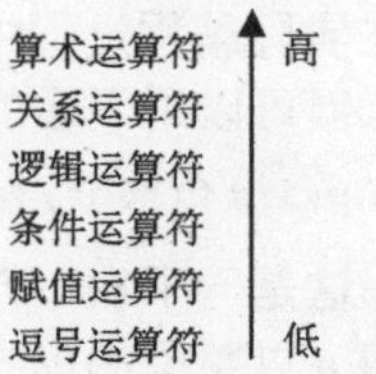

算术运算符　　高
关系运算符
逻辑运算符
条件运算符
赋值运算符
逗号运算符　　低

图 5-6　逗号运算符的优先级

（2）逗号运算符是所有运算符中优先级最低的，如图 5-6 所示。

（3）逗号运算符的结合方向是自左向右。逗号运算符将表达式连接起来，运算的时候按连接的顺序依次进行运算，所以又称为顺序求值运算符。

（4）并不是任何地方出现的逗号都作为逗号运算符，有的时候逗号用于各个对象之间的间隔。例如：

```
printf("%d,%d,%d",a,b,c);
```

输出函数中输出列表"a,b,c"中的逗号并不是逗号运算符。a，b，c 是 printf 函数的 3 个参数，参数间用逗号间隔。

```
int a,b,c;
```

这个语句定义了三个变量，三个变量之间的逗号不是逗号运算符，逗号在这里起间隔作用，表示的是分别定义了三个整型变量。这个语句等价于：

```
int a;
int b;
int c;
```

5.6.2　逗号表达式

用逗号运算符将表达式连接起来构成的表达式就称为逗号表达式。逗号表达式的语法格式为：

```
表达式 1，表达式 2
```

对于逗号表达式做以下四点说明。

（1）逗号表达式的求解过程是：先求解表达式 1，再求解表达式 2。整个逗号表达式的值是表达式 2 的值。

【实例 5-12】若已定义 x 和 y 为 double 类型，则求表达式：x=1，y=x+3/2 的值。

例题分析：

该表达式是一个逗号表达式，逗号运算符的结合方向是自左向右，所以先运算 x=1，变量 x 为 double 类型，进行自动类型转换，结果变量 x 中的值为 1.0。然后运算 y=x+3/2，y=1.0+1，其结果是变量 y 中的值为 2.0，逗号表达式 y=x+3/2 的值即等于变量 y 的值为 2.0。最后，整个逗号表达式的值应该等于最后一个表达式的值 2.0。

（2）逗号表达式在求解的过程中要注意各个运算符之间的优先级，逗号运算符的优先级最低。例如：

```
a=3*5, a*4
```

对此表达式的求解，读者可能会有两种不同的理解：一种认为"3*5，a*4"是一个逗号表达式，先求出此逗号表达式的值，然后再将逗号表达式的值赋给变量 a。如果 a 的原值为 3，则逗号表达式的值为 12，将 12 赋给 a，因此最后 a 的值为 12。另一种认为："a=3*5"是一个赋值表达式"，"a*4"是另一个表达式，二者用逗号相连，构成一个逗号表达式。

赋值运算符的优先级别高于逗号运算符，因此应先求解 a=3*5（也就是把"a=3*5"作为一个表达式）。经计算和赋值后得到 a 的值为 15，然后求解 a*4，得 60，因此整个逗号表达式的值为 60。

（3）逗号表达式可以进行嵌套，即表达式 1 和表达式 2 本身也可以是逗号表达式。例如：

```
(a=12,a*4),a+5
```

先求解逗号表达式"a=12，a*4"，a=12，a*4=12*4=48，所以表达式的值为 48，然后求解表达式 a+5 的值，注意在逗号表达式"a=12,a*4"求解过程中变量 a 的值没有发生变化，所以 a=12，a+5=12+5=17，因此整个逗号表达式的值为 17。

（4）逗号表达式无非是把若干个表达式"串联"起来，按表达式出现的顺序依次求值，从

（3）例子的分析过程可知，表达式"(a=12，a*4)，a+5"等价于"a=12，a*4，a+5"，即表达式进行顺序求值。因此逗号表达式的一般形式可以扩展为：

表达式 1,表达式 2,表达式 3……表达式 n

运算的对象可以是任何类型的表达式，整个表达式的值等于表达式 n 的值。例如：

```
int a,b,c;
a=1,b=a+2,c=b+3;
```

逗号表达式按照顺序进行求解，a=1，b=a+2=1+2=3，c=b+3=3+3=6，所示该逗号表达式的运算结果为 6。该逗号表达式可以用下面三个有序的赋值语句来表示：

```
a=1;
b=a+2;
c=b+3;
```

由此看来，逗号运算的使用使程序变得简洁，但逗号表达式不要滥用。在许多情况下，使用逗号表达式的目的只是想分别得到各个表达式的值，而并非一定需要得到和使用整个逗号表达式的值，逗号表达式最常用于循环语句（for 语句）中。

例如：

```
for(s=0,i=1;i<=100;s+=i,i++)
```

- ❑ s=0,i=1：是逗号表达式用来对变量进行初始化。
- ❑ s+=i,i++：也是逗号表达式用来修改变量的值。

5.7 位运算符

在很多系统程序中常要求在位（bit）一级进行运算或处理，位运算原本属于汇编语言的功能，由于 C 语言是介于高级语言和汇编语言之间的一种中间语言，是为开发系统软件而设计的，所以它提供了多种类似于汇编语言的功能。C 语言提供了位运算的功能，这使得 C 语言也能像汇编语言一样用来编写系统程序。

位运算是 C 语言的一种特殊运算功能，它是以二进制位为单位进行运算的，即进行数的二进制位的运算。例如，一个字符型数据占据 8 个二进制位（1 个字节），则最右边的二进制位称为第 0 位，最左边的二进制位称为最高位。位运算符分为位逻辑运算符、位移位运算符和位自反赋值运算符三种。位运算对象只能是整型（int、short、unsigned、long）或字符型（char）数据。

5.7.1 位逻辑运算符

位运算是指对二进制数按位进行运算，其操作对象是一个二进制位集合，每个二进制位只能存放 0 或 1。位逻辑运算符是将数据中每个二进制位上的"0"或"1"看成逻辑值，逐位进行逻辑运算的位运算符。

1. 位逻辑运算符

位逻辑运算符包括按位非、按位与、按位或和按位异或。具体如表 5-8 和表 5-9 所示。

表 5-8　位逻辑运算符

运 算 符	名　　称	应用举例	功能说明
~	按位非	~a	将 a 按位取反
&	按位与	a&b	将 a 和 b 按位相与
|	按位或	a|b	将 a 和 b 按位相或
^	按位异或	a^b	将 a 和 b 按位相异或

表 5-9　位逻辑运算符的运算规则

对象 a	对象 b	a&b	a|b	a^b	~a
0	0	0	0	0	1
0	1	0	1	1	1
1	0	0	1	1	0
1	1	1	1	0	0

根据表 5-8，表 5-9 对位逻辑运算符做以下几点说明：

（1）按位非（~）运算符是单目运算符，它的运算对象只有一个，它的结合性是自右向左。其功能是对参与运算的数的各二进位按位求反。例如：~0=1，~1=0。

（2）按位与运算符（&）是双目运算符，它的结合性是自左向右。其功能是参与运算的两数的二进制各对应位相与。只有对应的两个二进位均为 1 时，结果位才为 1，否则为 0。

例如：二进制代码 00001001 和 00000101 相与，图示如下。

$$00001001$$
$$\&$$
$$\overline{\quad\quad\quad\quad}$$
$$00000$$

按位与运算通常用来对某些位清 0。根据对应位同为 1 时才为 1 的原则，为了使某数的指定位清零，可将数按位与一特定数相与，该数中和为 1 的位，特定数中对应的位为 0；该数中的为 0 的位，特定数中对应的位为 0 或 1 均可。

按位与运算还可以用来取一数中的某些位，对要取的那些位，特定数中相应的位设为 1 即可。

（3）按位或运算符（|）是双目运算符，它的结合性是自左向右。其功能是参与运算的两数的二进制各对应位相或。只要对应的两个二进位有一个为 1 时，结果位就为 1。参与运算的两个数均以补码出现。例如：二进制代码 00001001 和 00000101 相或，图示如下。

$$00001001$$
$$|$$
$$\overline{\quad\quad\quad\quad}$$
$$00001$$

按位或运算可将数据的某些位置 1，将与该数按位或的特定数的相应位置 1 即可。

（4）按位异或运算符（^）是双目运算符，它的结合性是自左向右。其功能是参与运算的两数的二进制各对应位相异或，当两对应的二进位上的数不相同时，结果为 1。例如：二进制代码 00001001 和 00000101 相异或，图示如下。

$$0000$$
$$1001$$
$$\overline{\quad\quad\quad}$$
$$00001$$

按位异或运算是当两个数的对应位不同时，结果为 1，所以按位异或运算可以把数的某些位翻转，即 0 变 1，1 变 0，保留某些位。

【实例 5-13】位逻辑运算应用举例。

```c
#include<stdio.h>
void main( )
{
    int i,j,c1,c2,c3,c4;
    i=10;
    j=12;
    c1=~i;              /* 按位取反 */
    c2=i&j;             /* 按位与运算 */
    c3=i|j;             /* 按位逻辑或运算 */
```

```
    c4=i^j;          /* 按位逻辑异或运算 */
    printf("~i =%d\n",c1);
    printf("i&j =%d\n",c2);
    printf("i|j =%d\n",c3);
    printf("i^j =%d\n",c4);
}
```

程序运行结果，如图 5-7 所示。

图 5-7　程序运行结果

例题分析：

在第 1 章数制的转换与存储一节中，我们知道数据在计算机中是以二进制补码的形式存储的。对于一个正数，原码是将该数转换成二进制，它的反码和补码与原码相同。对于一个负数，原码是将该数按照绝对值大小转换成的二进制数，最高位即符号位为 1；它的反码是除符号位外将二进制数按位取反，所得的新二进制数称为原二进制数的反码；它的补码是将其二进制的反码加 1。

10 的二进制补码为 00001010，12 的二进制补码为 00001100（这里为了表示的方便，用八位二进制来表示，实际的运算过程中，在 Visual C++ 6.0 环境下，整型数值占 4 个字节，即用 32 位二进制表示）。

~i 表示对二进制 00001010 进行按位取反运算，即 0 变 1，1 变 0，所以~00001010=11110101，11110101 是一个整型数的补码形式，转换成十进制为-11。

i&j 表示 00001010 与 00001100 进行按位相与，结果为 00001000，最高位为 0，表示是一个正数，原码、反码和补码相同，将其转换成二进制为：2^3=8。

i|j 表示 00001010 与 00001100 进行按位相或，结果为 00001110，最高位为 0，表示是一个正数，原码、反码和补码相同，将其转换成二进制为 $2^3+2^2+2^1$=14。

i^j 表示 00001010 与 00001100 相异或，结果为 00000110，最高位为 0，表示是一个正数，原码、反码和补码相同，将其转换成二进制为 2^2+2^1=6。

2. 位逻辑运算符的优先级

在位逻辑运算符中优先级如图 5-8 所示。

与前面已经学习过的其他运算符相比，位逻辑运算符的优先级如图 5-9 所示。

图 5-8　位逻辑运算符　　　　　　　　　　图 5-9　位逻辑运算符

5.7.2　移位运算符

移位运算是将数据看成二进制数，对其进行向左或右移动若干位的运算。移位运算包括左移位运算和右移位运算。

1. 移位运算符

移位运算符包括左移位运算符和右移位运算符，都是双目运算符，有两个运算对象。第一个运算对象是要移位的运算对象，第二个运算对象是所移的二进制位数。移位运算符的表示形式、举例和功能如表 5-10 所示。

表 5-10　移位运算符

运 算 符	名　　称	应用举例	功能说明
<<	左移运算符	a<<b	将 a 向左移 b 位
>>	右移运算符	a>>b	将 a 向右移 b 位

对于移位运算符做以下几点说明：

（1）左移运算符是将一个数的二进位全部左移若干位。"<<"左边的数是要移位的数，右边的数指定移动的位数。

左移的规则是将二进制数向左移动若干位，左边移走的高位被丢弃，右边被空出来的低位补零。移位运算符的操作对象为整型，有无符号数和带符号数之分，但对于左移运算来说，若高位左移后溢出，则舍弃，低位补 0。例如：a=a<<2，将 a 的二进制数左移 2 位，右补 0。若 a=13，即二进制数 00001101，则

$$
\begin{array}{ll}
a & 00001101 \\
\downarrow & \downarrow \\
a<<1 & 00011010 \\
\downarrow & \downarrow \\
a<<2 & 00110100
\end{array}
$$

最后 a=52。

（2）右移运算符是将一个数的二进位全部右移若干位。">>"左边的数是要移位的数，右边的数指定移动的位数。

右移的规则是将二进制数向右移动若干位，右移与被移位的数据是否带符号有关。对于无符号整数来讲，左端空出的高位全部补 0。而对于有符号的数来讲，如果符号位为 0（即正数），则被空出来的高位部分补零。如果符号位为 1（即负数），则被空来的高位部分补 0 还是补 1，与使用的计算机系统有关，有的计算机系统补 0，有的计算机系统补 1。例如：a=a>>2，将 a 的二进制数右移 2 位，左补 0。若 a=13，即二进制数 00001101，则

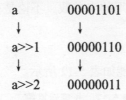

$$
\begin{array}{ll}
a & 00001101 \\
\downarrow & \downarrow \\
a>>1 & 00000110 \\
\downarrow & \downarrow \\
a>>2 & 00000011
\end{array}
$$

最后 a=3。

若 a=-15，即计算机内的二进制表示为 11110001，则

$$
\begin{array}{ll}
a & 11110001 \\
\downarrow & \downarrow \\
a>>1 & 11111000 \\
\downarrow & \downarrow \\
a>>2 & 11111100
\end{array}
$$

最后 a=-4。11111100 是-4 在计算机内以其二进制补码的表示形式（这个结果是使用 Visual C++ 6.0 环境运行的结果）。

2. 移位运算的优先级

如果在一个式子中出现多种运算符，要按照运算符的优先级顺序进行运算，移位运算符在位运算符中的优先顺序如图 5-10 所示。

移位运算符与前面学习过的几种运算符混合使用时的运算优先顺序如图 5-11 所示。

图 5-10　移位运算符的优先级　　　　　　图 5-11　移位运算符的优先级

5.7.3　位自反赋值运算符

在前面学习赋值运算符与其表达式的时候，我们已经提到过位自反赋值运算符。复合赋值运算符是由某个规定的运算符和基本赋值运算符组合而成的，当组成复合赋值运算符中的"某个规定的运算符"是位运算符时，复合赋值运算符就称为位自反赋值运算符。具体如表 5-11 所示。

表 5-11　位自反赋值运算符

赋值运算符	名　　称	应用举例	实现功能
&=	位与赋值	a&=b 等价于 a=a&b	将 a 与 b 按位与后赋给 a
|=	位或赋值	a|=b 等价于 a=a|b	将 a 与 b 按位或后赋给 a
^=	按位异或赋值	a^=b 等价于 a=a^b	将 a 与 b 按位异或后赋给 a
<<=	位左移赋值	a<<=2 等价于 a=a<<2	将 a 左移 2 位后赋值给 a
>>=	位右移赋值	a>>=2 等价于 a=a>>2	将 a 右移 2 位后赋值给 a

位自反赋值运算符与其他赋值运算符的优先级相同，结合性也是自右向左。位自反赋值运算符的运算规则与算术自反运算符的运算规则相同，详细介绍请参考算术自反运算符的内容。

5.8　位运算符

在 C 语言中，长度运算符用于测试数据类型符（或变量）所分配的内存字节数，用于测试的对象数据必须用圆括号括起来。和其他运算符不同的是，长度运算符是由一个关键字 sizeof 表示的，它用于计算一种数据类型所占用的字节数。不论是基本的数据类型还是复杂的构造类型，都可以用它来计算。表示格式为：

```
sizeof(类型说明符或变量)
```

长度运算符的表示形式、举例和功能如表 5-12 所示。

表 5-12　长度运算符

运 算 符	名　　称	应用举例	功能说明
sizeof	长度运算符	sizeof(int)	求整型数据类型的内存字节数
		sizeof(a)	求变量 a 在内存中所占的空间

对长度运算符做以下几点说明：

（1）长度运算符（sizeof）是一个单目运算符，它的功能是返回给定类型的运算对象所占内存字节的个数，因此长度运算的结果是一个整型数。例如：

```
sizeof(char)
```

计算一个字符类型数据占用的字节数，结果为 1，表示字符类型数据在内存中占用一个字节的空间。

```
sizeof(double)
```

计算一个双精度浮点型数据的长度，结果为 8，表示双精度浮点类型数据在内存中占用 4 个字节的空间。

（2）长度运算符的运算对象除了数据类型符说明符以外，还可以是数组名或表达式等。如果运算对象是一个表达式（如常量、变量、数组名、结构体变量、共用体变量等），则 sizeof() 不会对表达式求值，只给出该表达式所占用的字节数。例如：

```
sizeof(100)=4                /*在 Visual C++ 6.0 环境下整型数据占 4 个字节*/
sizeof('a')=1                /*求字符型常量'a'的长度*/
sizeof(struct ABC)           /*求结构类型 ABC 的长度*/
sizeof(a)                    /*求变量 a 的长度，即它所占用的字节数*/
```

（3）长度运算符的优先级与其他单目运算符如~、!、++、--是同级别的，结合性是自右向左。

5.9 典型实例

【实例 5-14】在不使用累计乘法的基础上，实现对 2 的 N 次方的计算。

对于 2 的 N 次方，使用的是二进制数据进制之间的的一个性质来计算的：即对某个数的二进制数左移 N 位，则表示对该数字乘以了 N 个 2。当然，如果是对该二进制数右移 N 位，没有发生数据丢失的情况下，则表示该数字除以了 N 个 2。

```
#include <stdio.h>
#include <stdlib.h>
void  main()
{
    int time;                      //声明一个数字，保存 N
    printf("要求出 2 的多少次方：");
    scanf("%d",&time);             //输入 N 次方中的 N

    int number=1<<time;           //求解 2 的 N 次方
    printf("number = %d",number);     //输出计算结果
}
```

在上面程序中，1<<time 表达式中，1 表示 2 的 0 次方。然后对其进行左移运算，左移了 time=10位，表示求解 2 的 time 次方。

【实例 5-15】已知 a、b、c、d 分别为一个四位数各个数位上的数字。寻找 1000～3999 中符合表达式（a×b+c×d）^2=a×b×c×d 的所有数字并列举出来。

```
#include <stdio.h>
#include <stdlib.h>
#include <math.h>
void main()
{
    int a,b,c,d;                       //数字的各个数位上的数字
    int i;                             //循环变量
    int num=0;
    printf("符合条件的数字有：\n");
    for(i=1000;i<3999;i++)             //遍历所有四位数
    {
        a=i/1000;                      //a 为千位上的数字
        b=i%1000/100;                  //b 为百位上的数字
        c=i%100/10;                    //c 为十位上的数字
        d=i%10;                        //d 为个位上的数字

        if((a*b+c*d)*(a*b+c*d)==a*b*c*d)  //如果满足要求的条件
        {
            num++;                     //num 计算符合条件的数字的个数
            if(num%10==0)              //如果一行满了 10 个数字
```

```
            printf("\n");                   //输出换行
            printf("%5d",i);                //输出当前数字
        }
    }
}
```

以上程序依次取出当前四位数中某一位上的数字，然后代入表达式中，检测是否符合表达式。如果符合，则输出该数字；否则接着测试之后的数字。直至范围内的数字全部测试完毕。编译运行，得到如图 5-12 所示的结果。

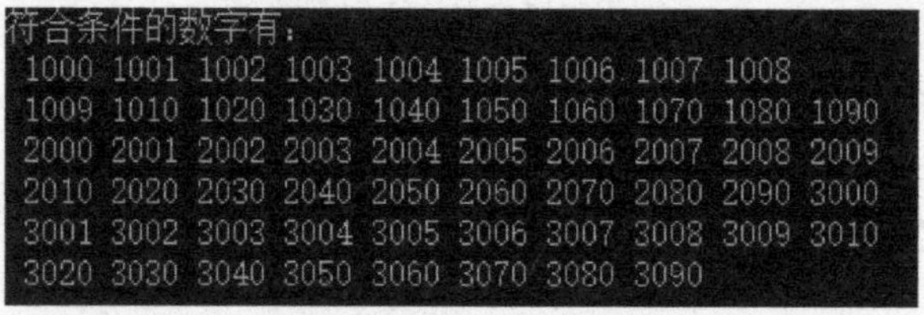

```
符合条件的数字有：
1000 1001 1002 1003 1004 1005 1006 1007 1008
1009 1010 1020 1030 1040 1050 1060 1070 1080 1090
2000 2001 2002 2003 2004 2005 2006 2007 2008 2009
2010 2020 2030 2040 2050 2060 2070 2080 2090 3000
3001 3002 3003 3004 3005 3006 3007 3008 3009 3010
3020 3030 3040 3050 3060 3070 3080 3090
```

图 5-12　程序运行结果

【实例 5-16】C 语言提供了一个求绝对值的函数 abs()，本例编写一个相同功能的代码，对输入的数字进行直接地绝对值求解。将原来的数字转换为其绝对值，方法是比零法。

```
#include <stdio.h>
#include <math.h>
#include <stdlib.h>
void main()                          //主函数
{
    float num;                            //声明一个浮点型数字
    printf("请输入一个数字：");
    scanf("%f",&num);                     //输入浮点型数字

    printf("它的绝对值为：");
    if(num>=0)                       //如果数字大于等于 0，则
        printf("%f\n",num);              //原样输出，不作变化
    else                             //如果数字小于 0，则
        printf("%f\n",-num);             //输出当前数字的负值
}
```

【实例 5-17】回文数字，也可以说是对称数字，即从左到右按位读取跟从右到左按位读取数字的值相等。编写一个程序，由用户输入一个数字，判断其是否是回文数字。

```
#include <stdio.h>
#include <stdlib.h>
void main()
{
    int num, temp;                   //保存用户输入的数字
    int sum=0;                       //保存数字的逆序数字
    printf("请输入一个数字:");
    scanf("%d", &num);               //等待用户输入数字
    temp=num;
    while(num)
    {
        sum = sum*10 + num%10;       //sum 计算用户输入数字的逆序数字
        num /= 10;                   //获取数字的最后一位上的数字
    }
    if(temp == sum)                  //如果用户输入的数字与逆序数字相等
        printf("是回文数字\n");          //则是回文数字
    else                             //否则
        printf("不是回文数字\n");        //不是回文数字
}
```

程序中实现对回文数字的判断，使用的方法是对回文数字进行逆序输出，看前后两个数字是否相等。如果相等则表示该数字为回文数字，否则不是回文数。

5.10　本章小结

C 语言提供十分丰富的运算符，一共 13 类，34 种运算符。本章对算术运算符、赋值运算符、关系运算符、逻辑运算符、条件运算符、逗号运算符、位运算符、长度运算符以及它们的表达式进行了讲解，对各种运算符优先级和结合性做了明确的说明。运算符的总结如附录 B 所示。

5.11　习题

1. 算术运算符、赋值运算符和关系运算符的运算优先级按从高到低依次是什么？
2. 对 C 程序在做逻辑运算时判断操作数真、假的表述，下列哪一个是正确的？（　　）
   A. 0 为假非 0 为真　　　　　　　　B. 只有 1 为真
   C. -1 为假 1 为真　　　　　　　　　D. 0 为真非 0 为假
3. 设有整型变量 i, j, k，i 值为 3，j 值为 6。计算表达式 k=i^j<<3; 后，k 的值是多少？
4. ch 是字符变量，判断 ch 是英文字母的逻辑表达式是什么？
5. 设 x 和 y 均为 int 型变量，且 x=1, y=2, 则表达式 1.0+x/y 的值是多少？

第6章 输入与输出

数据的输入与输出是一个算法所具有的特点。任何高级语言必须有数据的输入和输出功能，C语言本身不提供输入和输出语句，输入与输出操作是由函数来实现的。在C标准函数库中有一些输入/输出函数，可在程序中直接调用，如printf()函数和scanf()函数，它们不是C语言文本的组成部分，而是以函数库的形式存放在系统之中。C语言程序是由函数构成的，而函数是由各种各样的语句组成的。本章将介绍C语言中的各种语句及数据输入与输出。本章内容如下：

- ❑ C语句概述；
- ❑ 输入与输出函数；
- ❑ 整型数据的输入与输出；
- ❑ 浮点型数据的输入与输出。

6.1 C语句概述

一般的C语言语句包括数据描述和数据操作两部分。数据描述由声明部分完成，如变量定义等，没有操作；数据操作是由语句来实现的，即程序的执行部分，程序的功能也是由执行语句实现的。

6.1.1 流程控制语句

从程序流程的角度来看，程序可以分为三种基本结构，即顺序结构、分支结构、循环结构。这三种基本结构可以组成所有的各种复杂程序。C语言提供了多种语句来实现这些流程的结构。流程控制语句用于控制程序的流程，用于实现程序的各种结构方式，它们由特定的语句定义符组成。C语言有9种控制语句，如表6-1所示。

表6-1 流程控制语句

if⋯⋯else	条件语句
for( )	for循环语句
while( )	while循环语句
do-while	do⋯while循环语句
continue	结束本次循环，继续下一轮
break	终止执行switch或循环语句
switch	多分支选择语句
goto	转向语句
return	返回语句

根据表6-1可大致将流程控制语句分为三类。

1. 条件判断语句
- ❑ if⋯else语句
- ❑ switch⋯case语句

根据条件是否成立，选择执行程序。例如，使用if⋯else语句来判断两个数的大小，代码如下：

```
if(a>b)                        /*如果 a 大于 b*/
{
    printf("%d",a);            /*输出 a 的值*/
}
else
{
    printf("%d",b);            /*否则，输出 b 的值*/
}
```

使用 switch…case 语句对学生的成绩划分区间，代码如下：

```
switch(grade)                          /*判断 grade 的数值*/
{
    case 'A':                          /*如果 grade 的值为 A*/
        printf("85~100\n");            /*说明分数在 85~100 之间*/
        break;                         /*跳出循环*/
    case 'B':                          /*如果 grade 的值为 B */
        printf("70~84\n");             /*说明分数在 70~84 之间*/
        break;                         /*跳出循环*/
    case 'C':                          /*如果 grade 的值为 C*/
        printf("60~69\n");             /*说明分数在 60~69 之间*/
        break;                         /*跳出循环*/
    case 'D':                          /*如果 grade 的值为 D*/
        printf("<60\n");               /*说明分数小于 60 分*/
        break;                         /*跳出循环*/
    default:  printf("Error\n");  /*如果 grade 的值不是 A、B、C、D 中的一个，那么输出 error*/
}
```

2. 循环执行语句

❑ for（表达式 1；表达式 2；表达式 3）语句
❑ while（条件表达式）语句
❑ do{}while（条件表达式）语句

当给定的条件满足时，反复执行某段程序，直到条件不成立为止。

例如：使用 for 语句实现连续整数 1～10 求和运算，代码如下：

```
int s,i;
for(i=1;i<=10;i++)
{
    s+=i;
}
```

使用 while 语句实现连续整数 1～10 求和运算，代码如下：

```
int s,i;
while(i<=10)
{
    s+=i;
    i++;
}
```

使用 do…while 语句实现连续整数 1～10 求和运算，代码如下：

```
int s,i;
do
{
    s+=i;
    i++;
}while(i<=10)
```

3．转向语句

break 语句、continue 语句、return 语句、goto 语句。

（1）break 语句

break 语句常用于使流程跳出 switch 结构，继续执行 switch 语句下面的一个语句。如上面 switch 语句中用 break 语句来结束 switch 语句；break 语句还用来从循环体内跳出，break 语句用于强制结束执行的程序。

【实例 6-1】break 语句的使用。该段程序实现的功能是查找 100 以内，能同时被 3 和 7 整除的最小整数。

```c
#include<stdio.h>
void main()                        /*主函数*/
{
    int j;                         /*定义变量*/
    for(j=1;j<100;j++)             /*设置循环条件*/
    {
        if(j%3==0&&j%7==0)         /*判断 j 的值是否能同时被 3 和 7 整除*/
        {
            printf("%d\n",j);      /*输出 j 的值*/
            break;                 /*跳出循环*/
        }
    }
}
```

程序运行的结果为：21。

当变量 j 从小到大变化时，在循环体内部进行检查，当 if 条件不满足时，不执行 if 下面用"{ }"括起来的内容，然后执行下一次的循环；当 if 条件满足时，将这个整数输出，并用 break 语句强制跳出循环体，for 循环结束。

需要注意的是 break 语句只能跳出一层循环，即从当前的循环层中跳出。break 语句不能用于循环语句和 switch 结构语句之外的任何其他语句中。

（2）continue 语句

continue 语句只用于循环语句中，其作用是结束本次循环，不再执行循环体中的 continue 语句之后的语句，然后跳转到循环的开始处，进行下一次是否执行循环语句的条件判断。

【实例 6-2】continue 语句的使用。该程序实现的功能是查找 100 以内，所有能同时被 3 和 7 整除的整数。

```c
#include<stdio.h>
void main()                        /*主函数*/
{
    int j;                         /*定义变量*/
    for(j=1;j<100;j++)             /*设置循环条件*/
    {
        if(j%3==0&&j%7==0)         /*判断 j 的值是否能同时被 3 和 7 整除*/
        {
            printf("%d ",j);       /*输出 j 的数值*/
            continue;              /*继续查找*/
        }
    }
}
```

程序运行的结果为：

```
21  42  63  84
```

当变量 j 从小到大变化时，在循环体内部进行检查，当 if 条件不满足时，不执行 if 下面用"{ }"括起来的内容，然后执行下一次的循环条件的判断；当 if 条件满足时，将该整数输出，使用 continue 结束本次循环，进行下一次循环的判断。

通过【实例 6-1】和【实例 6-2】的比较，可以看出 continue 语句与 break 语句的区别。continue 语句只是结束循环结构中的本次循环，而不是跳出整个循环过程。实际上在【实例 6-2】中可以完全不使用 continue 语句，可以得到同样的结果，因为使用 continue 语句结束本次循环，使用 continue 语句后面的语句无法执行，【实例 6-2】中的 continue 语句后面已经没有语句，所以可以不用。

（3）goto 语句

goto 语句被称为无条件转移语句，它的一般形式为：

```
goto  语句标号;
```

其中，语句标号用标识符表示，它的命名规则与变量名相同，由字母、数字、下画线组成，且第一个字符必须为字母或下画线。例如：

```
goto  loop;
goto  laber_1;
```

这些都是合法的语句标号。

```
goto  a-b;
goto  2ab;
```

这些都是不合法的语句标号。

goto 语句可以与 if 语句一起构成循环结构。

【实例 6-3】goto 语句的使用。该程序的功能是使用 goto 语句和 if 语句构成循环结构，求 100 以内整数的和。

```
#include<stdio.h>
void main( )                    /*主函数*/
{
    int i,sum;                  /*定义递增变量 i 及用于保存整数和的 sum*/
    i=1;                        /*初始化 i 的值*/
    sum=0;                      /*初始化 sum 的值*/
    loop: if (i<=100)           /*设置 loop 标号*/
    {
        sum=sum+i ;
        i++;
        goto loop;              /*跳至 loop 标号处*/
    }
    printf("sum=%d",sum);       /*输出 sum 的最终值*/
}
```

程序运行的结果为：

```
sum=5050
```

loop 是一个语句标号，当程序执行到 goto loop 语句的时候，程序将跳转到 loop 所标识的那一行程序即 if 语句。

C 语言中提供了 for 语句、while 语句、do while 语句这三种循环语句，使用方便，因此我们不提倡用 goto 语句来构造循环结构。还可以用 goto 语句将程序强制转移到指定语句（例如从循环体内跳到循环体外）一般用于跳出多层循环。前面知道 break 只能跳出单层循环，如果要跳出多层循环，就要用到 goto 语句。

在结构化程序设计中，goto 语句尽量少用，因为 goto 是将程序强制转移，比较自由随意，这不利于结构化程序设计，滥用它会使程序流程无规律、可读性差。

6.1.2　函数调用语句

函数调用语句是由函数名、实际参数列表组成的，以分号结尾。其一般形式为：

```
函数名(实际参数表);
```

执行函数语句就是调用函数体并把实际参数赋予函数定义中的形式参数，然后执行被调用函数体中的语句，求取函数值。例如：

```
printf("how are you!");
```

调用 C 语言中的标准输出函数，用来输出一个字符串。

```
getchar();
```

调用 C 语言系统的标准库函数，字符输入函数，用来输入一个字符。

```
max(a,b);
```

调用用户自定义函数。关于函数的内容将在第 12 章中进行介绍。

6.1.3　表达式语句

表达式后面加上一个分号就构成了一个表达式语句。在第 5 章中我们学习了算术表达式、关系表达式、逻辑表达式、赋值表达式等，任何表达式加上一个分号都可以构成表达式语句，执行表达式语句就是计算表达式的值。

```
a=4;                        /*赋值表达式语句*/
i++;                        /*自增运算表达式语句*/
a+=b+c;                     /*复合赋值表达式语句*/
~ i | j>>3;                 /*位运算表达式语句*/
'x'+1>c , -a-5*b<=d+1;      /*逗号表达式语句*/
```

C 语言中的语句大部分都是表达式语句。

6.1.4　空语句

空语句又称空操作语句，只有一个分号，在程序执行过程中不做任何操作。空语句的作用：（1）在循环语句中使用空语句提供一个不执行操作的空循环体；（2）为有关语句提供标号，用以说明程序执行的位置。

```
while(getchar()!='\n') ;    /*空语句*/
```

这里的循环体由空语句构成。该语句的功能是，只要从键盘输入的字符不是回车换行则重新输入。空语句的存在只是语法完整性的需要，其本身并不代表任何动作。

6.1.5　复合语句

把多个语句用括号"{ }"括起来组成的一个语句称复合语句。一般语句格式为：

```
{
    语句 1;
    语句 2;
    ...
    语句 n;
}
```

复合语句从形式上看是多个语句的组合，但在语法意义上它是一个整体，相当于一条语句，所以凡是可以用简单语句的地方都可以用复合语句来实现。在程序设计中复合语句被看成是一条语句，而不是多条语句。例如：

for 循环语句的循环体使用复合语句。

```
for(i=1;i<=10;i++)
{
    z=x+y;
    t=z/100;
    printf("%d",t);
}
```

if 条件语句中使用复合语句。

```
if (a>b)
{
    a=a+b;
    b-=a;
}
```

复合语句内的各条语句都必须以分号";"结尾，在括号"}"外不需加分号。组成复合语句的语句数量不限，一个语句可以占多行，一行也可以有多个语句。在复合语句中不仅有执行语句，还可以说明变量。例如：

```
{
    int c;                /*定义变量*/
    c=getchar();
    putchar(c);
}
```

复合语句组合多个子语句的能力及采用分程序定义局部变量的能力是 C 语言的重要特点，它增强了 C 语言的灵活性，同时还可以按层次使变量作用域局部化，使程序具有模块化结构。

6.2　输入与输出函数

C 语言程序是由函数构成的，输入与输出操作都是由函数来实现的。C 语言中没有提供输入的语句，数据的输入与输出是利用系统函数来完成的。在 C 语言标准函数库中有一些输入/输出函数，可以在程序中直接调用，其中包括：scanf()（格式输入函数）、printf()（格式输出函数）、getchar()（字符输入函数）、putchar()（字符输出函数）、gets()（字符串输入函数）、puts()（字符串输出函数）。

需要注意的是，这些不是 C 语言文本的组成部分，而是以函数库的形式存放在系统中的，因此在使用标准 I/O 库函数之前，需要用编译命令#include 将有关"头文件"包括到源文件中，为源程序的编译提供相关的信息。

使用标准输入/输出库函数时要用到"stdio.h"头文件，因此源程序的开头应有以下预编译命令：

```
#include< stdio.h >或#include " stdio.h "
```

在 Tubro C 中考虑到 printf()和 scanf()函数频繁使用，系统允许在使用这两个函数时可不加#include< stdio.h >或#include "stdio.h"，但是在 Visual C++ 6.0 环境下输入/输出函数在使用前，源程序开头必须引入#include< stdio.h >或#include "stdio.h"头文件。

6.2.1　格式输出函数

在前几章中我们已经初步接触到格式输入与格式输出函数 printf()和 scanf()函数，它们是 C 语言标准 I/O 库函数中最简单、最常用的函数。

printf()函数我们在前面已经多次用到，printf()函数是格式控制输出函数，使用的一般格式为：

```
printf("格式控制字符",输出项列表);
```

printf()函数的作用是按照自右向左的顺序，依次计算"输出地址列表"中表达式的值，然后按照"控制格式字符"中规定的格式输出到显示器上。

printf()函数有两个参数"格式控制字符"和输出项列表，"格式控制字符"是由控制输出格式字符等字符组成的字符串。输出项列表是用逗号分隔的若干个表达式。

例如：

```
printf("a=%d,b=%f,c=%c\n",a,b,c);
```

其中，"a=%d,b=%f,c=%c\n"是格式的控制部分，a,b,c 是输出项序列，是用逗号分隔开的三个变量。

1. printf()函数的格式控制字符

"格式控制字符"是用双引号括起的一串字符，包括格式说明、普通字符和转义字符三种。格式控制字符的功能是指定输出数据的格式和类型。例如：

```
printf("a=%d\n",a);
```

其中，"a="是普通字符，"%d"是格式说明符，"\n"是转义字符，而 a 是输出项。

格式说明符由%和格式字符组成。作用是转换输出数据的格式，表示对数据输出格式的控制，如%d, %f 等。它与后面的数据输出项对应，即格式说明与数据输出项的数据个数、数据类型及数据排放次序相匹配。例如：

```
printf("%d,%f",a, x)
```

格式说明符"%d"与输出项"a"对应，表示将控制数据输出项"a"按格式说明"%d"规定的格式输出，即按十进制整数的形式输出。"%f"与输出项"x"对应，表示将控制数据输出项"x"按格式说明"%f"规定的格式输出，即按浮点型数据的形式输出。下面介绍几种常用的格式字符。

❑ d 格式字符，输出十制整数。

例如：

```
int a=122;
printf("a=%d",a);
```

输出的结果为：a=122。

❑ x（或 X）格式字符，输出十六进制整数。例如：

```
int a=122;
printf("a=%x",a);
```

输出的结果为：a=7A。

❑ o（或 O）格式字符，输出八进制整数。例如：

```
int a=122;
printf("a=%x",a);
```

输出的结果为：a=172。

❑ U 格式字符，输出不带符号的十进制整数。例如：

```
int a=122;
printf("a=%d",a);
```

输出的结果为：a=122。

❑ c 格式字符，输出单个字符。例如：

```
int a=98;
printf("%c",a);
```

输出的结果为：b，为一个字符。

❑　s 格式字符，输出字符串。char s[]="hello!";
```
printf("%s",s);
```

输出的结果为：hello!

❑　f 格式字符，输出十进制单、双精度数。例如：
```
float a=314.1;
printf("a=%f",a);
```

输出的结果为：a=314.100006

❑　e（或 E）格式字符，输出指数形式的实数型数。例如：
```
float a=314.1;
printf("a=%e",a);
```

输出的结果为：a=3.141000e+002

❑　g（或 G）格式字符，输出指数形式的实数型数不带无效 0 的浮点数。例如：
```
float a=314.1;
printf("a=%e",a);
```

输出的结果为：a=314.1

❑　%格式字符，输出一个百分号。例如：
```
float a=12.56;
printf("a=%f%%",a);
```

输出的结果为：a=12.560000%

转义字符是以"\"开头和其他特殊字符组合而成的具有一定含义的字符。转义字符可以在 printf()函数中使用，在前面我们已经讲解了几种常用的转义字符，在这里不再赘述。

普通字符是指在"格式控制字符"部分，除了"格式说明符"和"转义字符"之外的其余字符均为普通字符，在输出时普通字符被原样输出。

例如：
```
int x=3, y=6, z=0;
printf("x=%d,y=%d,z=%d",x,y,z);
```

输出的结果为：x=3, y=6, z=0

"x="、"，"、" y="、" z="这些都是普通字符，在输出时被原样输出。

2．printf()函数输出项列表

输出项列表是需要输出的一些数据。判断输出项列表有以下几点说明：

❑　输出项列表的数据可以有一个或多个，也可以没有。printf()函数允许没有输出项列表部分，这表示输出一个字符串。例如：
```
printf("请输入一个正整数：");
```

输出的结果为：
```
请输入一个正整数：
```

上面的那行语句里面只有普通字符，因此在输出的时候只是原样输出。

❑　输出项列表可以是多个输出项，各个输出项之间用逗号"，"分隔。例如：
```
printf("%d*%d+%d*%d=%d\n",x,x,y,y,1989);
```

❑　printf()函数中格式控制部分的"格式说明符"和"输出项列表"在个数和和类型上必须一一对应。例如：
```
printf("a=%d,b=%f\n",a,b);
```

a 与%d 对应，%d 表示以十进制整数的形式输出，相对应的 a 是一个整型变量。b 与%f 对应，%f 表示以浮点型数输出，相对应的 b 是一个浮点型变量。

□　输出项列表可以由变量、常量或表达式组成。如果是常量，直接用常量代替"格式控制字符"里面的"格式字符"；如果是变量，则用变量里面存储的值来取代"格式控制字符"里面的"格式字符"；如果是表达式，则先对表达式进行运算，然后用它的运算结果取代"格式控制字符"里面的"格式字符"。例如：

```
printf("%f",3.5+56%10+3.14);
```

　　输出的结果为：12.640000

【实例 6-4】printf( )函数应用举例。

```
#include<stdio.h>
void main( )                /*主函数*/
{
    /*输出星号*/
    printf("   *\n");
    printf("  * *\n");
    printf(" * * *\n");
    printf("* * * *\n");
    printf(" * * *\n");
    printf("  * *\n");
    printf("   *\n");
}
```

　　程序运行的结果如图 6-1 所示。

6.2.2　格式输入函数

　　scanf()函数是格式控制输入函数，scanf()函数使用的一般格式为：

图 6-1　程序运行

```
scanf("格式控制字符",输入项列表);
```

　　scanf()函数有"格式控制字符"，"输入项列表"两个参数，scanf()函数的功能是按照"格式控制字符"中规定的输入格式，从键盘上读取若干个数据，按"输入项列表"中变量从左向右的顺序，依次存入对应的变量中。

　　scanf()函数的格式控制字符基本上与 printf()函数的格式控制相似，都是以 % 开始，以一个格式字符结束，格式控制的功能是规定输入数据的格式。

　　关于 scanf()函数，做如下几点说明：

　　（1）在 scanf()函数中一个格式说明要求输入一个数据，就必须在地址列表中有一个变量的地址与之对应，并且类型要一致。例如：

```
scanf("%d%f",&a,&b);
```

　　其中，"%d"与&a 对应，变量 a 的类型为整型，"%f"与&b 对应，变量 b 的类型为浮点型。

　　（2）scanf()函数的输入项必须是一个"地址"，它可以是一个变量的地址，也可以是数组的首地址，但不能是变量名。

　　"&"是取地址符号，变量的地址必须写成"&变量名"。例如：

```
scanf("%d,%d",&a,&b);
```

　　&a、&b 分别表示变量 a、b 存储单元的地址。

　　（3）scanf()函数格式说明符与 printf()函数相似，格式说明符与输入项列表一一对应。常用到的格式说明符有以下几种。

□　D：输入有符号的十进制整数；
□　o：输入无符号的八进制整数；
□　u：输入无符号的十进制整数；
□　x 或 X：输入无符号的十六进制整数；
□　c：输入单个字符；
□　s：输入字符串；
□　f：输入单精度或双精度数。

在使用 scanf()函数时，普通字符和转义字符可不出现。

（4）格式说明符中有普通字符或转义字符时，数据输入时，必须按它们的原样输入。例如：

```
int a,b;
scanf("%d,%d",&a,&b);
```

在输入数据时，两个数据之间必须用"，"开隔。如：

```
4,6✓
```

才是正确的输入方式，表示将整数 4 存放在变量 a 所代表的存储空间内，将整数 6 存放在变量 b 所代表的存储空间内。又如：

```
int a,b;
scanf("a=%d,b=%d",&a,&b);
```

正确的数据输入格式为：a=4,b=6✓

（5）"格式控制字符"中如果没有任何普通字符，输入数据时，各个数据之间可以用空格、跳格键（Tab）或回车键作为间隔符。例如：

```
int a,b;
scanf("%d%d",&a,&b);
```

可以有三种输入方式：
① 数据中间使用一个或多个空格

```
10 20✓
10    20✓
```

② 数据中间按下跳格键（Tab）

```
10[Tab]20✓
```

③ 数据中间按下回车键，即分行输入

```
10✓
20✓
```

另外，上面几种方式可以混合使用。例如：

```
int a,b,c,d;
scanf("%d%d%d%d",&a,&b,&c,&d);
```

输入时：

```
10 20✓
30[Tab]40✓
```

（6）可以指定输入数据所占的列数，系统自动按指定的列数截取所需的数据。

【实例 6-5】指定输入数据列数。

```
#include<stdio.h>
void main()                                    /*主函数*/
{
```

```
    int a,b;                          /*定义变量*/
    scanf("%2d%3d",&a,&b);            /*输入*/
    printf("a=%d,b=%d ",a,b);         /*输出*/
}
```

输入：

```
123456↙
```

程序运行的结果为：

```
a=12,b=345
```

同样，也可以应用于输入格式说明符为字符型的输入语句中。

【实例 6-6】指定输入数据列数。

```
#include<stdio.h>
void main()
{
    char a,b;                         /*定义两个字符型变量*/
    scanf("%2c%3c",&a,&b);            /*输入*/
    printf("a=%c,b=%c",a,b);          /*输出*/
}
```

输入：

```
ABCDEFG↙
```

程序运行的结果为：

```
a=A,b=C
```

在上面的程序中，分别为字符型数据 a，b 指定了输入的字符序列，即将 AB 给了变量 a，将 CDE 给了变量 b，而由于字符型数据只能存储一个字节的数据，因此 a=A，b=C。

（7）输入数据时不能规定精度。例如：

```
scanf("%5.2f",&x);
```

这种输入格式是错误的。

（8）scanf()函数在进行输入的时候是没有提示的。例如：

```
scanf("a=%d",&a);
```

在运行时，不会像 printf()函数那样将 "a=" 原样显示。运行时应输入：a=10↙

```
scanf("%d,%d",&a,&b);
```

应输入:10,3↙

若需要提示时，可以用 printf()函数输出字符串进行提示。

【实例 6-7】使用 scanf()函数输入两个数，输出其中较大的那个数。

```
#include<stdio.h>
void main()
{
    int x,y,max;                      /*定义所需变量*/
    printf("请输入两个整数：\n");      /*输出提示文字*/
    scanf("%d,%d",&x,&y);             /*输入 x 和 y 的值*/
    if(x>y)                           /*判断 x 和 y 的值*/
    {
        max=x;
    }
    else
    {
        max=y;
```

```
    }
    printf("两个数中较大的数为: %d\n",max);        /*将比较后的结果输出*/
}
```

程序运行时，出现一行提示信息：

请输入两个整数:

输入：

4, 10✓

输出：

两个数中较大的数为: 10

（9）如果输入的数据多于 scanf()函数所要求的个数，余下的数据可以被下一个 scanf()函数接着使用。

【实例 6-8】scanf()函数输入多余的数据，可被下一个 scanf()函数使用。

```
#include <stdio.h>
void main()
{
    int a,b,c;                            /*定义所需变量*/
    scanf("%d%d",&a,&b);                  /*首先输入 a 和 b 的值*/
    scanf("%d",&c);                       /*然后输入 c 的值*/
    printf("a=%d,b=%d,c=%d",a,b,c);       /*将三者的数值输出*/
}
```

输入：

12 34 56 78✓

程序运行的结果为：

a=12,b=34,c=56

在上面的程序中出现两个 scanf()输入函数，第一个 scanf()只读入了前两个数据 12 和 34，剩下的 56 将被下一个 scanf()函数所用。

（10）在 scanf()函数中某格式字符读入数据时，遇以下情况时认为该数据结束：

❑　遇"数据分隔符"，如空格、回车、tab 或指定字符。

❑　遇宽度结束，如"%3d"，只取 3 列后读取结束。

❑　遇非法输入。

【实例 6-9】应用举例。

```
#include <stdio.h>
void main()
{
    int a,b;
    scanf("%d%d",&a,&b);
    printf("a=%d,b=%d",a,b);
}
```

输入：

123.45 678✓

程序运行的结果为：

a=123,b=-858993460

程序运行时，将 123 送 a，而 b 没有被赋值，因为整型数据中不能出现小数点，但 b=-858993460，是因为在对变量进行定义而不初始化时，系统会为变量分配一个随机值。

（11）需要注意的是，在使用格式说明符%c 输入一个字符时，凡是从键盘输入的字符，包括空格、回车等都被作为有效字符接收。

【实例 6-10】应用举例。

```
#include <stdio.h>
void main()
{
    char ch1,ch2,ch3;
    scanf("%c%c%c",&ch1,&ch2,&ch3);                /* 接收字符输入 */
    printf("ch1=%c,ch2=%c,ch3=%c",ch1,ch2,ch3);    /* 输出字符 */
}
```

当输入：

```
A B C✓
```

此时字符'A'存入 ch1 所代表的存储单元，'□'（空格）作为字符存入 ch2 代表的存储单元，字符'B'存入 ch3 代表的存储单元。

输入：

```
A123B✓
```

字符'A'送入 ch1，字符'1'送入 ch2，字符'2'送入 ch3。

（12）如果在%后面有个 "*" 附加说明符，表示跳过它指定的列数。

【实例 6-11】应用举例。

```
#include <stdio.h>
void main()
{
    int a,b;
    scanf("%2d□%*3d□%2d",&a,&b);    /* 接收数据输入 */
    printf("a=%d,b=%d",a,b);
}
```

输入：

```
12 345 67✓
```

变量赋值结果为：

```
a=12, b=67
```

6.2.3　字符输入与字符输出函数

当用 scanf()函数和 prinft()函数对字符型数据进行输入与输出时，格式说明符要使用 "%c"，在 C 语言中对字符型数据还专门提供了字符输入函数（getchar()）与字符输出函数（putchar()）。

1. getchar()函数

getchar()函数是字符输入函数，它的功能是从键盘上输入一个字符。一般形式为：

```
getchar( )
```

getchar()从外部设备读取一个字符到内部程序中，因此需要有一个变量接收该字符。一般使用字符型或整型变量。通常使用的方式是采用一个赋值语句：

```
变量= getchar( );
```

例如：

```
char c;
c=getchar();
```

运行时输入字符'A'，则将输入的字符'A'赋予字符变量 c。

对于字符输入函数，做以下几点说明：

（1）使用 putchar()函数前必须要包含头文件 stdio.h。stdio.h 是基本输入/输出的头文件。C 语言中的输入/输出函数是以函数库的形式存放在系统中的，在使用标准 I/O 库函数之前，需要用编译命令#include 将有关"头文件"包括到源文件中，为源程序的编译提供相关的信息。

使用文件包含命令：

```
#include<stdio.h>或#include "stdio.h"
```

（2）getchar()函数只能接收单个字符，输入数字也按字符处理。输入多于一个字符时，只接收第一个字符，程序中没有使用完的字符，将会自动保留下来，留做下次使用。

【实例 6-12】应用举例。

```
#include<stdio.h>
void main()
{
    char c1;                        /*定义一个字符型变量 c1*/
    int a;                          /*定义一个整型变量 a*/
    c1=getchar();                   /*输入 c1 的值*/
    a=getchar();                    /*输入 c2 的值*/
    printf("c1=%c,a=%d",c1,a);      /*输出各自的结果*/
}
```

当输入：20↙
程序运行的结果为：

```
c1=2,a=48
```

此时变量 c1 中将获得字符'2'，变量 a 中将获得字符'0'的 ASCII 值 48。

（3）使用 scanf()函数的也可以使用输入字符，getchar()和 scanf("%c")的功能是一样的。

【实例 6-13】getchar()和 scanf()的使用。

```
#include<stdio.h>
void main()
{
    char c1,c2;                     /*定义两个字符型变量*/
    c1=getchar();                   /*输入 c1 的值*/
    scanf("%c",&c2);                /*输入 c2 的值*/
    printf("c1=%c,c2=%c",c1,c2);    /*输出各自的值*/
}
```

输入：ad↙
程序运行的结果为：

```
c1=a,c2=d
```

2. putchar()函数

putchar()函数为字符输出函数，它的作用是在显示器上输出一个字符。其一般形式为：

```
putchar(参数);
```

其中，这里的参数可以是字符型变量或整型变量，也可以是字符型常量或表达式。
例如：

```
char c='A';
putchar(c);
```

函数参数是一个字符型变量，结果是输出字符变量 c 的值，即大写字母 A。

```
int a=98;
```

```
putchar(a);
```

函数参数是一个整型变量，结果是输出整型变量 a 的值 ASCII 码表里所对应的字符，即小写字母 b。

```
putchar('b');
```

函数参数是一个字符型常量，输出字符常量 b。

```
char c='1';
putchar(c+4);
```

函数参数是一个整型表达式，字符 c 的 ASCII 码值为 49，先对表达式进行运算，即 c+4='1'+4=49+4=53，ASCII 码表中对应的字符为'5'，因此输出的结果为'5'。

> **Tips** 需要注意的是，使用 putchar 函数与 getchar()函数相似，在使用前必须要加上包含头文件 stdio.h。

【实例 6-14】putchar()函数的应用。

```
#include <stdio.h>
void main()
{
    char c1='A',c2='B',c3='C';    /*定义三个字符型变量并分别赋值*/
    putchar(c1);                  /*输出 c1 的值*/
    putchar(c2);                  /*输出 c2 的值*/
    putchar(c3);                  /*输出 c3 的值*/
    putchar('\t');                /*输出一个 Tab 键的空隙*/
    putchar(c1);                  /*输出 c1 的值*/
    putchar(c2);                  /*输出 c2 的值*/
    putchar('\n');                /*换行*/
    putchar(c2);                  /*输出 c2 的值*/
    putchar(c3);                  /*输出 c3 的值*/
}
```

程序运行的结果为：

```
ABC    AB
BC
```

6.3　整型数据的输入与输出

整型数据的输入与输出通常使用 printf()、scanf()函数，函数参数中格式控制符使用整型数据的格式说明符，输入或输出列表使用整型常量、整型变量或整型表达式。

6.3.1　整型数据的输出

整型数据格式说明符有以下几种。
- ❑　d：有符号的十进制整数；
- ❑　o：无符号的八进制整数；
- ❑　u：无符号的十进制整数；
- ❑　x 或 X：无符号的十六进制整数。

（1）d 格式符，表示十进制整数（有符号数）。
- ❑　用法：%d、%ld、%md、%lmd。
- ❑　说明：%d 表示按整数的实际长度输出，%ld 表示长整型，可以输出 long 型数据。

格式说明中，在"%"和格式说明符间可以插入以下附加符号。M 表示一个正整数，用来控制输出数据的宽度。

对于%md 或%lmd，如果 m 大于输出数据的宽度，则前面补空格；如果 m 小于输出数据的宽度，则按数据的实际长度输出。

对于%-md 或%-lmd，如果 m 大于输出数据的宽度，则后面补空格；如果 m 小于输出数据的宽度，则按数据的实际长度输出。

【实例 6-15】应用举例。

```
#include <stdio.h>
void main()
{
    int a=123;
    printf("%d,%2d,%5d,%-5d,",a,a,a,a);
}
```

程序运行的结果为：

```
123,123,  123,123
```

%d 将数据按实际长度输出，即 123；%2d 指定的字段宽度为 2，小于数据的宽度，因此按原数据宽度输出；%5d 指定的字段宽度为 5，大于数据的宽度，在数据的前面补两个空格；%-5d 与%5d 基本相同，但是空格补在数据的后面。

（2）o 格式符，表示八进制无符号整数（o 必须小写），没有表示八进制的前导 0。

用法：%o、%lo、%mo、%lmo

说明：%lo 表示八进制长整型，m 指定输出字符的宽度。

【实例 6-16】应用举例。

```
#include <stdio.h>
void main()
{
    int a=-1;
    printf("%d,%o",a,a);
}
```

程序运行的结果为：

```
-1,37777777777
```

在 Visual C++ 6.0 环境下，int 型数据在内存中占 4 个字节。

（3）X|x 格式符，表示十六进制整数，没有表示十六进制的前导 0x。

用法：%x、%X、%lx

【实例 6-17】应用举例。

```
#include <stdio.h>
void main()
{
    int a=-1;
    printf("%d,%x,%X",a,a,a);
}
```

程序运行的结果为：

```
-1,ffffffff,FFFFFFFF
```

（4）u 格式符，表示无符号的十进制整数。

用法：%u

【实例 6-18】 应用举例。

```c
#include <stdio.h>
void main()
{
    int a=-1;
    printf("%d,%u",a,a);
}
```

程序运行的结果为：

```
-1,4294967295
```

6.3.2　整型数据的输入

整型数据的输入使用 scanf()函数，函数参数使用整型数据格式说明符。如 d、o、x 等。但通常情况下，整型数据格式说明符一般使用 d，便于从键盘上输入。

"%d%d%d"表示按十进制整数格式输入数据，两个数据之间用一个或多个空格、回车键 Enter 或跳格键 Tab 分隔都是合法的，但不能用";"或其他不符合其格式的间隔符。只有当格式为 "%d,%d,%d"时，才能用","作为间隔，即要求输入数据的格式必须与"格式控制"的格式完全一致。

在输入整型数据时，scanf()函数中不能有提示，为了能够更加清楚所输入的数据，可以用 printf()予以提示。例如：

```c
int a,b;
printf("请输入两个数:\n");
scanf("%d%d",&a,&b);
```

整型数据的输入在本章的格式输出一节已经详细讲解过。

6.4　浮点型数据的输入与输出

浮点型数据的输入与输出同样用格式输入/输出函数 scanf()、printf()。

浮点型数据的输出格式控制符有以下几种：

（1）f 格式符，表示实数型（单精度、双精度），即以小数形式输出。

用法：%f、%mf、%.nf、%m.nf

说明：对于浮点型数据，在格式说明中，"%"和格式说明符间可以插入以下附加符号。

- ❑ m：整型数据相同，为输出的数据指定宽度。
- ❑ n：是一个正整数，表示输出的实数保留 n 位小数。

【实例 6-19】 应用举例。

```c
#include <stdio.h>
void main()
{
    float x=314.15;
    printf("%f,%7.2f,%12f,%-12f,%.2f",x,x,x,x,x);
}
```

程序运行的结果为：

```
314.149994, 314.15,  314.149994, 314.149994  ,314.15
```

浮点型变量所赋的值为 314.15，但程序运行使用%f 输出时，却为 314.149994，这是由于实数在内存中的存储误差导致的。并非所有的数字都是有效数字。单精度实数的有效位数一般是 7～8 位，双精度实数的有效位数一般是 15～16 位。

（2）e（或 E）格式符，使用指数格式表示实数型（单精度、双精度）数据。

用法：%e、%me、%m.ne、%.ne

说明：这里的 m、n 与上面的意义相同。

【实例 6-20】应用举例。

```
#include <stdio.h>
void main()
{
    float   x=135.62,y=451.628e-5;
    printf("%e,%14E,%10.2e",x,-y,x);
}
```

结果：

```
1.356200e+002,-4.516280E-003,□1.36e+002
```

（3）g 格式符，用来输出实数型（单精度、双精度），根据数值的大小自动选择占用宽度最小的一种，不输出无意义的零。

用法：%g

【实例 6-21】应用举例。

```
#include <stdio.h>
void main()
{
    float   x=123.456;
    printf("%g,%f,%e",x,x,x);
}
```

结果：123.456,123.456001,1.234560e+002

对于浮点型数据的输入格式控制符可以是%f、%e，输入格式应该尽可能简单。可以指定输入数据所占的列数，系统自动按指定的列数截取所需的数据。但是浮点型数据输入时不能规定精度。例如：

```
scanf("%5.2f",&x);
```

这种输入格式是错误的。

6.5 典型实例

【实例 6-22】如果 a 的所有正因子和等于 b，b 的所有正因子和等于 a，因子包括 1 但不包括本身，且 a 不等于 b，则称 a、b 为亲密数对。编写程序，求出 3000 以内的亲密数对。

```
#include<stdio.h>
#include<stdlib.h>
void main()
{
    int a,i,b,n;
    printf("3000 以内的亲密数据对有:\n");
    for(a=1;a<3000;a++)                        /*穷举 3000 以内的全部整数*/
    {
        for(b=0,i=1;i<=a/2;i++)                /*计算 a 的各因子，各因子之和存放于 b*/
            if(!(a%i))                         /*计算 b 的各因子，各因子之和存于 n*/
                b+=i;
        for(n=0,i=1;i<=b/2;i++)
            if(!(b%i))
                n+=i;
        if(n==a&&a<b)                          /*若 n=a，则 a 和 b 是一对亲密数，输出*/
            printf("%4d..%4d ",a,b);
```

```
        }
    }
```

程序中对亲密数字的原理进行模拟，先求出当前数字的所有因子之和，然后对这个和数进行同样的求解过程，看得出数字是否等于原先的数字，如果等于，则证明他们是亲密数对。

实现方法：

（1）对 3000 以内的数字逐一进行求解因子。如果是检测到一个因子，则将其加入到另一个数字中，将所有的因子都加到该值中。

（2）将因子之和再次求解它的所有因子之和。

（3）如果两步中的因子之和相等且两个数字本身不相等，则它们是亲密数对。

编译运行，得到如图 6-2 所示结果。

3000以内的亲密数据对有：
220.. 284 1184..1210 2620..2924

图 6-2　3000 以内的亲密数对

【实例 6-23】如果某个数的平方的末尾几位数等于这个数，那么就称这个数为自守数。换句话说，符合这个定义的数字便是自守数。编写程序，对输入的数字进行判断，判断其是否是自守数。

```
#include <stdio.h>
#include <stdlib.h>
void main()
{
    int i,n;                     //声明变量
    printf("输入一个整数:");
    scanf("%d",&n);              //等待用户输入一个待检测的数字
    i=1;
    while(i<=n)                  //如果 i<=n
        i*=10;                   //   i×10
    if(n*n%i==n)                 //如果用户输入的数字平方的第 N 位等于该数字
        printf("是自守数\n");     //则是自守数
    else                         //否则
        printf("不是自守数\n");   //不是自守数
}
```

程序中先对输入数字进行范围确定，确定他是几位数字，然后对这个数字求余再进行判断，就可以得出结果了。

程序中测试输入的数字位数的方法是，看该数字小于 10 的几次方，即可判断出该数字是几位数字。

编译运行，得到如图 6-3 所示结果。

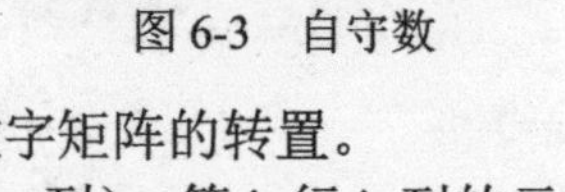

输入一个整数:76
是自守数

图 6-3　自守数

【实例 6-24】编写程序实现数字矩阵的转置。

设 A 为 m×n 阶矩阵（即 m 行 n 列），第 i 行 j 列的元素是 a(i,j)，即：A=a(i,j)。

定义 A 的转置为这样一个 n×m 阶矩阵 B，满足 B=a(j,i)，即 b (i,j)=a (j,i)（B 的第 i 行第 j 列元素是 A 的第 j 行第 i 列元素），记 A'=B。

对于矩阵的转置，实现这一功能的关键技术在于：

（1）矩阵的传递（含参数：行数、列数）。

（2）矩阵转置的特征（b (i,j)=a (j,i)）。

具体的程序如下：

```
#include <stdio.h>
#include <stdlib.h>
int* Transpose(int *arr,int row,int col);                    //声明函数的存在性
void main()                                    //主函数
{
    int row=1,col=1;                           //行数、列数，默认为1
    int i,j;
    printf("请输入行数列数: ");
    scanf("%d%d",&row,&col);                    //输入行数、列数
    int *myarr=(int *)malloc(row*col*sizeof(int));          //为要生成的矩阵申请空间

    printf("请输入矩阵初始数据: \n");
    for(i=0;i<row;i++)                          //遍历数组所有行的元素
    {
        for(j=0;j<col;j++)                      //遍历数组所有列的元素
        {
            scanf("%d",myarr+i*col+j);          //输入当前矩阵中的对应位置的值
        }
    }
    printf("输入的矩阵为: \n");
    for(i=0;i<row;i++)                          //遍历所有行的元素
    {
        for(j=0;j<col;j++)                      //遍历所有列的元素
        {
            printf("%3d",*(myarr+i*col+j));     //输出当前行列所定位的元素的值
        }
        printf("\n");                           //换行
    }
    int *tempt2=Transpose(myarr,row,col);       //调用矩阵的转置函数
    printf("转置后矩阵变为: \n");
    for(i=0;i<col;i++)                          //输出转置后矩阵所有行的元素
    {
        for(j=0;j<row;j++)                      //输出转置后矩阵所有列的元素
        {
            printf("%3d",*(tempt2+i*row+j));    //输出当前行列对应的矩阵中的值
        }
        printf("\n");                           //换行
    }
}

int *Transpose(int *myarr,int row,int col)      //矩阵转置函数
{
    int i,j;                                    //临时变量
    int *tempt=(int *)malloc(row*col*sizeof(int));//为转置后的矩阵申请空间
    int move=0;

    for(i=0;i<col;i++)                          //转置后新矩阵的每一行
    {
        for(j=0;j<row;j++)                      //转置后新矩阵的每一列
        {
            *(tempt+i*row+j)=*(myarr+move++);   //赋值
        }
    }
    return tempt;
}
```

以上程序分为函数和转置函数 Transpose()两部分。主函数负责对原始数组的声明以及初始

化，调用转置函数，实现对原始矩阵的转置。并输出转置后的矩阵中的所有元素。

转置函数 Transpose()通过参数传递来实现矩阵的转置。实现方法：充分模拟矩阵转置的规律，对矩阵转置的本质要有深刻的认识。

编译运行，得到如图6-4所示结果。

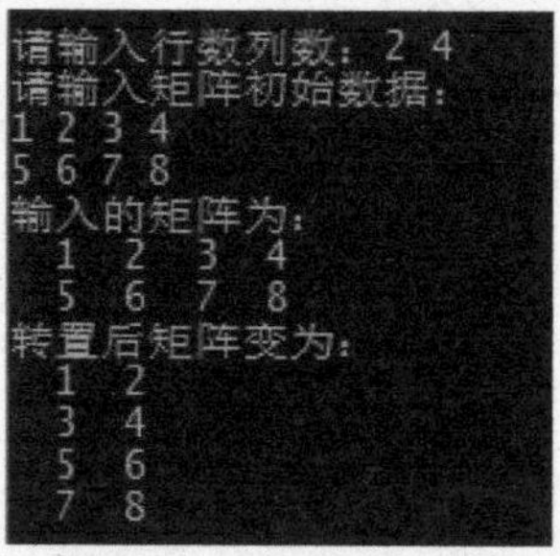

```
请输入行数列数: 2 4
请输入矩阵初始数据:
1 2 3 4
5 6 7 8
输入的矩阵为:
   1    2    3    4
   5    6    7    8
转置后矩阵变为:
   1    5
   2    6
   3    7
   4    8
```

图6-4　矩阵的转置

【实例6-25】矩阵乘法：只有当矩阵 A 的列数与矩阵 B 的行数相等时，A×B 才有意义。一个 m×n 的矩阵 a(m,n)左乘一个 n×p 的矩阵 b(n,p)，会得到一个 m×p 的矩阵 c(m,p)。这里写一个矩阵乘法函数，负责任意两个矩阵的相乘操作。

矩阵乘法的实现，关键在于充分了解矩阵乘法的计算方法，具体是哪行跟哪列相乘相加等。具体请参见线性代数。

```c
#include <stdio.h>
#include <stdlib.h>

//检测两个矩阵是否可以相乘函数
int check(int row1,int col1,int row2,int col2);
//矩阵相乘函数
int *Multiplication(int *arr1,int *arr2,int row1,int col1,int row2,int col2);
void main()                        //主函数
{
    int row1=1,col1=1,row2=1,col2=1;            //第一个与第二个矩阵的行数、列数
    int i,j;                            //临时变量
    //检查相乘矩阵的有效性
label:                            //标签
    printf("请输入要输入的两个矩阵的行数列数: \n");
    printf("第一个矩阵的行数列数: ");
    scanf("%d%d",&row1,&col1);            //等待用户输入矩阵 1 的行数、列数
    printf("第二个矩阵的行数列数: ");
    scanf("%d%d",&row2,&col2);            //等待用户输入矩阵 2 的行数、列数

    if(check(row1,col1,row2,col2))            //调用矩阵是否可以相乘函数
    {
        //第一个矩阵资料的录入
        printf("请输入第一个矩阵的数据: \n");
        int *myarr1=(int *)malloc(row1*col1*sizeof(int));        //申请矩阵 1 所需的空间
        for(i=0;i<row1;i++)
        {
            for(j=0;j<col1;j++)
            {
                scanf("%d",myarr1+col1*i+j);            //输入矩阵 1 的元素值
            }
        }
        //第二个矩阵资料的录入
        printf("请输入第二个矩阵的数据: \n");
        int *myarr2=(int *)malloc(row2*col2*sizeof(int));        //申请矩阵 2 所需的空间
```

```
        for(i=0;i<row2;i++)
        {
            for(j=0;j<col2;j++)
            {
                scanf("%d",myarr2+col2*i+j);              //输入矩阵2的元素值
            }
        }
        //两个矩阵的显示
        printf("两个矩阵的资料分别为：\n");
        for(i=0;i<row1;i++)
        {
            for(j=0;j<col1;j++)
            {
                printf("%3d",*(myarr1+i*col1+j));          //输出矩阵下标对应的元素值
            }
            printf("\n");                                  //换行
        }
        for(i=0;i<row2;i++)
        {
            for(j=0;j<col2;j++)
            {
                printf("%3d",*(myarr2+i*col2+j));          //输出矩阵下标对应的元素值
            }
            printf("\n");                                  //换行
        }
        //计算两个矩阵相乘的结果并显示
        int *result=Multiplication(myarr1,myarr2,row1,col1,row2,col2);
        //调用矩阵相乘函数
        printf("矩阵相乘的结果矩阵为：\n");
        for(i=0;i<row1;i++)
        {
            for(j=0;j<col2;j++)
            {
                printf("%3d",*(result+i*col2+j));          //输出矩阵相乘后的结果
            }
            printf("\n");                                  //换行
        }
    }
    else                       //如果输入的两个矩阵不可以相乘，则
    {
        printf("所输入的两个矩阵不可以相乘\n 请重新输入：\n");        //提示错误
        goto label;                                        //程序返回到标签处
    }
}

int check(int row1,int col1,int row2,int col2)//检测输入的两个矩阵的行列是否可以相乘
{
    if(row1>0||row2>0||col1>0||col2>0)           //如果行数、列数都大于0
    {
        if(col1==row2)                           //如果矩阵1的列数等于矩阵2的行数
            return 1;                            //返回真，可以相乘
        else                                     //否则
            return 0;                            //返回假，不可以相乘
    }
    else                                         //否则
    {
        return 0;                                //返回假，不可以相乘
    }
}
```

```
    int *Multiplication(int *arr1,int *arr2,int row1,int col1,int row2,int col2)   //
矩阵相乘函数
    {
        int i,j,a;
        int *tempt=(int *)malloc(row1*col2*sizeof(int));  //为矩阵相乘结果矩阵申请空间
        for(i=0;i<row1;i++)                               //新矩阵的行
        {
            for(j=0;j<col2;j++)                                   //新矩阵的列
            {
                int sum=0;                                        //保存当前位置的值
                for( a=0;a<col1;a++)
                {
                    sum=sum+ (*(arr1+i*col1+a)) * (*(arr2+a*col2+j));//计算当前位置的值
                }
                *(tempt+i*col2+j)=sum;
            }
        }
        return tempt;                                     //返回新生成的矩阵
    }
```

编译运行，得到如图 6-5 所示结果。

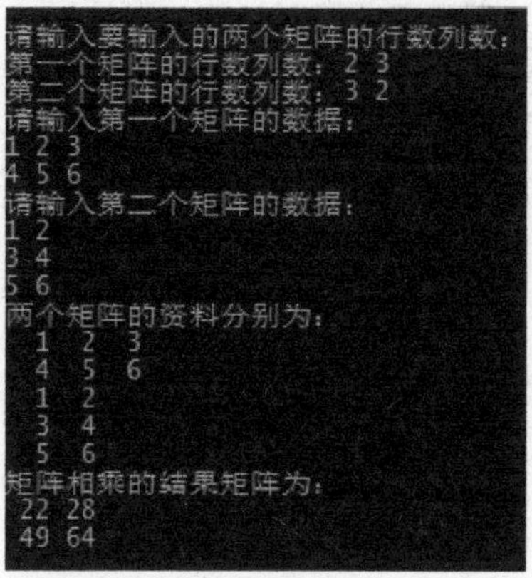

```
请输入要输入的两个矩阵的行数列数：
第一个矩阵的行数列数：2 3
第二个矩阵的行数列数：3 2
请输入第一个矩阵的数据：
1 2 3
4 5 6
请输入第二个矩阵的数据：
1 2
3 4
5 6
两个矩阵的资料分别为：
    1    2    3
    4    5    6
    1    2
    3    4
    5    6
矩阵相乘的结果矩阵为：
   22   28
   49   64
```

图 6-5　矩阵乘法

6.6　本章小结

本章在第 1 章、第 2 章的基础上，进一步介绍 C 语言编写程序所必需的一些基本知识。详细讲解了 C 语言程序设计中常用的 5 种语句：流程控制语句、函数调用语句、表达式语句、空语句和复合语句，并通过实例进行分析。对输入/输出函数进行举例说明，在此基础上，分别对整型数据的输入/输出、浮点型数据的输入/输出做了详细的讲解、补充，使每一种数据类型的输入与输出更加详细具体。

6.7　习题

1. 简单描述一下 C 语言中的语句。
2. 从键盘输入几个字符，再输出该字符自身和它的 ASCII 代码值。
3. 输入大写字母，把它改为小写后输出。
4. 已知圆的半径，计算圆面积。
5. 输入三个数，求其中的最大值。

第 7 章　顺序结构与选择结构

C 语言程序设计总体上包括两个方面的内容：数据定义和数据操作，数据定义是指程序中的数据描述语句，用来定义一系列数据的类型，完成数据的初始化等；数据操作是指程序中的操作控制语句，用来控制程序的执行过程。一般程序的执行结构包括三种：顺序结构、选择结构和循环结构。前几章我们学习了数据定义方面的有关内容，本章将重点介绍 C 语言程序设计的数据操作。本章内容如下：

❑ 顺序结构程序设计；
❑ 选择结构程序设计；
❑ 应用举例。

7.1　顺序结构程序设计

顺序结构程序是最简单，最基本的程序设计，它由简单的语句组成，程序的执行是按照程序员书写的顺序进行的，没有分支、转移、循环，且每条语句都将被执行。顺序结构的程序是从上到下依次执行的，其执行流程如图 7-1 所示。

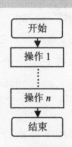

图 7-1　顺序结构执行流程

【实例 7-1】使用 putchar()函数显示字符。编写程序如下：

```c
#include "stdio.h"
#include "string.h"          /*添加头文件*/
void main()
{
    char a,b,c,d,e;          /*定义字符型变量*/
    a='B';                   /*为 a 赋值*/
    b=98;                    /*为 b 赋值*/
    c='\101';                /*为 c 赋值*/
    d='\\';                  /*为 d 赋值*/
    e='\'';                  /*为 e 赋值*/
    putchar(a);              /*输出 a 的值*/
    putchar(b);              /*输出 b 的值*/
    putchar(c);              /*输出 c 的值*/
    putchar(d);              /*输出 d 的值*/
    putchar(e);              /*输出 e 的值*/
}
```

程序的执行结果为：

```
BbA\'
```

该程序在运行过程中，按照语句的顺序依次执行，逐个输出 a、b、c、d、e 这 5 个字符，而且每个语句只执行一次。

该程序的执行顺序如图 7-2 所示。

【实例 7-2】求三角形的周长和面积。

程序分析：① 输入三条边 a、b、c；

② 计算周长：l=a+b+c；

③ 计算面积：根据海伦公式，半周长 h1=(a+b+c)/2；

三角形面积：s=sqrt(hl*(hl-a)*(hl-b)*(hl-c));
④ 输出三角形的面积和周长。
编写程序如下：

```c
#include <stdio.h>
#include <math.h>                              /*添加数学函数所需头文件*/
void main()
{
    float a,b,c,l,h1,s;
    printf("请输入能组成三角形的三条边：\n");        /*输出提示文字*/
    scanf("%f,%f,%f",&a,&b,&c);                  /*输入 a、b、c 的值*/
    printf("a=%f,b=%f,c=%f\n",a,b,c);           /*输出 a、b、c 的值*/
    l=a+b+c;                                     /*计算三条边的和*/
    h1=l/2;                                      /*为 h 赋值*/
    s=sqrt(h1*(h1-a)*(h1-b)*(h1-c));            /*计算三角形的面积*/
    printf("三角形的周长和面积分别为：\n");         /*输出面积的值*/
    printf("l=%4.2f,s=%4.2f",l,s);              /*输出 l 和 s 的值*/
}
```

程序运行时，输入：

```
3,4,5↙
```

屏幕上输出的结果为：

```
a=3.000000,b=4.000000,c=5.000000
三角形的周长和面积分别为：
l=12.00,s=6.00
```

该程序在执行过程中，首先输出提示信息："请输入能组成三角形的三条边："，然后根据要求输入，再输出三条边的大小。

先求三角形周长，再求半周长，利用海伦公式求出三角形面积，最后输出三角形的周长和面积。

程序的执行流程如图 7-3 所示。

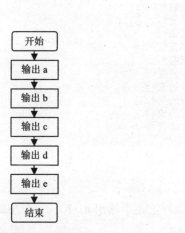

图 7-2　程序的执行顺序图

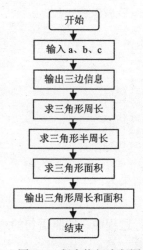

图 7-3　程序执行流程图

【实例 7-3】编写程序实现：学习成绩>=90 分的同学用 A 表示，60～89 分之间的用 B 表示，60 分以下的用 C 表示。

```c
#include<stdio.h>
void main()
```

```
{
  int score;
  char grade;
  printf("please input a score\n");
  scanf("%d",&score);
  grade=score>=90?'A':(score>=60?'B':'C');
  printf("%d belongs to %c\n",score,grade);
}
```

程序运行的结果为:

```
please input a score:
50✓
50 belongs to C
```

7.2　选择结构程序设计

由于顺序结构程序是顺序执行的,无分支、无转移、无循环,因此它不可能处理复杂的问题,而在数据处理过程中,通常需要根据不同的条件进行判断,然后选择程序进行处理,由此可见,顺序结构无法满足要求,而选择结构就是为了解决这类问题而设定的。

一般而言,C 语言中选择语句包括两种:if 语句和 switch 语句。所谓选择语句,就是通过判断条件来选择执行哪一条语句,进而达到编程目的。

7.2.1　if 语句

if 语句又称为条件语句,可以实现多路分支。C 语言中,if 语句一般格式如下:

```
if(条件 1)
{
    语句 1
}
else if(条件 2)
{
    语句 2
}
else if (条件 3)
{
    语句 3
}
…
else if (条件 m)
{
    语句 m
}
else
{
    语句 m+1
}
```

其中,<条件 1>,<条件 2>,<条件 3>,……,<条件 m>表示 if 语句的条件表达式,用来判断执行哪一条语句。在执行 if 语句时,先对条件表达式求解,然后根据结果执行指定语句。这里条件表达式可以是逻辑表达式、关系表达式等。

一个判断条件的结果只有两种可能:条件成立与不成立。在许多高级语言中,都用逻辑值"真"表示条件成立;用逻辑值"假"表示条件不成立。在 C 语言中,没有专门的逻辑值,而是借助于非 0 值代表"真",0 值代表"假"。只要条件表达式的值为非 0,if 条件就成立,执行其后面的语句。例如:

```
int y=0;
if(a)
{
    y=4;        /*如果为真，y 值为 4*/
}
else
{
    y=5;        /*否则，y 值为 5*/
}
```

这段代码执行后，y 的值为 4，因为字符"a"的 ASCII 值为 97，if 的条件表达式是一个非 0 值。

语句 1，语句 2，语句 3，……，语句 m+1 是 if 语句的执行语句，可以是一条语句，也可以是复合语句。注意，每条语句的后面都以分号结尾。

在实际应用中，我们很少用到这么多条件。当条件足够多时，我们往往会选择 switch 语句，这将在下一节中进行详细讲解。

1. 常用的 if 语句格式

通常在运用的过程中，if 分支语句有如下几种常用的格式。

格式一：

if 语句最简单的格式是没有 else，只有 if 关键字。格式如下。

```
if <条件> 语句
```

这种 if 语句的执行过程是，<条件>所给出的表达式为真时，执行语句；当<条件>所给出的表达式为假时，不执行语句，即直接跳过 if 语句，执行程序下面的语句。程序执行流程如图 7-4 所示。

例如，输出两个数的最大值：

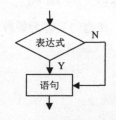

图 7-4　if 语句的执行流程图

```
if(a<b)
a=b;
printf("a=%d\n",a) ;
```

【实例 7-4】输入三个数，要求按由小到大的顺序输出。

```
#include <stdio.h>
void main( )
{
    float  a,b,c,t ;
    scanf("%f,%f,%f",&a,&b,&c) ;          /*输入三个数*/
    if(a>b)                               /*使 a 的值小于 b 的值*/
    {
    t=a;
    a=b ;
    b=t;
    }
    if(a>c)                               /*使 a 的值小于 c 的值*/
    {
    t=a;
    a=c;
    c=t;
    }
    if(b>c)                               /*使 b 的值小于 c 的值*/
    {
    t=b;
    b=c;
    c=t;
    }
```

```
    printf("%5.2f,%5.2f,%5.2f",a,b,c) ;    /*将三个数按从小到大的顺序输出/
}
```

格式二：

程序中应用最多的 if 语句是两路分支，它的基本格式如下。

```
if(条件 1)
{
    语句 1
}
else
{
    语句 2
}
```

该种形式的功能与简单 if 语句相似，首先判断条件，当<条件 1>所给出的表达式为真时，执行语句 1，否则执行语句 2。程序执行流程如图 7-5 所示。

【实例 7-5】 输入三个数，输出这三个数中的最大数。

程序分析：求最大数，我们可以先两两比较，先比较第一个和第二个数。并把两个数中较大的数存入变量 max 中。然后再比较 max 和第三个数的大小，如果第三个数大于 max，那就把第三个数存入 max 中，最后输出 max 的值。

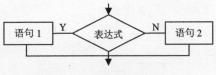

图 7-5　if 语句的执行流程图

按照此思想编写的程序如下：

```
#include <stdio.h>
void main()
{
    float a,b,c,max;                    /*定义所需变量*/
    scanf ("%f,%f,%f",&a,&b,&c);        /*输入 a、b、c 的值*/
    /*判断 a 与 b 的大小*/
    if (a>b)
    {
        max=a;
    }
    else
    {
        max=b;
    }
    /*将 a、b 中的最大值与 c 进行比较*/
    if (max<c)
    {
        max=c;
    }
    printf("最大值为: %f",max);          /*输出三者之中的最大值*/
}
```

运行程序，输入：

```
6,2,9
```

输出结果：

```
最大值为: 9.000000
```

流程图如图 7-6 所示。

2. if 语句的嵌套

在 if 语句中出现的执行语句既可以是一条语句也可以是复合语句，那么在复合语句中可以再次出现 if 语句吗？当然可以！这就是 if 语句的嵌套。格式如下：

```
if(条件1)
{
    if(条件2)
    {
        语句1
    }
    else
    {
        语句2
    }
}
else
{
    if(条件3)
    {
        语句3
    }
    else
    {
        语句4
    }
}
```

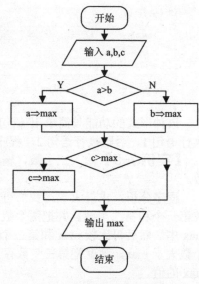

图 7-6　程序执行流程图

此种格式最重要的一点就是，注意 if 与 else 的配对关系。

else 总是与它前面离它最近的未配对的 if 语句配对，与程序的缩进无关。缩进的作用只是使代码富有层次感，易于他人阅读，与目标代码的生成毫无关系。在设计程序时，为表示清楚程序设计的目的，我们可以适当使用{}来确定配对关系。

一段 if 与 else 配对错误的程序如下：

```
int a=0,b=1;
if (a==0)
if (b==1)
 printf("Good!\n");
else
 printf("Bad!\n");
```

很多人初看此代码时，以为 else 是和 if(a==0) 配对的。实际上，如果 a 不为 0，此段代码根本不会执行。只有在 a 为 0，并且 b 不为 1 时，才可以执行 else 语句。由此可见，我们要养成良好的编程风格，确定好各个代码的缩进量。此段代码可以改为：

```
int a=0,b=1;
if (a==0)
{
    if (b==1)
    {
        printf("Good!\n");

    }
    else
    {
        printf("Bad!\n");
    }
}
```

但是，若我们是希望 else 和 if(a==0) 配对，则需要写成：

```
int a=0,b=1;
if (a==0)
{
    if (b==1)
    {
        printf("Good!\n");
    }
}
else
{
    printf("Bad!\n");
}
```

此处运用{}来确定配对关系。所以，以后大家在运用 if…else…时，一定要注意它们之间的确切关系。

【实例 7-6】编写一个程序，输入 x 的值，按下列公式计算并输出 y 的值：

$$y = \begin{cases} x & (x \le 1) \\ 2x-1 & (1 < x < 10) \\ 3x-11 & (10 \le x) \end{cases}$$

程序分析：

输入一个 x 值；

❑　若 $x \le 1$，则 $y = x$；

❑　若 $1 < x < 10$，则 $y = 2x-1$；

❑　若 $10 \le x$，则 $y = 3x-11$。

流程图如图 7-7 所示。

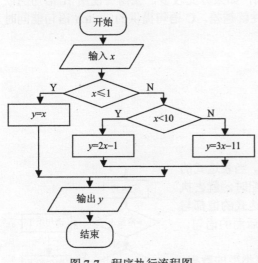

图 7-7　程序执行流程图

```
#include <stdio.h>
void main( )
{
    float x, y ;
    printf("输入数 x:\n");
    scanf("%f",&x);            /*输入*/
    if (x<=1)
    {
        y=x;                   /*计算*/
    }
    else
    {   if (1<x && x<10)
        {
            y=2*x-1;
        }
        else
        {
            y=3*x -11;
        }
    }
    printf("y=%f\n",y ) ;      /*输出*/
}
```

运行程序：

输入数 x:

3

输出结果：

```
y=5.000000
```

【实例7-7】输入一行字符，分别统计出其中英文字母、空格、数字和其他字符的个数。

```
#include <stdio.h>
void main()
{
    char c;
    int letters=0,space=0,digit=0,others=0;
    /*定义四个整型变量分别用来计算英文字母、空格、数字和其他字符的个数*/
    printf("please input some characters: \n");
    while((c=getchar())!='\n')
    {
        if(c>='a'&&c<='z'||c>='A'&&c<='Z')        /*如果为英文字母变量, letters 加 1*/
            letters++;
        else if(c==' ')                           /*如果为空格变量, space 加 1*/
            space++;
        else if(c>='0'&&c<='9')                   /*如果为数字变量, digit 加 1*/
            digit++;
        else                                       /*如果为其他变量, others 加 1*/
            others++;
    }
    printf("all in all:char=%d space=%d digit=%d others=%d\n",letters,
    space,digit,others);
}
```

程序的运行结果为：

```
please input some characters:
2008 olympic games✓
all in all:char=12 space=2 digit=4 others=0
```

7.2.2　switch 语句

if 语句一般用于处理一个或两个分支的选择结构，如果分支较多，就需要使用 if 语句的嵌套，但嵌套的 if 语句层数越多，程序越复杂，可读性就越差。C 语句提供的 switch 语句能同时处理多个分支选择结构。其语法格式为：

```
switch(表达式)
{
    case 常量1: 语句组 1
    case 常量2: 语句组 2
    …
    case 常量n: 语句组 n
    default: 语句组 n+1
}
```

switch 语句在执行过程中，首先计算表达式的值，当表达式的值与某一个 case 后面的常量表达式的值相等、相匹配时，就去执行此 case 后面的语句。如果所有的 case 中的常量表达式的值都与"表达式"的值都不相匹配，就执行 default（默认）后面的语句。

这里要说明的是：

❏ switch 后面括号内的"表达式"可以是任何类型的数据。可以是整型表达式、字符型表达式，也可以是枚举类型数据。

❏ 每个 case 的常量表达式的值必须互不相同，否则会产生错误的选择。

❏ 各个 case 和 default 的出现次序不影响执行的结果。

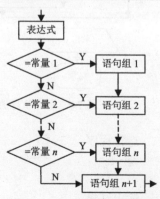

图7-8　switch 语句执行流程图

□　在执行 switch 语句时，根据 switch 后面表达式的值找到匹配的入口标号，执行完该 case
语句后，继续执行下一个 case 语句，不再进行标号判断。case 常量表达式只起到入口
标示的作用。

【实例 7-8】输入考试成绩的等级，打印出百分制分数段（A 等：85 分以上，B 等：70～
84，C 等：60～69，D 等：60 分以下）。

```c
#include <stdio.h>
void main( )
{
    char grade;                         /*定义一个字符型变量*/
    scanf("%c",&grade);                 /*输入一个字符型的值*/
    switch(grade)                       /*判读输入的值*/
    {
        case 'A':
            printf("85~100\n");
        case 'B':
            printf("70~84\n");
        case 'C':
            printf("60~69\n");
        case 'D':
            printf("<60\n");
        default:
            printf("Error\n");
    }
}
```

程序运行时，当输入：A↙
程序运行的结果为：

```
85~100
70~84
60~69
<60
Error
```

程序运行时，当输入：B↙
程序运行的结果为：

```
70~84
60~69
<60
Error
```

程序运行时，当输入：C↙
程序运行的结果为：

```
60~69
<60
Error
```

程序运行时，当输入：D↙
程序运行的结果为：

```
<60
Error
```

程序运行时，当输入：E↙
程序运行的结果为：

```
Error
```

从上面的运行结果可以看出，当 switch 后面圆括号中表达式的值与某个 case 后面的常量表达式的值相等时，就执行此 case 后面的语句，然后自动进入下一个 case 语句继续执行。如果这样执行，会得到一些我们不需要的结果，为了解决这个问题，需要使用 break 语句，执行一个 case 后，跳出 switch 语句。一般形式为：

```
switch(表达式)
{
    case 常量1: 语句1;break;
    case 常量2: 语句2; break;
    …
    case 常量n: 语句n; break;
    default: 语句n+1;
}
```

将【实例 7-8】修改后为：

```
#include <stdio.h>
void main( )
{
    char grade;                      /*定义一个字符型变量*/
    scanf("%c",&grade);              /*输入一个字符型的值*/
    switch(grade)                    /*判读输入的值*/
    {
        case 'A':
            printf("85~100\n");
        case 'B':
            printf("70~84\n");
        case 'C':
            printf("60~69\n");
        case 'D':
            printf("<60\n");
        default:
            printf("Error\n");
    }
}
```

程序运行时，当输入：A↙
程序运行的结果为：

```
85~100
```

程序运行时，当输入：B↙
程序运行的结果为：

```
70~84
```

程序运行时，当输入：C↙
程序运行的结果为：

```
60~69
```

程序运行时，当输入：D↙
程序运行的结果为：

```
<60
```

程序运行时，当输入：E↙
程序运行的结果为：

```
Error
```

这里需要说明的是，switch-case 语句中，default 总是放在最后，这里 default 后不需要 break

语句，而 default 也不是必需的，如果 switch-case 语句中没有 default 部分，当 switch 后面圆括号中表达式的值与所有 case 后面的常量表达式的值都不相等时，则不执行任何一个分支，直接退出 switch 语句。

❑　在 switch-case 语句中，多个 case 可以共用一条执行语句。

【实例 7-9】输入年号和月号，计算这一年的这个月有多少天。

```c
#include<stdio.h>
void main()
{
    int year,month,day;
    printf("请输入年月: \n");
    scanf("%d,%d",&year,&month);
    switch(month)                    /* 多分支 */
    {
        case 1:
        case 3:
        case 5:
        case 7:
        case 8:
        case 10:
        case 12:
            day=31;
            break;
        case 4:
        case 6:
        case 9:
        case 11:
            day=30;
            break;
        case 2:
            if(year%4==0&&year%100!=0||year%400==0)  /* 润年 */
                day=29;
            else
                day=28;
            break;
        default:printf("输入的月份是错误的! \n");
    }
    printf("year:%d,month:%d,day=%d\n",year,month,day);
}
```

程序运行的结果为:

```
请输入年月:
2008，2↙
year:2008,month:2,day=29
```

7.3　典型实例

本章学习结构化程序设计中的顺序结构和选择结构，在讲解的同时给出一些实例，加深读者对本章内容的认识。请读者结合前面所学的知识进行分析。

【实例 7-10】给定一个不多于 5 位的正整数，求它是几位数，并逆序打印出各位数字。

```c
#include<stdio.h>
void main( )
{
    int a,b,c,d,e,x;
    scanf("%ld",&x);
    a=x/10000;                /*分解出万位*/
```

```
    b=x%10000/1000;        /*分解出千位*/
    c=x%1000/100;          /*分解出百位*/
    d=x%100/10;            /*分解出十位*/
    e=x%10;                /*分解出个位*/
    if(a!=0)
        printf("there are 5, %ld %ld %ld %ld %ld\n",e,d,c,b,a);
    else if(b!=0)
        printf("there are 4, %ld %ld %ld %ld\n",e,d,c,b);
    else if(c!=0)
        printf(" there are 3,%ld %ld %ld\n",e,d,c);
    else if(d!=0)
        printf("there are 2, %ld %ld\n",e,d);
    else if(e!=0)
        printf(" there are 1,%ld\n",e);
}
```

首先将输入的数按照五位数进行分解，求出万位、千位、百位、十位及个位上面的数字，然后从最高位依次判断该数为几位数，最后逆序将其各位输出。

【实例 7-11】 从键盘上输入若干个学生的成绩，统计并输出最高成绩和最低成绩，当输入负数时结束输入。

```
#include <stdio.h>
void main()
{
    float x,amax,amin;
    scanf("%f",&x);              /*输入学生的分数*/
    amax=x;                      /*最高成绩变量的值等于第一个分数*/
    amin=x;                      /*最低成绩变量的值等于第一个分数*/
    while(x>=0.0)                /*成绩不能是负值*/
    {
        if(x>amax)
            amax=x;
        if(amin>=x)
            amin=x;
        scanf("%f",&x);
    }
    printf("\namax=%f\namin=%f\n",amax,amin);      /*输出最高成绩和最低成绩*/
}
```

首先输入一个学生的成绩，分别将最高成绩和最低成绩赋予该值，再判断该值是否为负，若不为负值则执行循环体，再输入一个学生成绩分别与最高成绩和最低成绩比较，若高于最高成绩则最高成绩等于该值，若低于最低成绩则最低成绩等于该值。

【实例 7-12】 输入某年某月某日，判断这一天是这一年的第几天。

```
#include <stdio.h>
void  main()
{
    int day,month,year,sum,leap;
    printf("\npleaseinputyear,month,day\n");
    scanf("%d,%d,%d",&year,&month,&day);
    switch(month)                /*先计算某月以前月份的总天数*/
    {
        case1:
            sum=0;
            break;
        case2:
            sum=31;
            break;
        case3:
```

```
            sum=59;
            break;
        case4:
            sum=90;
            break;
        case5:
            sum=120;
            break;
        case6:
            sum=151;
            break;
        case7:
            sum=181;
            break;
        case8:
            sum=212;
            break;
        case9:
            sum=243;
            break;
        case10:
            sum=273;
            break;
        case11:
            sum=304;
            break;
        case12:
            sum=334;
            break;
        default:
            printf("dataerror");
            break;
    }
    sum=sum+day;              /*再加上某天的天数*/
    if(year%400==0||(year%4==0&&year%100!=0))        /*判断是不是闰年*/
        leap=1;
    else
        leap=0;
    if(leap==1&&month>2)      /*如果是闰年且月份大于 2，总天数应该加一天*/
        sum++;
    printf("Itisthe%dthday.",sum);
}
```

　　首先按照常规计算出某月前的月份的天数，以 3 月 5 日为例，应该先把前两个月的加起来，然后再加上 5 天即本年的第几天，然后再考虑特殊情况，闰年且输入月份大于 3 时需考虑多加一天。

　　【实例 7-13】企业发放的奖金根据利润提成。利润(I)低于或等于 10 万元时，奖金可提 10%；利润高于 10 万元，低于 20 万元时，低于 10 万元的部分按 10%提成，高于 10 万元的部分，可提成 7.5%；利润在 20 万到 40 万之间时，高于 20 万元的部分，可提成 5%；利润在 40 万到 60 万之间时高于 40 万元的部分，可提成 3%；利润在 60 万到 100 万之间时，高于 60 万元的部分，可提成 1.5%，利润高于 100 万元时，超过 100 万元的部分按 1%提成，从键盘输入当月利润 I，求应发放奖金总数。

```
#include  <stdio.h>
void main()
{
    long int i;
    double bonus1,bonus2,bonus4,bonus6,bonus10,bonus;
```

```
        scanf("%ld",&i);
        bonus1=100000*0.1;                      /* 10 万以下的奖金 */
        bonus2=bonus1+100000*0.75;              /* 10 万至 20 万的奖金 */
        bonus4=bonus2+200000*0.5;               /* 20 万至 40 万的奖金 */
        bonus6=bonus4+200000*0.3;               /* 40 万至 60 万的奖金 */
        bonus10=bonus6+400000*0.15;             /* 60 万至 100 万的奖金 */
        if(i<=100000)    /* 10 万及以下 */
            bonus=i*0.1;
        else if(i<=200000)    /* 20 万及以下 */
            bonus=bonus1+(i-100000)*0.075;
        else if(i<=400000)    /* 40 万及以下 */
            bonus=bonus2+(i-200000)*0.05;
        else if(i<=600000)    /* 60 万及以下 */
            bonus=bonus4+(i-400000)*0.03;
        else if(i<=1000000)  /* 100 万及以下 */
            bonus=bonus6+(i-600000)*0.015;
        Else                     /* 100 万以上 */
            bonus=bonus10+(i-1000000)*0.01;
        printf("bonus=%d",bonus);
}
```

本例也可以考虑使用 switch-case 语句编写程序，请读者思考完成。

7.4 本章小结

　　本章主要讲解结构化程序设计语句中的顺序结构、选择结构语句。顺序结构程序是最简单、最基本的程序设计，它由简单的语句组成，程序的执行是按照程序员书写的顺序进行的，没有分支、转移、循环，且每条语句都将被执行。由于顺序结构程序是顺序执行的，无分支、无转移、无循环。

　　在数据处理过程中，通常需要根据不同的条件进行判断，然后选择程序进行处理，顺序结构无法满足要求，选择结构就是为了解决这类问题而设定的。它可以根据条件进行判断，用于解决复杂的问题。

7.5 习题

1. 顺序结构与选择结构有什么不同？
2. 选择语句分为哪几种？
3. 给定一个不多于 7 位的正整数，求它是几位数，并逆序打印出各位数字。
4. 输入某年某月某日，判断这一天是这一年第几个星期中的第几天。

第8章　循环结构程序设计

许多问题都会遇到规律性的重复操作。例如，求累加和问题、求有一定规律的问题和一些迭代等问题都会用到循环结构。循环结构是结构化程序设计的基本结构之一，它与顺序结构、选择结构共同构成了各种复杂程序的基本构造单元。本章重点讲解三种循环语句：while 语句、do…while 语句和 for 语句。本章内容如下：

❑ while 语句；
❑ do…while 语句；
❑ for 语句；
❑ 总结应用。

8.1　while 语句

while 语句的一般形式如下（如图 8-1、图 8-2 所示）：

```
while(表达式)
{
    循环语句
}
```

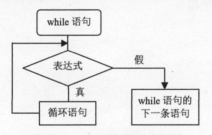
图 8-1　while 语句执行流程图

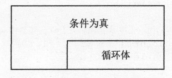
图 8-2　while 语句执行 N-S 图

对于 while 语句说明以下几点：

❑ 在 C 语言中 while 语句也被称为当型循环语句，它的执行特点是：先判断，后执行。
❑ while 语句的执行过程如下。

（1）先判断循环条件是否成立，即判断表达式是否为 0。

（2）当表达式为 0 时，循环不执行，跳到下一个语句。当表达式不为 0 时，执行循环语句，然后再转到（1）继续执行。

【实例 8-1】计算 100 以内正整数的和。

程序分析：

求 100 以内正整数的和，就是求表达式 1+2+3+…+100 结果，使用 while 循环语句，控制循环的条件是变量 i 的值不大于 100，只要 i 不大于 100，就继续执行，每循环一次 i 的值就增加 1，当 i>100 时，循环条件不满足，循环结束，输出结果。

编写程序如下：

```
#include<stdio.h>
void main()
```

```
    {
        int i,sum=0;
        i=1;
        while(i<=100)                        /*while 循环语句*/
        {
            sum+=i;                          /*依次加入*/
            i++;                             /*循环一次 i 的值就增加 1*/
        }
        printf("1+2+3+…+100=%d\n",sum);      /*输出结果*/
    }
```

程序运行的结果为：

```
1+2+3+…+100=5050
```

在本例中，程序执行到 while 语句时，首先判断 while 语句中的条件是否满足，即 i 是否小于或等于 100，如果条件为真，则执行循环体，否则结束循环。

【实例8-2】编一个程序，求费波那契（Fibonacci）序列：1，1，2，3，5，8，……请输出前 20 项。

序列满足关系式：$F_n=F_{n-1}+F_{n-2}$

程序分析：

① 通过观察费波那契（Fibonacci）序列，$F=1$，$F_2=1$，以后各项都等于前两项之和，序列满足关系式：$F_n=F_{n-1}+F_{n-2}$。

② 使用程序要求输出前 20 项之和，前两项已知，需要从第三项开始，因此，使用 while 循环，计数 i 从 3 开始，判断条件是 $i<=20$。

③ while 循环体中，求出 $t=F_1+F_2$ 的和为费波那契（Fibonacci）序列的第三项，然后将第二项和第三项作为第四项的前两项，计数 i 加 1，依此类推。

程序设计如下：

```
#include <stdio.h>
void main( )
{
    int i＝3, t, f1=1, f2=1 ;
    printf("%d %d ", f1,f2);
    while(i<=20)
    {
        t=f1+f2;
        printf("%d ", t);              /* 求出新的数 */
        if(i%5==0)                     /*每五项为一列输出*/
        printf("\n");
        f1=f2;
        f2=t;                          /* 对 f1 和 f2 更新 */
        i++;
    }
}
```

程序运行的结果，如图 8-3 所示。

【实例 8-3】某厂今年产量为 100 万元，假定该厂的产值每年增长 10%，问几年后产值可以翻一番？

程序分析：

现在产量用变量 sum 存储，则一年以后的产量为：sum*（1+10/100）—>sum，产值小于 200。再计算两年后产值为：sum*（1+10/100）—>sum，产值仍小于 200。再计算三年后的产值……直到产值超过 200 万为止。

图 8-3　程序运行的结果

编写程序如下：

```
#include <stdio.h>
void main()
{
    int year=0,sum=100;            /*定义所需变量并赋值*/
    /*while 循环*/
    while (sum<200)                /*如果 sum 的值小于 200*/
    {
        sum=sum*(1+10.0/100);
        year+=1;
    }
    printf("%d\n",year);           /*输出计算的年份*/
}
```

程序运行的结果为：

```
8
```

❑　while 语句是可以循环嵌套使用的，即在 while 语句循环内部嵌套一个或多个 while 循环语句。形式为：

```
while()
{
    ...
    while()
    {
        ...
    }
}
```

【实例 8-4】使用 while 循环嵌套编写九九乘法表。

```
#include <stdio.h>
void main()
{
    int x = 1, y = 1;
    while (x <= 9)        /* 输出 9 行 */
    {
        y = 1;
        while (y <= x)    /* 输出每行的 y 列 */
        {
            printf("%d*%d=%d\t", y , x, x * y);   /* 输出一个算式 */
            y++;
        }
        printf("\n");     /* 换行 */
        x++;
    }
}
```

程序运行的结果如图 8-4 所示。

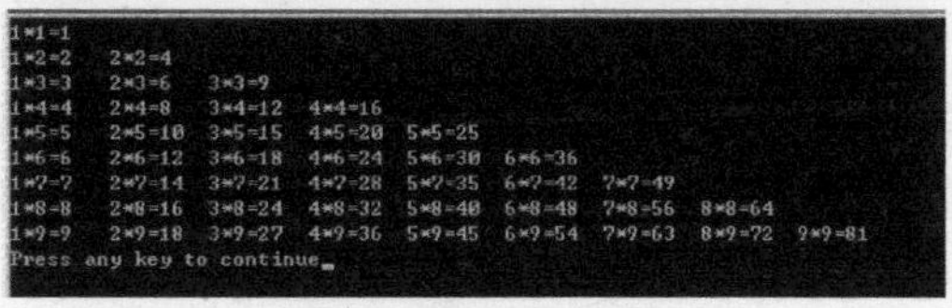

图 8-4　程序运行结果

8.2　do…while 语句

do…while 语句是另一种循环结构，它和 while 语句的不同点在于，do…while 语句先执行循环，然后判断循环条件是否成立。其一般形式如下（如图 8-5、图 8-6 所示）：

```
do
  循环语句
while（表达式）;
```

对于 do…while 语句做以下几点说明：

❑ 在 C 语言中 do…while 语句被称为直到型循环，它的执行特点是：先执行，后判断。
❑ do…while 语句执行过程：（1）先执行一次循环语句，然后判断表达式的值。（2）若表达式的值为非 0，则返回（1）；如果表达式的值为 0，则直接退出循环语句，执行下一条语句。

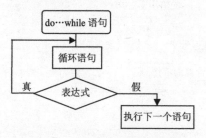 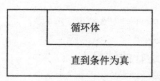

图 8-5　do…while 语句流程图　　　　　　　　　　图 8-6　do…while 语句 N-S 图

【实例8-5】从键盘输入一个正整数 n，计算该数的各位数之和并输出。例如，输入数是 4569，则计算 4+5+6+9=24 并输出。

程序分析：

（1）求出输入正整数各位数字之和，首先要求出各位上的数字。

（2）使用 do…while 语句进行循环操作，循环体如下。

① n 对 10 求余，得出个位上的数字。如：4569%10=9

② n 对 10 求商，使用 n 缩小一位，然后求高一位上面的数字，再赋值给 n。

③ 每求出一个数位上的数字，使用 s 求和。

如：4569/10=456，n=456。

（3）当 n>0，再次执行循环体，直到 n<0。

程序设计如下：

```
#include <stdio.h>
void main( )
{
    int  n, s=0;
    printf("输入一个正整数: ");
    scanf("%d",&n);
    do{                  /* 循环拆分每一位 */
        s+=n%10;         /* 取出整数中的最低位进行累加 */
        n/=10;           /* 将低位丢弃 */
    }while (n>0);
    printf("各位数之和是: %d\n", s);
}
```

程序运行的结果为：

```
输入一个正整数: 4569
各位数之和是: 24
```

【实例8-6】某厂今年产量为 100 万元，假定该厂的产值每年增长 10%，问几年后产值可以翻一番？用 do…while 语句计算。

说明：为说明 while 语句和 do…while 语句的相互关系，设置本题和【实例 8-3】一样，以便于读者分析。程序分析已经在【实例 8-3】中进行了详细说明。依据程序分析思路写出的程序如下：

```
#include <stdio.h>
```

```
void main()
{
    int year=0;
    float sum=100;
    //do…while 循环
    do
    {
        sum=sum*(1+10.0/100);
        year+=1;
    }
    while(sum<200);            /*如果 sum 的值小于 100, 执行 do 语句块*/
    printf("%d\n",year);       /*输出最后的结果*/
}
```

屏幕上输出的运行结果为:

```
8
```

❑　从【实例 8-6】可以看出, 此例的结果与【实例 8-3】是完全相同的, 也就是说, 对于同一问题既可以用 while 语句处理, 也可以用 do…while 语句处理。一般情况下, 用 while 语句和 do…while 语句来处理同一问题时, 若两者的循环体是一样的, 运行结果也是一样的, 这两者之间可以互换。但是, 如果 while 语句的表达式开始时就是 0 值, 两种循环结果就不相同了。这一点可以通过下面的例子来说明。

【实例 8-7】计算 $1+1/2+1/3+\cdots+1/20$, 比较 while 和 do…while。

```
#include <stdio.h>
void main()
{
  int i;
  float sum;
  sum=0;
  scanf("%d",&i);
  while(i<=20)
  {
    sum+=1/(float)i;
    i+=1;
  }
  printf("sum=%f",sum);
}
```

```
#include <stdio.h>
void main()
{
  int i;
  float sum;
  sum=0;
  scanf("%d",&i);
  do
  {
    sum+=1/(float)i;
    i+=1;
  }while(i<=20);
  printf("sum=%f",sum);
}
```

输入 1, 运行结果如下:

```
sum=3.597740
```

输入 1, 运行结果如下:

```
sum=3.597740
```

输入 20, 运行结果如下:

```
sum=0.050000
```

输入 20, 运行结果如下:

```
sum=0.050000
```

输入 21, 运行结果如下:

```
sum=0.000000
```

输入 21, 运行结果如下:

```
sum=0.047619
```

❑　do…while 语句在表达式后面有一个分号 "; ", 书写时一定要谨记。
do…while 语句本身也是可以嵌套的, 一般形式如下:

```
do
{
    …
    do
    {
        …
    }while();
```

```
}while();
```

8.3 for 语句

for 语句是控制重复的指令，在表达式为真时，重复执行语句。for 语句是 C 语言中应用最频繁的语句，for 循环语句可以用于循环次数已经确定的情况，也可以用于循环次数不确定的情况。可以完全代替 while 及 do…while 语句。

8.3.1 for 循环结构

for 语句的一般形式为：

```
for (表达式 1;表达式 2;表达式 3)
    语句
```

for 语句的执行过程如下：

首先执行表达式 1，表达式 1 是用于初始值的设定的。然后，执行表达式 2，表达式 2 是结束 for 语句循环的条件表达式。在语句执行之后，才执行表达式 3。所以，表达式 3 用于计数器的增量等方面。表达式 2 的判别是重复的开头的开始。如图 8-7 所示。

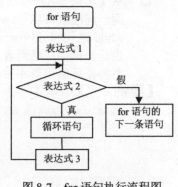

图 8-7　for 语句执行流程图

【实例 8-8】使用 for 语句求 100 以内正整数的和。

```
#include<stdio.h>
void main()
{
    int i,sum=0;
    for(i=1;i<=100;i++)
        sum+=i;                              /*循环体*/
    printf("1+2+3+…+100=%d\n",sum);          /*输出结果*/
}
```

程序运行的结果为：

```
1+2+3+…+100=5050
```

这里说明以下几点。

（1）表达式 1 用于初始值设定，有时为了对多个变量进行初始化，可以用逗号隔开设定，例如：

```
for(i=0,j=0;i<100;i++)
{  …  }
```

（2）表达式 2 常用的是关系表达式或逻辑表达式，是用于控制循环的条件。若表达式 2 的值为 0 即为假，退出循环；如果为非 0 即为真，则执行循环语句，计算表达式 2 的值，进入下一轮的循环。如图 8-6 for 语句执行流程图所示。

（3）表达式 3 可以像表达式 1 一样，用逗号运算符将多个表达式连接起来。例如：

```
for(i=0,j=0;i<100;i++,j++)
{  …  }
```

（4）for 语句的表达式 1，表达式 2，表达式 3 都可以省略。但是，分号一定要保留。

❑　省略表达式 1，一般形式为：

```
for (;表达式 2;表达式 3)
    语句
```

表达式 1 用于设定初始值，如果省略表达式 1，应在 for 语句之前给循环变量赋初值。将【实例 8-8】修改为：

```
#include<stdio.h>
void main()
{
    int i,sum=0;
    i=1
    for(;i<=100;i++)
        sum+=i;                          /*循环体*/
    printf("1+2+3+…+100=%d\n",sum);      /*输出结果*/
}
```

程序运行的结果为：

```
1+2+3+…+100=5050
```

❑ 省略表达式 2，一般形式为：

```
for（表达式 1;;表达式 3）
  语句
```

表达式 2 用于控制循环的条件，如果表达式 2 省略，即不判断循环条件，循环会无休止地进行下去。即默认状态下，表达式 2 始终为真。这时就需要在 for 语句的循环体中设置相应的语句来结束循环。

【实例 8-9】应用实例。

```
#include<stdio.h>
void main()
{
    int i;
    for(i=1;;i++)          /* 死循环 */
        printf("%d",i);
}
```

省略表达式 2，循环将无终止地进行下去，相当于：

```
#include<stdio.h>
void main()
{
    int i;
    i=1;
    while(1)
    {
        printf("%d ",i);
        i++;
    }
}
```

程序运行的结果为：

```
1 2 3 4 5 …
```

程序将无限循环下去。

❑ 省略表达式 3，一般形式为：

```
for（表达式 1; 表达式 2;）
  语句
```

省略表达式 3 则不计算表达式 3 的值，也将产生一个无穷循环。为了保证循环能正常结束，可以将表达式 3 放在循环语句中控制。

将【实例 8-8】修改为：

```
#include<stdio.h>
void main()
{
    int i,sum=0;
    for(i=1;i<=100;)                      /*省略表达式 3*/
    {
            sum+=i;
            i++;                          /*表达式 3 放在循环体中*/
    }
    printf("1+2+3+…+100=%d\n",sum);  /*输出结果*/
}
```

程序运行的结果为：

```
1+2+3+…+100=5050
```

❑　同时省略表达式 1 和表达式 3，一般形式为：

```
for（; 表达式 2;）
  语句
```

此时的 for 循环语句完全等价于 while 语句，例如：

```
int i;
for(;i<=10;)                          /*省略表达式 1 和表达式 3*/
{
    printf("%d",i);                   /*依次输出变量 i*/
    i++;
}
```

相当于：

```
int i;
while(i<=10)
{
    printf("%d",i);                   /*依次输出变量 i*/
    i++;
}
```

❑　同时省略表达式 1，表达式 2，表达式 3，一般形式为：

```
for（;;）
  语句
```

此时的 for 循环语句相当于循环控制条件始终为真，不修改循环变量，故循环将无终止地进行下去。相当于：

```
while(1)
    语句
```

（5）在 for 语句中，循环语句可以是单个语句，也可以是用"{ }"括起来的复合语句，也可以是空语句，空语句是指循环体不做任何操作，可以用来实现延时，即在程序执行中等待一定的时间。

例如：

```
for(i=1;i<5000;i++);
```

for 循环体为空，程序不做任何操作。但是循环中最后的分号不能省略，它表示一个空语句。

（6）for 语句的作用可以用 while 语句描述，如图 8-8 所示。

图 8-8　for 语句和 while 语句的转换

为了说明 for 循环语句和 while 及 do…while 语句之间的相互关系，我们下面的举例仍旧使用【实例 8-6】的题目。

【实例 8-10】利用 for 语句计算 1+1/2+1/3+…+1/20 的值。

```
#include <stdio.h>
void main( )
{
    int i;
    float sum=0.0;
    for(i=1;i<=20;i++)    /* 循环20次 */
    {
        sum+=1/(float)i; /* 累加 */
    }
    printf("sum=%f",sum);
}
```

运行结果为：

```
sum=3.597740
```

8.3.2　for 循环语句的嵌套

for 循环语句的嵌套就是在 for 循环语句的循环体使用另一个或几个 for 循环语句。for 循环语句的嵌套有二重嵌套、三重嵌套、四重嵌套等。

例如，二重嵌套：

```
for(;;)
{
    …
    for(;;)
    {
        …
    }
}
```

三重嵌套：

```
for(;;)
{
    …
    for(;;)
    {
        …
        for(;;)
        {
            …
        }
    }
}
```

【实例 8-11】编一个程序，求 $s=1!+2!+3!+\cdots+n!$（n 由输入决定）。

程序分析：

1!=1

2!=2*1=2*1!

3!=3*2*1=3*2!

4!=4*3*2*1=4*3!

…

n!=n*(n-1)!

设变量 i、j、t，i 从 1 依次增加到 n，使用变量 j 从 1 到 i 求出 $i!$ 的阶乘，即：

```
for(j=1;j<=i;j++)
    t=t*j;
```

使用 t 来存放每个阶乘的值。

```
sum=sum+t;
```

求各个阶乘的累加和。

程序设计：

```
#include <stdio.h>
void main( )
{
    int i, j, n ;
    long int t=1,sum=0;              /*t 存放每项阶乘值，sum 存放累加和 */
    printf("input n:",&n);
    scanf("%d",&n) ;
    for(i=1;i<=n;i++)
    {
        t=1;
        for(j=1;j<=i;j++)            /* 求 i! 值 */
            t=t*j;
        sum=sum+t;                   /* 累加 */
    }
    printf("n!=%ld",sum);
}
```

程序的运行过程为：

```
input n:9✓
n!=409113
```

【实例 8-12】若一个 3 位整数的各位数字的立方之和等于这个整数，则称之为"水仙花数"。例如：153 是水仙花数，因为 $153=1^3+5^3+3^3$。求所有的水仙花数。

程序分析：

（1）定义三个变量 i、j、k 分别表示这个三位数的百位数字、十位数字和个位数字。

（2）使用三层 for 循环。

① 最外层 for 循环为百位数字 i 从 1 到 9 逐渐变化（百位数字不能为 0）。

② 中间的 for 循环为十位数字 j 从 0 到 9 逐渐变化。

③ 内层 for 循环为个位数字 k 从 0 到 9 逐渐变化。

分别组成不同的三位数。

（3）判断由 i、j、k 组成的三位数是否与这三个数的立方相等，如果相等就输出。

程序设计如下：

```
#include <stdio.h>
void main( )
```

```
{
    int i, j, k, a ;
    printf("水仙花数是: \n") ;
    for (i=1; i<=9; i++)                 /* 百位数取值 1~9 */
        for (j=0; j<=9; j++)             /* 十位数取值 0-9 */
            for (k=0; k<=9; k++)         /* 个位数取值 0-9 */
                {
                    a=i*100+j*10+k ;        /* 组合成一个 3 位数 */
                    if(a==i*i*i+j*j*j+k*k*k) /* 判断是否为水仙花数 */
                    printf("%d\n", a) ;
                }
}
```

程序运行的结果为:

```
水仙花数是:
153
370
371
407
```

此例是 for 语句中的嵌套 for 语句。在二维数字中，这是最常用的一种方式，即两个 for 语句相互嵌套。嵌套语句的形式有很多，任何循环语句之间都可以相互嵌套。一般情况下，都嵌套两层。即有两个循环语句。嵌套太多，容易出错。降低了程序的可读性。

(8.4)　应用总结

前面几节中我们了解了循环结构程序设计的三种重要的语句结构，三种结构形式不同，判断条件不同，在解决时也有差异。

8.4.1　几种循环的比较

本书前面共讲述了四种循环结构（while，do-while，for，if 与 goto），这四种循环结构之间有什么区别与联系？

- 4 种循环都可以处理同一问题，一般情况下可以互换，但是尽量不用 goto 型。
- while 和 do-while 循环，在 while 后面只指定循环的条件，而使循环趋于结束的语句包含在循环体中。而 for 循环可以在"表达式 3"中包含使循环趋于结束的操作。甚至可将循环体放到"表达式 3"中。
- 用 while 和 do-while 循环时，循环变量初始化应在 while 和 do-while 之前；而 for 循环可以在"表达式 1"中实现循环变量的初始化。
- while 循环：先判断后执行；do-while 循环：先执行后判断；for 循环：先判断后执行。
- 对 while 循环、do-while 循环、for 循环，用 break 语句跳出循环，可以用 continue 语句结束本次循环。对于 goto 语句构成的循环，不能如此操作。

下面我们用同一题目来举例说明这四种循环结构之间的关系。

【实例 8-13】求 1+2+…+100 的和。

（1）while 语句构成的循环。

```
void main( )
{
    int i,sum=0;
    i=1;
    while (i<=100)              /*while 循环*/
    {
        sum=sum+i;
```

```
        i++;
    }
    printf("%d",sum);
}
```

（2）用 do…while 语句构成的循环。

```
void main( )
{
    int i,sum=0;
    i=1;
    do                        /*do…while 循环*/
    {
        sum=sum+i;
        i++;
    }while(i<=100);
    printf("%d",sum);
}
```

（3）用 for 语句构成的循环。

```
void main( )
{
    int i,sum=0;
    for(i=1;i<=100;i++)          /*for 循环*/
    {
        sum=sum+i;
    }
    printf("%d",sum);
}
```

（4）用 goto 语句构成的循环。

```
void main( )
{
    int i,sum=0;
    i=1;
    loop: if (i<=100)            /*loop 语句*/
    {
        sum=sum+i;
        i++;
        goto loop;
    }
    printf("%d",sum);
}
```

8.4.2　循环语句的嵌套

本章学习了几种循环语句：while 语句、do-while 语句和 for 语句，这些循环语句不仅可以各自嵌套，也可以相互嵌套。

（1）while 与 do-while 嵌套。格式为：

```
while()
{
    …
    do
    {
    …
    }while();
}
```

（2）while 与 for 嵌套。格式为：

```
while()
{
    ...
    for(;;)
    {
        ...
    }
}
```

（3）do-while 与 for 嵌套。格式为：

```
do
{
    ...
    for(;;)
    {
        ...
    }
}while();
```

【实例 8-14】输入两个数字字符，编写程序将其转换为十进制后显示出来。

```
#include <stdio.h>
void main( )
{
    char ch;
    int i,data;
    data=0;
    for(i=0;i<2;i++)                   /*for 循环*/
    {
        while(1)                       /*无限循环*/
        {
            ch=getchar( );             /*得到 ch 的值*/
            if(ch>='0'&&ch<='9')       /*如果是数字*/
            {
                break;                 /*跳出 while 循环*/
            }
        }
        data=data*10+ch - '0' ;        /*将所得数字转换成十进制数字*/
    }
    printf("data=%d",data);            /*输出转换后的结果*/
}
```

程序运行时，输入字符串：

```
abc2def3↙
```

运行程序后输出结果为：

```
data=23
```

说明：程序中的 if 语句是为了排除数字字符之外的其他字符，只有是数字字符时才跳出 while 语句，执行转换成十进制数字的语句，即 data=data*10+ch - '0' ;是将字符转换成数字的一般格式语句。

【实例 8-15】将一个正整数分解质因数。例如：输入 90，打印出 90=2*3*3*5。

程序分析：

对 n 进行分解质因数，应先找到一个最小的质数 k，然后按下述步骤完成。

（1）如果这个质数恰等于 n，则说明分解质因数的过程已经结束，打印出即可。

（2）如果 $n<>k$，但 n 能被 k 整除，则应打印出 k 的值，并用 n 除以 k 的商，作为新的正整数 n，重复执行第一步。

（3）如果 n 不能被 k 整除，则用 $k+1$ 作为 k 的值，重复执行第一步。

程序设计如下：

```
#include<stdio.h>
void main()
{
    int n,i;
    printf("\nplease input a number:\n");
    scanf("%d",&n);                    /*输入一个整数*/
    printf("%d=",n);
    for(i=2;i<=n;i++)
    {
        while(n!=i)
        {
            if(n%i==0)
            {
                printf("%d*",i);       /*如果能除尽说明是该数的因子*/
                n=n/i;
            }
            else
                break;                 /*如果不是则跳出内层循环*/
        }
    }
    printf("%d",n);
}
```

程序运算结果为：

```
please input a number:
49=7*7
```

对于循环嵌套需要说明以下几点。

❑　使用嵌套，一个循环结构应完整地嵌套在另一个循环体内，循环体间不能交叉。例如：

```
while()
{
    ...
    do
    {
        ...
    }
}while();
```

这种表达式方式是错误的。

❑　嵌套的外循环与内循环的循环控制变量不能同名，并列的内外循环控制变量可以同名。

【实例 8-11】中：

```
for (i=1; i<=9; i++)
    for (j=0; j<=9; j++)
        for (k=0; k<=9; k++)
        {
            a=i*100+j*10+k ;
            if(a==i*i*i+j*j*j+k*k*k)
            printf("%d\n", a) ;
        }
```

for 循环的三层嵌套，分别使用三个循环控制变量 i、j、k，不能相同。

8.5　典型实例

本章学习了三种循环结构语句，并对它们做了一定的区分。讲解了三种循环结构自身的嵌套和它们之间的相互嵌套，下面的一些例子帮助巩固对本章知识的理解。

【实例 8-16】判断一个数是否是素数。

```c
#include <stdio.h>
#include <math.h>                      /*添加所需头文件*/
void main( )
{
    int n,m,i,flag;
    scanf("%d",&n);                    /*输入一个整型数值*/
    m=sqrt(n);                         /*开平方*/
    flag=0;
    for(i=2;i<=m;i++)                  /*for 循环*/
    {
        if(n%i==0)                     /*取余判断*/
        {
            flag=1;
            break;
        }
    }
    if(flag)
    {
        printf("%d is not a prime number",n);
    }
    else
    {
        printf("%d is a prime number",n);
    }
}
```

程序运行时，输入：

```
7
```

运行后输出结果：

```
7 is a prime number
```

【实例 8-17】测试下面的程序并思考相关知识点。

```c
#include <stdio.h>
void main( )
{
    int  x,y,z;
    x=y=1;                             /*首次赋值*/
    while(y<10)                        /*如果 y 小于 10*/
    {
        ++y;                           /*自增*/
    }
    x+=y;
    printf("x=%d y=%d\n", x,y);        /*输出此时 x、y 的值*/
    x=y=1;                             /*再次复制*/
    while(y<10)
    {
        x+=++y;
    }
    printf("x=%d y=%d\n", x,y);        /*输出此时 x、y 的值*/
    y=2 ;                              /*为 y 赋值*/
```

```
    while(y<10)
    {
        x=y++ ;
        z=++y ;
    }
    printf("x=%d y=%d z=%d\n", x,y,z) ;      /*输出此时 x、y 的值*/
    for(x=1, y=1000; y>2; x++, y/=10)
    {
        printf("x=%d y=%d\n", x,y) ;          /*输出此时 x、y 的值*/
    }
}
```

运行结果如下：

```
x=11  y=10
x=55  y=10
x=8  y=10  z=10
x=1  y=1000
x=2  y=100
x=3  y=10
```

【实例 8-18】用"辗转相除法"对输入的两个正整数 m 和 n 求其最大公约数和最小公倍数。

程序分析：

（1）将两数备份 a，b。

（2）将两数中大的放在 m 中，小的放在 n 中。

（3）求出 m 被 n 除后的余数 r。

（4）若余数 r 为 0 则执行步骤（7）；否则执行步骤（5）。

（5）把除数（n 中的）作为新的被除数（放在 m 中），把余数（r 中的）作为新的除数（放在 n 中）。

（6）重复步骤（3）（4）直到 r 为 0。

（7）输出 n 即为最大公约数。

（8）原数（在备份 a，b 中）相乘除以最大公约数即为最小公倍数。

程序设计如下：

```
#include <stdio.h>
void main( )
{
    int m, n, a, b, r, t ;
    printf("输入两个正整数: ");
    scanf("%d,%d",&m, &n);
    a=m; b=n;    /* 两数备份 */
    if (m>0 && n>0)
    {
        if(m<n) /* 比较m、n的大小，将大数放在m中，小数放在n中 */
        {
            t=m ;
            m=n ;
            n=t ;
        }
        r=m%n;   /* 求m除以n的余数 */
        while(r!=0)   /* 余数不为 0，重复求余过程 */
        {
            m=n;
            n=r ;
            r=m%n;
        }
        printf("%d 和%d 的最大公约数为%d\n", a, b, n);
```

```
    }
    else
        printf("输入了负数!\n");
    printf("%d 和%d 的最小公倍数为%d\n", a, b, a*b/n);
}
```

程序运行结果，如图 8-9 所示。

【实例 8-19】猴子吃桃子问题。猴子第一天摘下若干个桃子，当即吃了一半，还不过瘾，又多吃了一个。第二天早上又将剩下的桃子吃棹一半，又多吃了一个。以后每天早上都吃了昨天的一半零一个。到第 10 天早上一看，只剩下一个桃子了。求第一天共摘下多少个桃子。

图 8-9 程序运行结果

程序分析：

设今天的桃子数为 y，昨天的桃子数为 x。

则有：$y=x-(x/2+1)$

$\qquad x=2\,(y+1)$

从第 10 天 $y=1$ 起求出 x，把 x 又当成今天（$y=x$）求昨天（x），这样向前推 9 天，即为第一天的桃子数。

程序设计：

```
#include <stdio.h>
void main( )
{
    int  i, x,y=1;
    for(i=1; i<10; i++)   /* 模拟 10 天的过程 */
    {
        x=2* (y+1);        /* 求出当天的桃子数量 */
        y=x;
    }
    printf("第一天共摘下桃子数为: %d\n", x ) ;
}
```

程序运行的结果为：

第一天共摘下桃子数为 1534

8.6 本章小结

循环结构是结构化程序设计的基本结构之一，它与顺序结构、选择结构共同构成了作为各种复杂程序的基本构造单元。C 语言中能够实现循环的语句包括：while 语句、do-while 语句、for 语句和 if-goto 语句，但是 if-goto 语句不是 C 语言中提供的语句，只是它能完成循环的功能。本章只介绍前三种。

8.7 习题

1. 简单比较一下几种循环，它们各自适合哪类循环？
2. 在存在嵌套循环的程序中，应该注意哪些问题？
3. 计算 100 以内偶数的和。
4. 使用 for 语句编写程序，实现 m 和 n 之间的奇数求和。
5. 使用 while 语句编写程序，输出 m 到 n 之间所有 5 的倍数。

第9章 结构语句的转移

结构化程序设计包括顺序结构、选择结构和循环结构，通过跳转语句与结构语句的结合使用，能够用于解决复杂的问题。
- ❏ break 语句；
- ❏ continue 语句；
- ❏ goto 语句。

9.1 break 语句

break 语句的作用就是跳出循环语句，然后执行这一循环语句的下一语句。前面介绍的循环语句都是在执行循环语句时，通过对一个表达式的测定来决定是否终止对循环体的执行。

break 语句的格式如下：

```
break;
```

在前面的选择结构中，我们知道 switch-case 语句的执行流程是：首先计算 switch 后面的圆括号中表达式的值，然后用此值依次与各个 case 的常量表达式比较，依次执行下去。如果这样就得不到我们想要的结果。我们想要的是若圆括号中表达式的值与某个 case 后面的常量表达式相等，就执行此 case 后面的语句，然后就跳出 switch-case 语句，不执行其他 case 后面的常量表达式，因此这里需要用到 break 语句。

【实例 9-1】输入考试成绩的等级，打印出百分制分数段（A 等：85 分以上，B 等：70~84 分，C 等：60~69 分，D 等：60 分以下）。

```c
#include <stdio.h>
void main( )
{
    char grade;                          /*定义一个字符型变量*/
    scanf("%c",&grade);                  /*输入一个字符型的值*/
    switch(grade)                        /*判读输入的值*/
    {
        case 'A':
            printf("85~100\n");
        case 'B':
            printf("70~84\n");
        case 'C':
            printf("60~69\n");
        case 'D':
            printf("<60\n");
        default:
            printf("Error\n");
    }
}
```

程序运行时，当输入：A✓
程序运行的结果为：

```
85~100
70~84
```

```
60~69
<60
Error
```

上例中，我们只想知道字母'A'所表示的百分制分数段，但是输出的结果却是所有的分数段，这时使用 break 语句来停止执行不符合要求的 case 语句。

上例修改如下：

```
#include <stdio.h>
void main( )
{
    char grade;                              /*定义一个字符型变量*/
    scanf("%c",&grade);                      /*输入一个字符型的值*/
    switch(grade)                            /*判读输入的值*/
    {
        case 'A':
            printf("85~100\n");break;
        case 'B':
            printf("70~84\n"); break;
        case 'C':
            printf("60~69\n"); break;
        case 'D':
            printf("<60\n"); break;
        default:
            printf("Error\n"); break;
    }
}
```

程序运行时，当输入：A↙

程序运行的结果为：

```
85~100
```

【实例9-2】设计一个模拟台式计算器，从键盘输入两个数，再输入算术运算符，求其计算结果。要求输出的结果为：第一个数 运算符 第二个数 = 运算结果。

程序分析：

使用 swich-case 语句，根据输入的操作符的不同，连接两个操作数，进行相应的运算，输出结果。

程序设计如下：

```
#include<stdio.h>
void main()
{
    float data1,data2,result;
    char op;
    printf("请输入第一个数，运算符，第二个数：\n");
    scanf("%f,%c,%f",&data1,&op,&data2); /*输入数据和运算符 */
    switch(op)          /* 判断运算符*/
    {
        case '+':result=data1+data2;break;
        case '-':result=data1-data2;break;
        case '*':result=data1*data2;break;
        case '/':result=data1/data2;break;
        default:printf("操作错误！\n");
    }
    printf("%.2f%c%.2f=%.2f",data1,op,data2,result);
}
```

程序运行过程：

```
请输入第一个数，运算符，第二个数：
40, *, 10
40.00*10.00=400.00
```

9.2　跳出循环结构

　　break 语句的作用是从循环体内跳出，可以用于强制结束执行的程序。下面我们将最常用的 while 语句和 for 语句中 break 跳转方式用流程图表示出来，方便大家理解，如图 9-1、图 9-2 所示。

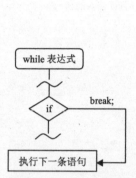

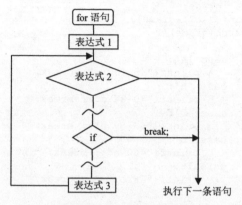

图 9-1　while 语句中 break 跳转流程图　　图 9-2　for 语句中 break 跳转流程图

　　执行过程就是跳出 break 语句所在循环体语句，而转向下一语句，继续执行程序。break 语句只能用于循环语句和 switch 语句。使用 break 语句需要注意的问题如下。

9.2.1　问题 1

```
while(1)
{
    ...
    if(...)
    {
        break;
    }
    ...
}
```

　　一般情况下，我们使用 if 语句来跳出循环体。此处，如果 if 语句符合要求，执行 break 语句，跳出 while 循环。break 语句是跳出循环体的语句，而非仅仅跳出 break 语句所在的 if 语句。本例中，如果不用 break 语句，while 语句的条件一直符合，将陷入死循环中。所以，合理地应用 break 语句，是编写好程序的一个基础。

　　【实例 9-3】根据下面的程序求变量 s 的值。

```
#include<stdio.h>
int i=1, s=0;
void main()
{
    while(i++)
    {
        if( !(i%3) )                /*当变量 i 不能被 3 整除时跳出循环*/
            break ;
        else
```

```
            s+=i ;                    /*求能被 3 整除的数之和*/
        }
        printf("s=%d",s);             /*输出结果*/
}
```

程序运行的结果为：

```
s=2
```

【实例 9-4】从键盘输入字符，统计其中数字字符的个数，直到输入"换行"字符时结束。

```
#include <stdio.h>
void main( )
{
        char ch;
        int sum;
        sum=0;
        while(1)                      /*无限循环*/
        {
            ch=getchar( );
            if(ch=='\n')              /*如果 ch 为换行字符，即回车键*/
            {
                break;                /*跳出循环*/
            }
            if(ch>'0'&&ch<'9')        /*如果输入值为数字*/
            {
                sum++;                /*统计个数*/
            }
        }
        printf("sum=%d",sum);         /*输出 sum 的最终值*/
}
```

程序运行时，输入字符：

```
abcd123efg456↙
```

运行程序后结果如下：

```
sum=6
```

在本程序中，while(1)表示无限循环，必须在 while 循环语句中有一个终止循环的条件，即 break 语句。因为题目中说，直到遇到"换行"字符结束，所以，此处用 if(ch=='\n') break;来结束循环体。

9.2.2　问题 2

```
for(…)
{
    for(…)
    {
        …
        break;
    }
    …   <-------- ①
}
```

我们知道，break 语句的作用是跳出循环语句。但是要注意，break 是跳出 break 语句所在循环语句的语句，并不是跳出所有的循环语句。此例中，我们可以看出有两个 for 语句，但是 break 语句所在的循环语句是内部的 for 语句。所以，此例的 break 语句仅跳出内部的 for 语句，跳到外层的 for 语句继续执行程序，即继续执行①处的语句。

【**实例 9-5**】求能同时满足除以 3 余 1、除以 5 余 3、除以 7 余 5、除以 9 余 7 的最小正整数。

```c
#include<stdio.h>
void main()
{
    int i;
    for(i=0;;i++)
    {
        /*满足条件：除以 3 余 1、除以 5 余 3、除以 7 余 5、除以 9 余 7*/
        if(i%3==1&&i%5==3&&i%7==5&&i%9==7)
            break;
    }
    printf("这个数为: %d",i);              /*输出这个数*/
}
```

程序运行的结果为：

```
这个数为: 313
```

【**实例 9-6**】输出 100 以内的所有素数。

```c
#include<stdio.h>
void main()
{
    int i,j;
    int k=0;                        /*计数*/
    for(i=2;i<100;i++)              /*100 以内开始计数*/
    {
        for(j=2;j<i;j++)            /*用小于本身的数依次相除*/
        {
            if(i%j==0)             /*如果能除尽，则终止该循环*/
            break;
        }
        if(i==j)
        {
            k++;
            printf("%4d ",i);      /*输出素数*/
            if(k%5==0)
            printf("\n");          /*换行*/
        }
    }
}
```

程序运行的结果如图 9-3 所示。

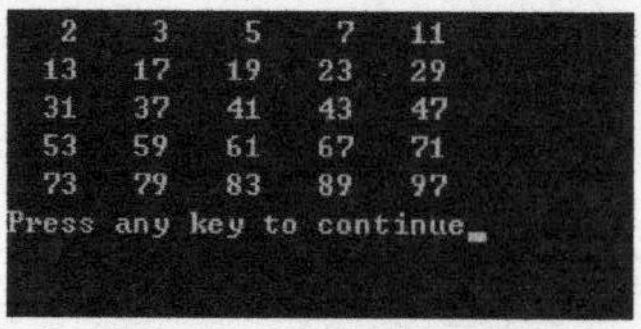

```
    2    3    5    7   11
   13   17   19   23   29
   31   37   41   43   47
   53   59   61   67   71
   73   79   83   89   97
Press any key to continue
```

图 9-3　程序运行结果

9.3　continue 语句

continue 语句也是用于控制循环的语句，break 语句中断循环并从循环体跳出，而 continue 语句则中断循环体后返回循环的开头。即跳过循环体中 continue 下面的语句，重新执行循环体。continue 语句的一般形式如下（如图 9-4、图 9-5 所示）：

```
continue;
```

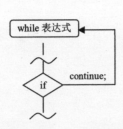 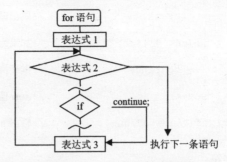

图 9-4　while 语句中 continue 跳转流程图　　　图 9-5　for 语句中 continue 跳转流程图

　　其执行过程是：终止当前的这一轮循环，即跳过 continue 后面的语句，重新回到循环体开始执行下一循环语句。

　　在 while 语句和 do…while 语句中，continue 语句是中断执行并将控制恢复到该循环的开头。在 for 语句中，中断执行并将控制转向正在使用的表达式 3（该表达式用于初始值的重新设定，通常处在循环的最后）。

　　【实例 9-7】求 20 以内偶数的和。

```
#include <stdio.h>
void main()
{
    int k=1,s=0;
    do
    {
        if((k%2)!=0)                 /*判断 k 是否为偶数*/
        {
            k++;
            continue;                /*跳出本次循环，执行下一次循环*/
        }
        else
        {
            s+=k;
            k++;
        }
    }while(k<20);                     /*20 以内的数*/
    printf("s=%d\n",s);              /*输出结果*/
}
```

程序运行的结果为：

```
s=90
```

　　为了使读者更清楚地了解 break 语句和 continue 语句之间的相互关系，我们仍旧使用【实例 9-4】的题目。

　　【实例 9-8】从键盘输入字符，统计其中数字字符的个数，直到输入"换行"字符时结束。

```
#include <stdio.h>
void main( )
{
    char ch;
    int sum;
    sum=0;
    while(ch!='\n')                   /*如果输入的 ch 并非换行，执行下列操作*/
    {
        ch=getchar( );
```

```
        if(ch=='\n')                    /*如果 ch 为换行字符，即回车键*/
        {
            break;                      /*跳出循环*/
        }
        if(ch<'0'||ch>'9')              /*如果为数字*/
        {
            continue;                   /*继续执行*/
        }
        sum++;                          /*sum 值递增*/
    }
    printf("sum=%d",sum);               /*输出 sum 的最终值*/
}
```

输入字符：

abcd123efg456✓

运行程序后结果如下：

sum=6

9.4　goto 语句

在 BASIC 等语言中有无条件转移 goto 语句，C 语言中也有无条件转移指令 goto 语句。goto 语句只在一个函数内有效。goto 语句最好不要用来在循环语句中跳出循环。

goto 语句的格式如下：

```
goto 标号;
…
标号: 语句
```

在语句的前面可以加标号，它们之间用冒号来分隔。当遇到 goto 语句时，便立即执行带有标号的语句。因为标号也是名字，其命名规则同变量名的规则一样。因此，前 8 个字符有效，超过的部分将不被解释。goto 语句的执行过程是：将执行的流程转向以该标号为前缀的语句去执行。当用 goto 语句时，就不用 break 语句。在多重循环的程序中使用 goto 语句是很方便的，但是，违反了结构化程序的设计原则。我们应该尽量不使用 goto 语句，否则将影响程序的可读性。

【实例 9-9】输入一个字符串，当字符串没有超过 10 个字符时，输出没有超过 10 个字符的内容；当超过时，输出超过了 10 个字符的内容。

```
#include <stdio.h>
#include <string.h>
int main( )
{
    char str[100];
    printf("输入一个小于 100 的字符串\n");
    scanf("%s",str);
    if(strlen(str)<10)                          /*如果字符串的长度小于 10*/
    {
        goto Label1;                            /*执行 Label1 标号处的代码*/
    }
    else
    {
        goto Label2;                            /*否则，执行 Label2 标号处的代码*/
    }
    Label1:
      printf(" 输入内容没有超过 10 个字符");    /*输出提示文字*/
    Label2:
        printf(" 输入内容达到或超过了 10 个字符");  /*输出提示文字*/
```

```
    return 0;
}
```

9.5　典型实例

【实例 9-10】在数字处理的过程中，有时候会遇到数字前面有若干个 0 的情况，我们就需要清除前导 0，以提取出正确的数字。

我们在这里的实现方法是直接在输入前就遏制对于 0 的接受，拒绝接受"0"按键的输入。直到第一个非 0 的数字开始录入数据即可。具体的代码如下：

```c
#include <stdio.h>
#include <stdlib.h>
void main()
{
    int num=0;                  //用于保存最终结果
    char c;                     //用于去除前导 0 的临时变量
    printf("请输入一个数字：");
    while(1)                //无限循环
    {
        c=getchar();            //用户输入一个字符
        if(c=='0')              //如果当前字符等于 0
            continue;           //程序跳转，重新等待用户输入
        else                    //如果当前字符不等于 0
            break;              //则退出循环
    }

    int ic=atoi(&c);            //将输入的字符转换为整型数字

    while(1)
    {
        c=getchar();
        if(c>='0' && c<='9')    //输入数字字符
            ic=ic*10+atoi(&c);  //将输入数据乘 10（左移 1 位）累计到输入数据中
        else                    //输入非数字字符
            break;              //则退出
    }

    printf("你输入的数字为：%d\n",ic);
}
```

以上代码具体使用以下方法屏蔽前导 0 输入：

（1）利用循环，对用户输入的字符进行不停地检测。

（2）如果当前字符不等于 0，则表示还没有开始输入数字；否则，则表示已经开始输入数字，接着开始另一个无限循环，接收用户输入的字符。如果输入的是数字字符，则与前面输入的各位进行累计计算，得到一个数值；如果输入的是非数字字符，则跳出无限循环，完成数据的输入操作。

【实例 9-11】中国有句俗语叫"三天打鱼，两天晒网"。某人从 1992 年 1 月 1 日起开始"三天打鱼，两天晒网"，问这个人在以后的某一天中是"打鱼"还是"晒网"。

本程序中要判断某一天渔夫是打鱼还是晒网。首先由用户输入年月日，中间用空格隔开；也可以输入年，然后按回车键。输入月，再按回车键输入日。根据用户输入进行判断距起始日期有多少天，然后利用求余运算求解即可。

本例在解决问题前，先把问题分解成两个小问题。一是距起始日期的天数，二是求余得结果。具体实现细节参看代码中的注释。

```c
#include <stdio.h>
#include <stdlib.h>

typedef struct D      //日期类型的结构体
{
    int year;          //年
    int month;         //月
    int day;           //日
}Date;

//判断是否是闰年
int IsLeapYear(int year)
{
    return (year % 400 == 0 || year % 4 == 0 && year % 100 != 0);  //闰年的判断条件
}

//获得某年某月的最大天数
int GetMaxDay(int year,int month)
{
    switch(month)
    {
    case 1:
    case 3:
    case 5:
    case 7:
    case 8:
    case 10:
    case 12:
        return 31;     //上述月份天数都为 31 天
    case 4:
    case 6:
    case 9:
    case 11:
        return 30;   //上述月份天数都为 30 天
    case 2:            //二月天数根据闰年 / 平年来区分
        return IsLeapYear(year)?29:28;
    default:
        return -1;
    }
}

//两个日期是否相等
int IsEqual(Date date1,Date date2)
{   //对年月日都进行比较，全部相同则表示相等
    if(date1.year == date2.year && date1.month == date2.month && date1.day == date2.day)
        return 1;
    return 0;
}

//计算日期之间的天数差(一天一天加，直到相等，算出加的天数)
int GetdiffDays(Date date1,Date date2)
{
    int X = 0;

    while(!IsEqual(date1,date2))      //循环条件为两个日期不是同一天
    {
        if(date1.day != GetMaxDay(date1.year,date1.month))
            //如果要查询的日期不等于该月的最大天数
        {
            date1.day++;
```

```
        }
        else   //如果这个月的日期等于该月的最大天数
        {
            if(date1.month != 12)
            {
                date1.month++;
                date1.day = 1;
            }
            else
            {
                date1.day = date1.month = 1;
                date1.year++;
            }
        }
        X++;
    }
    return X;
}

void main()
{
    Date date1,date2;       //定义两个日期类变量
    int X = 0;
     //对起始日期进行初始化
    date1.year = 1992;      //对日期类变量的年进行初始化
    date1.month = 1;        //对日期类变量的月进行初始化
    date1.day = 1;          //对日期类变量的日进行初始化

    printf("请输入日期: ");
    scanf("%d%d%d",&date2.year,&date2.month,&date2.day);  //对查询日期进行录入

    X = GetdiffDays(date1,date2);      //获取两个日期之间相差的天数
    printf("日期差为: %d 天\n",X);  //输出相差的天数

    X = X % 5;  //天数对5取余
    if(X == 0 || X == 1)            //余数为0、4，则为晒网
        printf("晒网!\n");
    else
        printf("打鱼!\n");
}
```

程序中定义了一个日期类结构体，分别包含年、月、日，方便保存日期格式的数据。结构体的相关知识参见本书第 15 章的内容。

程序中定义多个函数，其功能分别如下：

❑ IsLeapYear 函数根据闰年的判断规则对参数日期类变量中的年进行判断，判断其是否为闰年。

❑ GetMaxDay 函数根据日历上每个月的天数的规律，以及用户提供的月份，获取这个月的最大天数。

❑ IsEqual 函数对两个日期的年月日分别进行比较，判断出两个日期是否相等。

❑ GetdiffDays 函数通过模拟日常生活中对两个日期间相差天数的计算方法，求解出两个日期间相差的天数。

主函数根据求解出两个日期间的天数，以及 5 天循环的打鱼晒网规则，解决打鱼晒网问题。

9.6　本章小结

在第 7 章、第 8 章讲解结构化程序设计的基本语句的基础上，本章介绍了转移语句。顺序结构程序没有分支、转移、循环；选择结构可以根据条件进行判断执行；循环结构在条件满足的情况下继续执行循环体。这三种结构转移语句可以解决复杂的问题。break 语句是能够跳出循环的语句，而转向执行下一语句。continue 语句与 break 语句相似，但是它并不是使整个循环语句终止，而是跳出循环体中 continue 下面的语句，立即执行下一循环。

9.7　习题

1. 简述 continue 语句和 break 语句的异同点。
2. 简述 goto 语句的危害。
3. 输出 9×9 口诀。
4. 从键盘上输入若干个学生的成绩，统计并输出最高成绩和最低成绩，当输入负数时结束输入。
5. 有 1、2、3、4 个数字，能组成多少个互不相同且无重复数字的三位数？都是多少？

第3篇 C语言进阶

第10章 数组

数组是在一个变量名之下存放的多个数据的存储区的说明，是具有相同类型的数的集合按照一定的顺序组成的数据。在处理大量同类型的数据时，利用数组十分方便。

数组和其他类型的变量一样，也必须先定义、后使用。C语言中的数据类型可分为基本类型、构造类型、指针类型和空类型，本章介绍的数组属于构造类型。下面从一维数组、二维数组和字符数组这三大方面来详细介绍数组的应用。本章内容：

❏ 数组的概述；
❏ 一维数组；
❏ 二维数组。

10.1 数组的概述

在许多数学问题中，经常遇到数列和矩阵的概念。数列和矩阵是用来描述一批数据之间的关系的。如：

表示 x 数列时通常写成：

$x_1, x_2, x_3, \cdots, x_n$

表示一个 2×3 矩阵 y 可以写成：

$y_{11} \quad y_{12} \quad y_{13}$
$y_{21} \quad y_{22} \quad y_{23}$

分析数列和矩阵不难发现它们有三个特点：

❏ 有一批数据；
❏ 这些数据之间有一定的内在联系；
❏ 这些数据的类型相同。

C语言中用数组来表达数列和矩阵，二者的关系如图10-1所示。

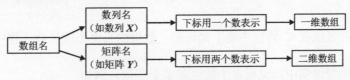

图 10-1 数列与矩阵的关系

所谓数组是指同一种数据类型的元素的有序集合，用一个统一数组名标识这一组数据，数组中的每一个元素由数组名和下标唯一确定。

数组是最简单的一种构造类型，其特点如下：

（1）有一批数据；
（2）这些数据之间有一定的内在联系；
（3）这些数据的类型相同。

为了方便处理具有相同类型的变量，C语言中使用数组来存储这些变量。C语言在编译的时候会根据所声明的数组大小在内存中开辟一段连续的空间来作为数组的存储地址，因此在声明时，必须声明数组的长度。并且，声明的数组大小不可以用变量，因为内存的分配在程序运行之前，而不是在使用数组的时候。

数组说明的一般形式是：

```
类型说明符   数组名   [常量表达式]……;
```

因为数组也是存储数据的存储区，同通常的变量情况一样，也有存储分类和数据类型。数组分为一维数组和二维数组，写法如下：

```
类型说明符   数组名   [常量表达式];              <───────────  一维数组
类型说明符   数组名   [常量表达式][常量表达式];    <───────────  二维数组
```

10.2　一维数组

本节讲述一维数组的定义、引用和初始化，掌握这些最基本的知识才可以更深入地掌握有关数组的程序设计。一维数组是 C 语言中处理大量数据的首选，需要我们认真掌握。

10.2.1　一维数组的定义

一维数组的定义方式：

```
类型说明符   数组名   [常量表达式];
```

其中，类型说明可以是 int，char，float 等，它表明每个数组元素所具有的数据类型。常量表达式的值是数组的长度，即数组中所包含的元素个数。例如：

```
int age[10];
```

其中，age 是数组名，常量 10 指明这个数组有 10 个元素，每个元素都是 int 型。在具体应用中应该注意以下内容：

（1）同一个数组，所有元素的数据类型都是相同的。

（2）数组名的书写格式应符合标识符的书写规则。

（3）方括号里的常量表达式表示数组元素的个数，其下标是从 0 开始计算的。例如，a[5] 表示数组有 5 个元素，这 5 个元素分别为 a[0],a[1],a[2],a[3],a[4]。

（4）不能用变量来表示元素的个数，可以用符号常量和常量表达式。例如：

```
int i;
i=9;
int a[i];
```

这种定义数组的方法在 C 语言中是不允许的。数组的长度不能依赖于程序运行时变化着的变量。

（5）允许同一类型说明中，说明多个数组和多个变量。例如：

```
int a[5],b[9];
```

（6）声明数组时，系统为变量分配连续的存储空间，如图 10-2 所示。

10.2.2　一维数组的初始化

在定义数组时给元素赋初值。一般语法为"类型符 数组名[元素个数]={常量表};"例如：

```
int a[5]={1,2,3,4,5};
```

编译系统为数组的所有元素顺序分配存储单元。初始化时是把常量表中的常量按内存分配顺序依次存入相应的数组元素。常量用"，"分开。这样，经过定义和初始化后，每个数组元素分别被赋值：a[0]=1，a[1]=2，a[2]=3，a[3]=4，a[4]=5。

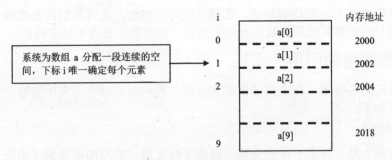

图 10-2 数组存储空间分配

说明：
- 若给所有元素赋初值，"元素个数"可以省略。如：int a[ ]={1,2,3,4,5}。
- 可以只给一部分元素赋初值，但元素个数不能省略。未被赋初值的元素则为 0。如：int a[5]={1,2,3}。此时 a[0]=1，a[1]=2，a[2]=3，a[3]=0，a[4]=0。
- 若使全部元素都为 0，可以将其定义为"全局变量"或"静态变量"，也可以写成：int a[5]={0}；a[5]={0,0,0,0,0}。
- 若数组在定义时未进行初始化，则各元素的值是随机的。如：int a[5]。
- 上述数组初始化的方法都是在定义时进行的，用赋值语句是错的。例如：

```
int a[5];
a[5]={1,2,3,4,5}    /*错*/
```

- 若初始化时，数据多了怎么办？例如：

```
int a[5]={1,2,3,4,5,6};
```

后面赋值过多是允许的，程序到 a[4]时便不再继续读下去。但初始化时，值可少不可多。

【实例 10-1】一维数组的定义与赋值。

```
int a[10]={10,11,12,13,14,15,16,17,18,19},a1;
/*定义了一个含有 10 个元素的整型数组 a，和一个整型变量 a1，并给所有数组元素赋初值，
a[0]=10,a[1]=11,…a[9]=19*/
char c[10]={'a','b'};
/*定义一个含有 10 元素的字符型数组 c，并给所有元素赋初值如下：
c[0]='a',c[1]='b',c[2]='\0', …c[9]='\0'*/
double d[5]={1,2,3};
/*定义了一个含有 5 个元素的双精度实数型数组 d，并给所有元素赋初值为：
d[0]=1.0, d[1]=2.0, d[2]=3.0, d[3]=0.0, d[4]=0.0*/
```

【实例 10-2】错误的一维数组定义与赋值。

```
float a[2],a=2.0;
/*数组名和变量名不能重名*/
char s[];
/*定义数组时，不给数组赋初值，不能省略数组的长度*/
int n=3,m[n];
/*数组的长度必须是常量或常量表达式*/
short b[5]={1,2,3,4,5,6};
/*在对数组赋初值的时候，初值的数目不能大于数组的长度*/
```

根据上面的例子对一维数组做以下几点说明：
- 在一条定义语句中，可以定义多个数组或变量，但存储类型和数据类型应相同。
- 在一条定义语句中，可以给全部数组元素赋初值，也可以只给其中某些数组元素赋初值，没有赋初值的元素均自动获得初值，这个初值为空值，即数值 0，或字符串结束标志符 '\0'。

❑ 　如果数组中所有元素均赋初值，数组长度可以省略，此时数组的长度等于初值表中初值的数目。如果只给部分数组元素赋初值，此时数组长度不能省略。

10.2.3 　一维数组的引用

数组必须先定义后引用，在定义了数组变量后，我们就可以引用其中的每个元素了。一维数组的引用格式如下：

数组名[下标表达式]

数组元素实际上是一种带下标的变量，简称下标变量。它与简单变量（不带下标的变量）在使用上并无不同。在 C 语言中，不允许一次引用整个数组，只能逐个引用每个数组元素。同时，由于每个数组元素的作用相当于一个同类型的简单变量。所以，对基本数据类型的变量所能进行的各种运算也都适合于同类型的数组元素。

请比较：

```
int m,n,p,a[5];
    m=10;                    a[2]=5;
    n=2*m;                   a[1]=a[2]*3;
    scanf("%d",&p);          scanf("%d",&a[4]);
```

它们之间的效果是一样的，都是一个变量。

上例中，我们使用数组时采用了具体的值。我们强调，在定义中不允许使用变量动态定义数组，但是我们在实际应用中，更常用的引用数组的形式是用变量进行引用的。如：a[i]。这里要将定义和引用区分开来。

在引用数组元素时，常用的形式是：a[i]。

若 i=0，a[i]——>a[0]

若 i=1，a[i]——>a[1]

引用数组所有的元素称为遍历，遍历数组是通过循环来改变下标进行的。例如：

读入：for(i=0;i<5;i++)　　scanf("%d",&a[i]);

输出：for(i=4;i>=0;i--)　　printf("%3d",a[i]);

在程序设计中，我们是无法知道分配给数组的具体地址的，C 语言中不允许使用正整数作为数组或变量的地址。若在程序中需要数组首地址或数组元素的地址，则只能用下列方式来表示地址：

数组元素的地址	&数组名[i]或数组名+i
数组首地址	数组名或&数组名[0]

例如：

```
int x[5];              /*定义一个整型数组 x，含有 5 个数组元素*/
x                      /*表示数组的首地址*/
&x[0]                  /*表示数组的首地址*/
&x[i]                  /*表示数组元素 x[i]地址即第 i+1 元素的地址*/
x+i                    /*表示数组元素 x[i]地址即第 i+1 元素的地址*/
```

【实例 10-3】数组元素的引用。例如：输入/输出数组中的元素。

```
#include <stdio.h>
void main( )
{
    int i ,a[5];                /*定义数组变量*/
    for(i=0;i<5;i++)            /*循环输入数值*/
    {
        scanf("%d",&a[i]);
    }
```

```
    for(i=0;i<5;i++)                        /*循环输出数值*/
    {
        printf("%3d",a[i]);
    }
}
```

运行程序，输入：

```
1 2 3 4 5
```

输出结果：

```
1  2  3  4  5
```

再如：

求输入的 10 个成绩之和。

```
#include <stdio.h>
void main( )
{
    int a[10],sum=0,i;
    for(i=0;i<10;i++)                       /*循环输入数组元素的值*/
    {
        scanf("%d",&a[i]);
    }
    for(i=0;i<10;i++)                       /*循环取出数组中每个元素的值并求和*/
    {
        sum=sum+a[i];
    }
    printf("Sum=%d\n",sum);                 /*输出最终结果*/
}
```

运行程序，输入：

```
1 2 3 4 5 6 7 8 9 10
```

输出结果：

```
Sum=55
```

【实例 10-4】分析下面的程序，体会数组元素的引用。

```
#include <stdio.h>
void main()
{
    int a[8]={1,0,1,0,1,0,1,0},i;           /*定义一个整型数组元素 a，和一个整型变量 i*/
    for(i=2;i<8;i++)
        a[i]+=a[i-1]+a[i-2];                /*利用数组元素进行运算*/
    for(i=0;i<8;i++)
        printf("%d ",a[i]);                 /*将数组中的元素输出*/
    printf("\n");
}
```

程序的运行结果为：

```
1 0 2 2 5 7 13 20
```

从上例中，我们可以看到数组元素可以像一般的变量一样进行各种运算。"a[i]+=a[i-1]+a[i-2]"将运算的结果再赋值给数组元素。

10.2.4　一维数组的程序举例

【实例 10-5】输入 10 个整数存入一维数组，按逆序重新存放后再输出。

```
#include <stdio.h>
void main( )
```

```
{
    int a[10],x,i;
    for(i=0; i<10; i++)
    scanf( "%d",&a[i]);                    /*输入数组元素的值*/
    for(i=0; i<5; i++)                     /*将数组元素逆序*/
    {
        x=a[i];
        a[i]=a[9-i];
        a[9-i]=x;
    }
    for(i=0; i<10; i++)
    {
        printf( "%d ", a[i]);              /*输出数组元素*/
    }
    printf( "\n ");
}
```

程序分析：

（1）定义一个整型数组长度为10，使用for语句向数组输出元素。

（2）将一维数组中的元素按逆序重新存放，即将第一个元素和最后一个元素调换一下位置，第二个和倒数第二个调换位置，依此类推，如图10-3所示。

1 与 10 调换位置

2 与 9 调换位置

3 与 8 调换位置

4 与 7 调换位置

5 与 6 调换位置

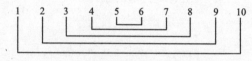

图10-3　位置调换

变量i从0到4，表示数组中的第一个到第五个数组元素，与之对应的要进行调换的数组元素位置为(9-i)，将两个位置上的元素进行调换。

```
x=a[i];
a[i]=a[9-i];
a[9-i]=x;
```

（3）然后将逆序后的数组元素进行输出。

【实例10-6】用选择法对10个整数排序（从小到大）。

选择法思路如下：

设有10个元素 a[1]~a[10]，将 a[1]与 a[2]~a[10]比较，若 a[1]比 a[2]~a[10]都小，则不进行交换。若 a[2]~a[10]中有一个以上比 a[1]小，则将其中最小的一个与 a[1]交换，此时 a[1]中存放了10个最小的数。依此类推，共进行9轮比较，就按照由小到大的顺序存放了。

```
#include<stdio.h>
void main( )
{
    int i,j,min,temp,a[11];
    printf ("enter data:\n");
    for (i=1;i<=10;i++)            /*输入数据*/
    {
        printf("a[%d]=",i);
        scanf("%d",&a[i]);
    }
    printf("\n");
    printf ("the orginal numbers:\n");
    for (i=1;i<=10;i++)            /*输出未排列数据*/
    {
        printf("%5d",a[i]);
    }
```

```
    printf("\n");
    for (i=1;i<=9;i++)          /*选择法排序*/
    {
        min=i;
        for (j=i+1;j<=10;j++)
        {
            if (a[min]>a[j])
            {
                min=j;
            }
        }
        temp=a[i];
        a[i]=a[min];
        a[min]=temp;
    }
    printf("\n");
    for(i=1;i<=10;i++)          /*输出排序结果*/
    {
        printf("%5d",a[i]);
    }
    printf("\n");
}
```

运行程序：

```
enter data:
a[1]=5
a[2]=3
a[3]=2
a[4]=9
a[5]=8
a[6]=10
a[7]=1
a[8]=23
a[9]=7
a[10]=5
the orginal number:
5    3    2    9    8   10    1   23    7    5
1    2    3    5    5    7    8    9   10   23
```

【实例 10-7】对 10 个数进行排序（从小到大）。

为加深对数字排序的理解，我们用两种方法来解答：冒泡法、遍历法。

1．用冒泡法对数据进行排序

冒泡法的基本思路：将相邻两个数比较，将小的调到前面。

具体为：（1）第一次从第一个数开始相互比较直到最后一个数，则小的数已经上浮，而最大数已经下沉到底；（2）第二次从第一个数开始相互比较直到倒数第二个数，则小的数又上浮，而第二大的数已经下沉到倒数第二位……依次进行，所有数就可按顺序排列好。例如图 10-4 所示的数组。

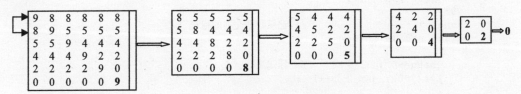

图 10-4　冒泡法

程序分析：

（1）对 6 个数排序，则每次做两两比较的次数为：5，4，3，2，1。

（2）比较趟数为 5 趟。

（3）参加比较的数字个数为：6，5，4，3，2。

```c
#include <stdio.h>
void main( )
{
    int a[10] , i , j ,t ;
    printf("Input 10 numbers:\n") ;
    for(i=0 ;i<10 ; i++)                   /*输入排序数*/
    {
        scanf("%d",&a[i]) ;
    }
    printf("\n");
    for(j=0 ; j<9 ; j++ )                  /*控制比较趟数*/
    {
        for(i=0 ; i<9 -j ; i++ )           /*控制比较对数*/
        {
            if(a[i]>a[i+1])
            {
                t=a[i];
                a[i]=a[i+1] ;
                a[i+1]=t ;
            }
        }
    }
    printf(" The sorted number : \n") ;
    for(i=0 ;i<10 ;i++)                    /*输出已排序的数*/
    {
        printf("%d  ", a[i]) ;
    }
}
```

运行程序，结果如下：

```
Input 10 numbers:
9 1 2 -5 57 62 120 23 69 -100
The sorted numbers:
-100 -5 1 2 9 23 57 62 69 120
```

在上述比较中可以发现，不管数字的排列比较是否已经完成，都会按照正常的循环语句进行排序。直至循环语句完成。我们可以通过设置一个标记来简化程序的运行过程。例如：

```c
#include <stdio.h>
void main( )
{
    int j, n,change, a[10],t;
    for(j=0 ; j< 10 ; j++)
    {
        scanf("%d",&a[j]) ;
        n=9;
        change=1 ;                /* 记录数据交换的标记 */
        while( n>0 && change==1)
        {
            change=0 ;            /* 标记清 0 */
            for(j=0 ; j<n ; j++)
            {
                if(a[j]>a[j+1])
                {
```

```
                    t=a[j];
                    a[j]=a[j+1];
                    a[j+1]=t;
                    change=1;      /* 进行了数据交换，标记置 1 */
                }
            }
          n-- ;
        }
    }
}
```

在程序中，我们设置了一个标记 change，在每次 for 循环语句之前先赋值 0，在每次 for 循环中需要交换数字，即整个循环没有排列完毕时，赋值为 1。当 change=0 时，说明所有顺序已经交换完毕，此时可以直接跳出循环，整体上减少了程序的运行时间。

运行产生的结果和上述未设置 change 标记的情况一样，在此不再赘述。

2．用遍历法对数据进行排序

遍历法排序的思路：第一次从第一个开始找出最小的一个作为第一个元素，第二次从第二个开始找出第二小的元素……依次进行，得出排序结果，如图 10-5 所示。

9	**0**	0	0	0	0
8	9	**2**	2	2	2
5	8	9	**4**	4	4
4	5	8	9	**5**	5
2	4	5	8	9	**8**
0	2	4	5	8	9

图 10-5　遍历法

程序编写如下：

```
#include <stdio.h>
void main()
{
    int a[10],i ,j ,t ;
    printf("Input 10 numbers:\n") ;
    for(i=0 ;i<10 ; i++)                 /*输入排序数*/
    {
        scanf("%d",&a[i]) ;
    }
    printf("\n");
    for(j=0 ; j<9 ; j++ )                 /*控制比较趟数*/
    {
        for(i=j+1;i<10;i++ )              /*控制比较对数*/
        {
            if(a[j]>a[i])
            {
                t=a[j];
                a[j]=a[i];
                a[i]=t ;
            }
        }
    }
    printf("The sorted number : \n") ;
    for(i=0 ;i<10 ;i++)                   /*输出已排序的数*/
    {
        printf("%d ", a[i]) ;
    }
}
```

排序是 C 语言中比较重要的一类题目，需要我们仔细思考和掌握。此程序是对 10 个数进行排序，在平常的应用中，我们可以更改此程序。

```
for(j=0 ; j<9 ; j++ )                     /*控制比较趟数*/
{
    for(i=j+1 ; i<10 ; i++ )              /*控制比较对数*/
```

```
        {
            if(a[j]>a[i])
            {
                t=a[j];
                a[j]=a[i];
                a[i]=t ;
            }
        }
    }
```

可以更改为：

```
for(j=0 ; j<n-1 ; j++ )                    /*控制比较趟数*/
{
    for(i=j+1 ; i<n ; i++ )                /*控制比较对数*/
    {
        if(a[j]>a[i])
        {
            t=a[j];
            a[j]=a[i];
            a[i]=t;
        }
    }
}
```

　　n 代表所要排列的数字数目。当有 n 个数时，则要进行 $n-1$ 次比较，在第 j 趟比较中，要进行 $n-j$ 次比较。

　　【实例 10-8】用筛选法求 100 以内的素数。

　　所谓筛选，指的是在一张纸上写上 1 到 100 的全部整数，然后逐个判断它们是否为素数，找出一个非素数，就把它"挖掉"，最后剩下的就是素数，如图 10-6 所示。

1　2　3　4　5　6　7　8　9　10　11　12　13　14　15　16　17　18　19　20　21　22
23

　　具体做法是：

　　（1）先将 1 挖掉。

　　（2）用 2 去除它后面的各个数，把能被 2 整除的数挖掉，也就是把 2 的倍数挖掉。

　　（3）用 3 去除它后面的各个数，把 3 的倍数挖掉。

　　（4）用 4、5、…各数去除这些数以后的各个数。这个过程一直进行到在除数后面的数全部被挖掉为止。

　　例如：

　　本题要求 100 以内的素数，故一直进行到 97 为止。但事实上，可以简化除数的范围。除数的范围只要是 1~sqrt(n)即可。对本题而言，只要到 10 即可。

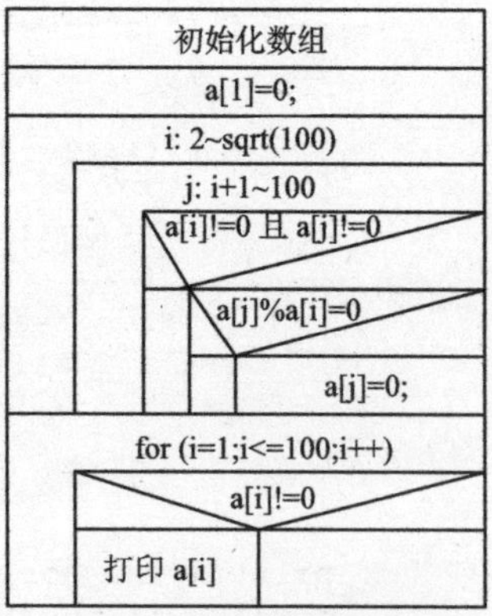

　　因此上面的算法可以表示为：

　　（1）挖去 1。

　　（2）用下一个未被挖去的 p 去除 p 后面的各数，把 p 的倍数挖掉。

　　（3）检查 p 是否小于(int)sqrt(n)，如果是，返回 2。

　　（4）继续执行，否则就结束。

　　（5）剩下的数字都为素数。

图 10-6　求素数流程图

```
#include<stdio.h>
#include<math.h>
void main( )
```

```
{
    int i,j,n,a[101];
    for (i=1;i<=100;i++)                      /*利用 for 循环，为数组赋值*/
    {
        a[i]=i;
    }
    a [1]=0;
    for(i=2;i<sqrt(100);i++)                  /*将不是素数的数组元素赋值为 0*/
    {
        for (j=i+1;j<=100;j++)
        {
          if(a[i]!=0&&a[j]!=0)
          {
              if (a[j]%a[i]==0)
              {
                  a[j]=0;
              }
          }
        }
    }
    for(i=1,n=0;i<=100;i++)                    /*输出素数*/
    {
        if(a[i]!=0)
        {
            printf("%5d",a[i]);
            n++;
        }
        if (n%10==0)
        {
            printf("\n");
            n=0;
        }
    }
    printf("\n");
}
```

运行程序，输出结果：

```
 2     3     5     7    11    13    17    19    23    29
31    37    41    43    47    53    59    61    67    71
73    79    83    89    97
```

10.3 二维数组

二维数组其实就是一维数组的一种转换形式，我们有时候为了做题方便会把二维数组看成一维数组来处理。这并不是说二维数组就没有用了。二维数组是处理矩阵的首选，比起一维数组，可以更加清楚地处理问题。

10.3.1 二维数组的定义

二维数组定义的一般形式为：

类型符 数组名[行数][列数];

例如：

int b[2][3]定义了一个 2×3 的整型数组 b，它有 2 行、3 列共 6 个元素。这 6 个元素为：

b[0][0]   b[0][1]   b[0][2]
b[1][0]   b[1][1]   b[1][2]

每个元素都是 int 型。二维数组的应用与矩阵有关，第一个下标表示行数，第二个下标表示列数。并且，与一维数组相似，二维数组也是从 0 开始的。例如：b[0][2]，代表第一行第三列的元素。

注意，不能写为如下定义：

float   a[3,4]；   int   b[5,10]；

float   a(3,4)；   int   b(5,10)；

一个二维数组可以看做一种特殊的一维数组，它的元素又是一个一维数组。例如：

int   a[3] [4]；

其中：

a[0]-->a[0][0]，a[0][1]，a[0][2]，a[0][3]

a[1]-->a[1][0]，a[1][1]，a[1][2]，a[1][3]

a[2]-->a[2][0]，a[2][1]，a[2][2]，a[2][3]

即：

a[0] 是第一行的首地址；

a[1] 是第二行的首地址；

a[2] 是第三行的首地址。

C 语言利用这种方法，在数组初始化和用指针表示时，显得很方便。

C 语言中的二维数组元素排列顺序是：按行存放。

二维数组元素的排列顺序是按行进行的，即在内存中，先按顺序排列第一行的元素，再按顺序排列第二行的，依次进行，如图 10-7、图 10-8 所示。

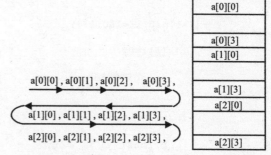

图 10-7　二维数组排列方式　图 10-8　数组内存

C 语言允许多维数组，多维数组的定义格式为：

类型符 数组名[元素长度 1][元素长度 2]……[元素长度 n]；

例如，int x[2][3][4],y[4][2][3][10]，x 为三维数组，y 为四维数组。

10.3.2　二维数组的初始化

在定义二维数组时给元素赋初值，有几种方法。下面一一进行介绍。

（1）可以像一维数组一样，将所有元素的初值写在一对花括号内。这样，编译系统将按行的顺序依次为各元素赋初值。一般语法为：

类型符 数组名[行数][列数]={常量表}；

如：int a[2][3]={1,2,3,4,5,6}；

即先存入第一行的数据，再存第二行的数据。这种存储方式被称为"按行存储"方式。经过上面的初始化后，每个数组元素分别被赋值如下：

a[0][0]=1，a[0][1]=2，a[0][2]=3，a[1][0]=4，a[1][1]=5，a[1][2]=6。这种初始化的形式也可以只为数组的部分元素赋初值。例如：

int a[2][3]={1,2,3}；

此时，只为 a[0][0]，a[0][1]，a[0][2]赋值，其余元素的初值将自动设置为 0。所以，此时每个数组元素分别被赋值如下：

a[0][0]=1，a[0][1]=2，a[0][2]=3，a[1][0]=0，a[1][1]=0，a[1][2]=0

（2）可以对数组按行的顺序排列赋值，每行都用一对花括号括起来，各行之间用逗号隔开。这种形式界限清楚，可读性强。如：

```
int a[2][3]={{1,2,3},{4,5,6}};
```

每个数组元素分别被赋值如下：a[0][0]=1，a[0][1]=2，a[0][2]=3，a[1][0]=4，a[1][1]=5，a[1][2]=6。

同样，此种赋值方法也可以对部分元素赋值。例如，int a[2][3]={{1,2},{4}}，此时，未被赋值的元素自动赋值为 0。每个数组元素分别被赋值如下：

a[0][0]=1，a[0][1]=2，a[0][2]=0，a[1][0]=4，a[1][1]=0，a[1][2]=0。

注意：

❑ 若给所有元素赋初值，"行数"可以省略，但"列数"不能省。如：

```
int a[ ][3]={1,2,3,4,5,6};
```

C 语言中，第一维的长度可以由系统根据初始值表中的初值个数来确定。上述例子中，数组共有 6 个初值，列数为 3。所以，可以确定第一维的长度为 2。若想在省略第一维长度的同时对部分元素赋值，则必须用分行赋值的方法。

❑ 若数组在定义时未进行初始化，则各元素的值是随机的。

【实例 10-9】求 4×4 矩阵的主对角线元素之和。

```
4    8    7    6
1    3    5    7
2    6    9    4
5    1    2    3
```

分析：主对角线是指行号与列号相同的那些元素。

```
#include <stdio.h>
void main( )
{
    int i,j,sum=0;                                        /*定义所需变量*/
    int a[4][4]={{4,8,7,6},{1,3,5,7},{2,6,9,4},{5,1,2,3}};  /*初始化数组*/
    for(i=0;i<4;i++)                    /*循环遍历行索引*/
    {
        for(j=0;j<4;j++)               /*循环遍历列索引*/
        {
            if(i==j)                    /*如果行索引和列索引相同*/
            {
                sum=sum+a[i][j];        /*将定位的值相加*/
            }
        }
    }
    printf("sum is %d",sum);           /*输出最终结果*/
}
```

运行程序，得到结果为：

```
sum is 19
```

【实例 10-10】输入 20 个数，输出它们的平均值，输出与平均值之差的绝对值最小的数组元素。

```
#include <stdio.h>
#include <math.h>
void main( )
{
    float a[20],pjz=0,s,t;
    int i;
```

```
    for(i=0;i<20;i++)                    /*输入 20 个数*/
    {
        scanf("%f",&a[i]);
    }
    for(i=0;i<20;i++)                    /*求和*/
    {
        pjz+=a[i];
    }
    pjz/=20;
    s=fabs(a[0]-pjz);
    for(i=0;i<20;i++)            /*求绝对值差*/
    {
        if(fabs(a[i]-pjz)<s)
        {
            s=fabs(a[i]-pjz);
            t=a[i];
        }
    }
    printf("%f,%f ",pjz,t);
}
```

运行程序，输入：

`1 2 3 4 5 6 7 8 9 10 11 12 13 14 15 16 17 18 19 20`

输出结果：

`10.500000, 10.000000`

10.3.3　二维数组的引用

二维数组的数组元素的表示形式如下：

`数组名[行下标][列下标];`

其中，下标可以是整型常量或者整型表达式。例如：

```
int  a[2][3];
a[1][0]=5;
a[1][1]=a[1][0]*2;
a[1][2]=a[1][0]+a[1][1];
```

可以对数组元素进行各种基本数据类型变量所能进行的各种操作。二维数组元素也是一个变量。二维数组元素的地址也是通过&运算得到的。例如：a[1][0]的元素地址可以表示为&a[1][0]。

> **Tips**　数组下标的值必须在数组定义时的大小范围内。

例如：

```
int a[2][3] ;
a[2][3]=35 ;        / *不正确的写法,但编译通过* /
```

强调一下：定义数组 a[2][3] 中的 2 和 3 表示行数和列数，而引用数组元素 a[1][2]时 1 和 2 表示第 2 行第 3 个元素。下标是从 0 开始的。

二维数组的首地址及数组元素的地址只能用下面的方式来获得。

❑　二维数组元素首地址：

`数组名 或 数组名[0] 或 &数组名[0][0]`

❑　二维数组第 i 行元素组成的一维数组首地址：

数组名[i] 或 数组名+i (i 表示二维数组第 i 行)

❏ **二维数组元素的地址：**

&数组名[i][j] 或 &数组名[i]+j (i 表示二维数组第 i 行，j 表示 i 表示二维数组第 j 列)

例如：

```
a[m][n]                     /*含有 m 行 n 列的二维数组*/
a,a[0],&a[0][0]             /*表示二维数组 a 的首地址*/
a[i],a+i                    /*表示二维数组第 i 行数组元素的首地址*/
&a[i][j],x[i]+j             /*表示二维数组元素 a[i][j]的地址*/
```

由于二维数组有两个下标，要遍历二维数组一般得用双重循环完成。同时可以采用两种方式：一种是按行输入方式进行，即先输入第一行，再输入第二行，依此类推；另一种是按照列的输入方式进行，即先输入第一列，再输入第二列，依此类推。采用哪种循环完全取决于程序的需要。通常情况下，我们都采用行的输入方式进行，即外层的循环变量控制行下标，而内层的循环变量控制列下标。同样，若按照列的方式，则外层的循环变量控制列下标，而内层的循环变量控制行下标。

例如：将 2 行 3 列的矩阵存入二维数组 a[2][3] 中，并输出。按行：

```
for(i=0;i<2;i++)            /*外层循环控制行数*/
{
    for(j=0;j<3;j++)        /*内层循环控制列数*/
    {
        scanf("%d",&a[i][j]);
    }
}
```

按列：

```
for(i=0;i<2;i++)            /*外层循环控制列数*/
{
    for(j=0;j<3;j++)        /*内层循环控制行数*/
    {
        scanf("%d",&a[j][i]);
    }
}
```

【实例 10-11】 找出一个 3×4 矩阵中的最大元素及所在位置。

分析：我们可以先设定一个最大值 max，并将其赋值为 a[0][0]，设定最大值的行数用 row 存放，列数用 col 存放。然后遍历整个数组元素，遇到比 max 大的就赋值，并记录所在的行数和列数。最后得出结果。

```
#include <stdio.h>
void main( )
{
    int a[3][4],i,j,max,row,col;          /*定于所需变量*/
    for(i=0;i<3;i++)                       /*循环输入数组的值*/
    {
        for(j=0;j<4;j++)
        scanf("%d",&a[i][j]);
    }
    max=a[0][0];                           /*初始化最大值*/
    row=0;                                 /*初始化行*/
    col=0;                                 /*初始化列*/
    for(i=0;i<3;i++)                       /*利用 for 循环判断输入数值中的最大值*/
    {
        for(j=0;j<4;j++)
        {
```

```
            if(max<a[i][j])
            {
                max=a[i][j];
                row=i;
                col=j;
            }
        }
    }
    printf("最大值=%d,行=%d,列=%d\n",max,row,col);  /*输出最大值及所在的行和列*/
}
```

运行程序，输入：

```
1   2   3   4
5   6   7   8
9  10  11  12
```

输出结果：

```
最大值=12，行=2，列=3
```

因为程序元素是从 0 开始计的，所以，所得出的行和列都比正常状态下少 1。若想正常记录，可以在开始时，将行数和列数都赋值为 1。

10.3.4　数组的程序举例

【实例 10-12】输入 20 个数，并以每行 5 个数据的形式输出 a 数组。

```
#include <stdio.h>
void main( )
{
    int a[20],i;
    printf( "输入 20 个整数："  );         /*输出提示文字*/
    for(i=0; i<20; i++)
    {
        scanf( "%d", &a[i] );              /*输入 20 个数字，为数组赋值*/
    }
    for(i=1; i<=20; i++)
    {
        printf("%3d",a[i-1]);             /*输入数组元素*/
        if( i%5==0 )                      /*当每行达到 5 个时*/
        {
            printf("\n") ;                /*换行处理*/
        }
    }
}
```

运行程序，输入：

```
1 2 3 4 5 6 7 8 9 10 11 12 13 14 15 16 17 18 19 20
```

输出结果：

```
 1  2  3  4  5
 6  7  8  9 10
11 12 13 14 15
16 17 18 19 20
```

【实例 10-13】从键盘输入年月日，计算该日是该年的第几天。

分析：由于闰年和平年的差别在于 2 月份的天数不同，所以数组要包含两行数据，分别用来存放闰年和平年每个月的天数。程序要首先判断所给定的年号是不是闰年，然后决定取哪行数据。程序的最终结果是将 month 月份之前的每个月的天数相加，再加上 month 月中的天数 day，即为所求结果。

为方便程序中月份天数的相加，我们从一月开始记。即先把数组中的 a[0][0]=0,a[1][0]=0。

```c
#include <stdio.h>
void main( )
{
    int year,month,day,days,i,leap;
    int a[][13]={{0,31,28,31,30,31,30,31,31,30,31,30,31},
            {0,31,29,31,30,31,30,31,31,30,31,30,31}};
    printf("input year ,month,day:");              /*输出提示文字*/
    scanf("%d%d%d",&year,&month,&day);             /*输入年、月、日*/
    leap=0;
    if(year%4==0&&year%100!=0||year%400==0)         /*判断输入年份是否是闰年*/
    {
        leap=1;
    }
    days=day;
    for(i=1;i<month;i++)                            /*各月天数累加*/
    {
        days+=a[leap][i];
    }
    printf("Days=%d",days);                         /*输出结果*/
}
```

运行程序，输入：

```
2010 6 1
```

输出结果：

```
Days=152
```

【实例 10-14】给定一个 10×10 的矩阵，偶数行的方阵中所有边上的元素置 1，两对角线上的元素置 1，其他元素置 0。要求对每个元素只置一次值。最后按矩阵形式输出。

分析：

（1）将矩阵的对角线置 1，一条对角线上的元素下标的特点是一维的下标和二维的下标相等，如：a[0][0]，a[1][1]，a[2][2]，…，a[9][9]。

另一条对角线上的元素下标的特点是一维下标与二维下标的和为 9，如：a[0][9]，a[1][8]，a[2][7]，…，a[9][0]。

所以要将两对角线上的元素置 1。程序如下：

```c
for(i=0; i<10; i++)
{
        a[ i ][i] =1;
        a[i][9-i]=1;
}
```

（2）将矩阵所有边上的元素置 1。矩阵有四条边，分别为一维下标为 0、9，二维下标为 0、9 的元素，除去中间重复的元素，将这些位置的元素置为 1。

（3）矩阵的其他元素置为 0，除元素的 4 条边以外，当条件满足一维的下标和二维的下标不相等以及一维下标与二维下标的和为 9 的情况时，即(i!=j) && j!=(9-i)，该位置的元素置 0。

```c
#include <stdio.h>
void main( )
{
    int a[10][10],i,j;
    for(i=0; i<10; i++)                   /*两对角线上的元素置1*/
    {
        a[ i ][i] =1;
```

```
            a[i][9-i] =1;
        }
        for(i=1; i<9; i++)              /*上边元素置1*/
        {
            a[0] [ i ] =1;
        }
        for(i=1; i<9; i++)              /*下边元素置1*/
        {
            a[9] [i] =1;
        }
        for(i=1; i<9; i++)              /*左边元素置1*/
        {
            a[i] [0] =1;
        }
        for(i=1; i<9; i++)              /*右边元素置1*/
        {
            a[i] [9] =1;
        }
        for(i=1; i<9 ; i++)            /*其他元素置0*/
        {
            for(j=1; j< 9 ; j++)
            {
                if ( (i!=j) && (j!=(9-i)) )
                {
                    a[i][j] =0;
                }
            }
        }
        for(i=0; i<10 ; i++)           /*输出最终结果*/
        {
            for(j=0; j<10; j++)
            {
                printf("%2d", a[i][j]);
            }
            printf("\n");
        }
}
```

运行程序，输出结果：

```
1 1 1 1 1 1 1 1 1 1
1 1 0 0 0 0 0 0 1 1
1 0 1 0 0 0 0 1 0 1
1 0 0 1 0 0 1 0 0 1
1 0 0 0 1 1 0 0 0 1
1 0 0 0 1 1 0 0 0 1
1 0 0 1 0 0 1 0 0 1
1 0 1 0 0 0 0 1 0 1
1 1 0 0 0 0 0 0 1 1
1 1 1 1 1 1 1 1 1 1
```

10.4　典型实例

　　【实例10-15】找出数组中的最大值与最小值。由用户为一个3×4的二维数组赋值，并实现对数组中所有元素中最大值与最小值的查找。

```
#include <stdio.h>
#include <stdlib.h>
void main()
{
```

```
        //给出程序中所有要用到的变量
        int myarray[3][4];
        int max=0,min=0;        //max 保存最大值；min 保存最小值
        int i,j;                //供循环中使用

        //提示并要求用户输入数组元素
        printf("请输入数组的元素(3×4)：\n");
        for(i=0;i<3;i++)
        {
            for(j=0;j<4;j++)
            {
                scanf("%d",&myarray[i][j]);           //输入数组中每一个元素
            }
        }

        //为最大值与最小值赋初始值
        min=myarray[0][0];
        max=myarray[0][0];

        //显示之前用户输入的数组元素值
        printf("你输入的数组是：\n");
        for(i=0;i<3;i++)
        {
            for(j=0;j<4;j++)
            {
                printf("%3d",myarray[i][j]);
            }
            printf("\n");
        }

        //查找数组中的最大值与最小值。
        for(i=0;i<3;i++)                //第 i 行元素
        {
            for(j=0;j<4;j++)            //第 j 列元素
            {
                if(myarray[i][j]>max)          //如果当前元素大于已知的最大值，调换最大值下标
                    max=myarray[i][j];
                if(myarray[i][j]<min)          //如果当前元素小于已知的最小值，调换最小值下标
                    min=myarray[i][j];
            }
        }

        //输出比较结果
        printf("数组中最大值为：%d\n",max);
        printf("数组中最小值为：%d\n",min);
}
```

利用循环与标准输入语句让用户为数组赋初始值。再利用循环对所有元素进行遍历，比较得出数组中的最大值与最小值。本实例用户还可以直接在数组元素的过程中进行比较，可以减少不必要的代码，程序看起来也整齐一些。

【实例10-16】数组中元素的倒置。让一维数组中元素转置，也就是说让数组中的元素"本末倒置"，第一个元素变成最后一个元素，第二个元素变成倒数第二个元素，以此类推。

```
#include <stdio.h>
#include <stdlib.h>
void main()
{
    char myarray[8];
    int i;
    printf("请输入数组的初始值：");
```

```
    for(i=0;i<8;i++)
        scanf("%c",&myarray[i]);         //为数组赋值

    printf("您之前输入的数组元素为: ");
    for(i=0;i<8;i++)         //数组原样显示
        printf("%3c",myarray[i]);
    printf("\n");

    //数组倒置
    int num=sizeof(myarray)/sizeof(char);//检测数组中字符的个数
    printf("num is %d\n",num);               //输出数组中字符的个数
    for(i=0;i<num/2;i++)                      //循环调换 num/2 次元素，实现数组元素的转置
    {
        char temp;
        temp=myarray[i];
        myarray[i]=myarray[num-i-1];
        myarray[num-i-1]=temp;
    }
    printf("数组转置后数组元素为: ");
    for(i=0;i<8;i++)
        printf("%3c",myarray[i]);              //输出转置后的数组元素
    printf("\n");
}
```

本程序中通过对数组的遍历，再利用一个中间变量 temp，在时间复杂度为 O(n)、空间复杂度为 O(1)的情况下实现了将数组的元素倒置。

【实例 10-17】合并两个数组中的元素。

给定含有 n 个元素的两个有序（非降序）整型数组 a 和 b。合并两个数组中的元素到整型数组 c，要求去除重复元素并保持 c 有序（非降序）。例子如下：

a = 2，3，4，6，8，9

b = 7，9，10

c = 2，3，4，6，7，8，9，10

利用合并排序的思想，两个指针 i、j 和 k 分别指向数组 nA 和 nB，然后比较两个指针对应元素的大小，有以下三种情况：

（1）nA[i] < nB[j]，则 c[k] = nA[i]。

（2）nA[i] == nB[j]，则 c[k]等于 nA[i]或 nB[j]皆可。

（3）nA[i] > nB[j]，则 c[k] = nB[j]。

重复以上过程，直到 i 或者 j 到达数组末尾，然后将剩下的元素直接复制到数组 c 中即可。

具体实现代码如下：

```
#include <stdio.h>
#include <stdlib.h>

// 合并两个含有 nA、nB 个元素的有序数组
int Merge(int *a, int *b, int *c, int nA, int nB,int nCout)
{
    int i = 0 ;        //数组 a 的下标
    int j = 0 ;        //数组 b 的下标
    int k = 0 ;        //数组 c 的下标
    int m;             //循环变量
    //int nCout=0;

    while (i < nA && j < nB)  //如果两个数组都没有比较结束
```

```
    {
        if (a[i] < b[j])                    //如果 a 的元素小，则插入 a 中元素到 c
        {
            c[k++] = a[i] ;
            ++i ;
            nCout++;            //新数组下标加 1
        }
        else if (a[i] == b[j])//如果 a 和 b 元素相等，则插入两者皆可，这里插入 a
        {
            c[k++] = a[i] ;
            ++i ;
            ++j ;
            nCout++;            //新数组下标加 1
        }
        else                    a[i] > b[j] //如果 b 中元素小，则插入 b 中元素到 c
        {
            c[k++] = b[j] ;
            ++j ;
            nCout++;            //新数组下标加 1
        }
    }

    if (i == nA)                        //若 a 遍历完毕，处理 b 中剩下的元素
    {
        for (m = j; m < nB; ++m)     //将 b 中剩下的元素原样补充到 c 数组中
        {
            c[k++] = b[m] ;
            nCout++;
        }
    }
    else                        //j == n, 若 b 遍历完毕，处理 a 中剩下的元素
    {
        for (m = i; m < nA; ++m)             //将 a 中剩下的元素全部补充到数组 c 中
        {
            c[k++] = a[m] ;
            nCout++;
        }
    }

    return nCout;
}

void main()
{
    int i;
    //为 a，b 分别动态申请空间，以存放数组元素
    int* a= (int *)malloc(sizeof(int)*6);
    int* b= (int *)malloc(sizeof(int)*3);
    //为数组元素赋初值
    a[0]=2;
    a[1]=3;
    a[2]=4;
    a[3]=6;
    a[4]=8;
    a[5]=9;

    b[0]=7;
    b[1]=9;
    b[2]=10;
```

```
    int nOut = 0;
    //output 为最终合并的数组，也动态申请下
    int* output = (int *)malloc(12*sizeof(int));
    nOut=Merge(a, b, output, 6, 3,nOut);       //数组合并

    for (i=0; i<nOut; i++)                 //输出合并后的数组
    {
        printf("%d,",output[i]);
    }

    printf("\n");
    //释放之前申请的多个空间
    free(a);
    a=NULL;
    free(b);
    b=NULL;

    free(output);
    output=NULL;

    printf("\n");
}
```

在以上程序中，Merge 函数对两个数组中元素进行同步遍历并比较，每次都将两个数组中较小的一个元素放置到新的数组中，最终实现了对两个不同数组中元素的合并。

主函数对数组元素进行初始化，并引导用户使用 Merge 函数实现了对两个不同数组的合并操作。程序后段对过程中分配的空间资源进行释放。

【**实例 10-18**】删除数组中的元素。由用户为一个数组进行赋初始值，并输入要删除的元素值。程序负责删除数组中指定的元素，并对新数组进行输出。

通过对数组中元素的遍历，在遍历过程中再对数组元素进行判断，如果要删除元素跟遍历到的当前元素一致，则删除；之后一直到遍历一遍结束，实现删除数组中所有等于该要删除值的元素。

具体实现代码如下：

```
#include <stdio.h>
#include <stdlib.h>

void main()
{
    int myArray[8];              //声明数组
    int j,i=0;
    printf("请输入 8 个整型元素到数组中：\n");
    for(i=0;i<8;i++)
    {
        scanf("%d",&myArray[i]);
    }

    int delete_num=0;
    printf("请输入要删除的元素：\n");
    scanf("%d",&delete_num);        //输入要删除的元素到 delete_num 中

    for(i=0;i<8;i++)         //遍历数组
    {
        if(myArray[i]==delete_num)           //如果当前元素值等于要删除的元素
        {
            if(i==7)                //如果正好是最后一个元素
                myArray[i]=0;       //置零就可以
            else                    //如果不是最后一个元素
```

```
                    {
                        for(j=i;j<8-1;j++)        //将之后的元素都前移一位进行元素覆盖
                        {
                            myArray[j]=myArray[j+1];
                        }
                        myArray[j]=0;             //将最后一个元素置零
                    }
                    break;
            }
        }

        if(i==8)      //如果下标等于 8 了, 表示没有找到
            printf("没有找到该元素\n");

        printf("当前数组内元素有: \n");
        for(i=0;i<8;i++)
        {
            printf("%3d",myArray[i]);
        }
        printf("\n");
}
```

程序中通过对数组元素的遍历，比较找出要删除的元素。如果要删除的正好是最后一个元素，则直接将元素值设置为 0 就可以了。如果不是最后一个，则移动它之后的元素，并将最后一个元素置零。如果遍历结果下标为 8 了，说明没有找到元素，输出提示信息。

最后删除元素后，循环结构将更新后的数组中的所有元素进行输出。

10.5 本章小结

数组是一种构造类型的数据，其中存放的是一组数据类型相同的、按顺序排列的数据。这些数据在内存中占有相邻的一批内存单元。数组中的每个数据被称为"数组元素"，每个数组元素都可以看成一个变量。同一数组元素使用相同的名字，但是具有不同的下标。只有一个下标的数组称为一维数组，有两个下标的数组称为二维数组。

C 语言在编译的时候会根据所声明的数组大小在内存中开辟一段连续的空间来作为数组的存储地址，因此，在声明时，必须声明数组的长度。并且，声明的数组大小不可以用变量，因为内存的分配在程序运行之前，而不是在使用数组的时候。

10.6 习题

1. 简述数组的定义。
2. 一个数如果恰好等于它的因子之和，则这个数就称为"完数"。例如 6=1＋2＋3。编程找出 1000 以内的所有完数。
3. 求 100 之内的素数。
4. 打印出杨辉三角形。
5. 输入两个数组（数组元素个数自定），输出在两个数组中都不出现的元素。

第 11 章　字符数组

用来存放字符数据的数组是字符数组，常用来处理字符串。字符数组其实就是类型为 char 的数组。同其他的数组类型一样，字符数组既可以是一维的，也可以是二维的甚至多维的。本章内容如下：

- ❑ 字符数组的定义；
- ❑ 字符数组的初始化；
- ❑ 字符数组的引用；
- ❑ 字符数组与字符串的关系；
- ❑ 字符数组的输入与输出；
- ❑ 字符串处理函数；
- ❑ 应用举例。

 11.1　字符数组的定义

一维字符数组的定义方式如下：

```
char 数组名[常量表达式];
```

例如：

```
char c[5];
```

定义了一个一维字符数组 c，共包含 5 个元素，并且这些元素全部都是字符形式。

二维数组的定义方式如下：

```
char 数组名[常量表达式][常量表达式];
```

例如：

```
char c[5][5];
```

定义了一个二维字符数组 c，5 行 5 列，共包含 25 个元素，并且这些元素全部都是字符形式。

字符型变量只能存放一个由单引号括起来的字符，所以，在字符数组中，我们只能每个元素存放一个字符数据。例如：

```
char c[5];
c[2]='a';
```

字符型和整型是相互通用的，所以，可以定义一个整型数组来存放字符型数据。例如：

```
int c[5];
c[2]='a';
```

这在 C 语言中是允许的，但是用整型数组来存放字符型数据浪费空间。所以，我们尽量不要这样做。

11.2 字符数组的初始化

字符数组的初始化，即对字符数组中的每个元素赋值。例如：

```
char c[10]={'I',' ','a','m',' ','h','a','p','p','y'};
```

把这 10 个字符数组元素分别赋值为：c[0]='I'，c[1]=' '，c[2]='a'，c[3]='m'，c[4]=' '，c[5]='h'，c[6]='a'，c[7]='p'，c[8]='p'，c[9]='y'。在内存中，存放的形式如图 11-1 所示。

注意：
- 如果字符个数小于数组长度，将这些字符赋给数组中前面那些元素，其余的元素自动定义为空字符（'\0'）。
- 如果初值个数与数组长度相同，定义时可省略数组长度。例如：

```
char  c[ ]={'C','h','i','n','a'};
```

- 如果初值个数多，则提示错误：too many initalizers。

二维字符数组的定义与赋初值与其他类型的数组相同。

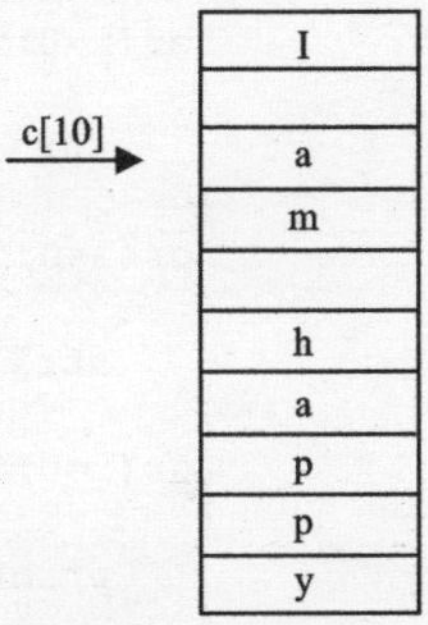

c[10] →

| I |
| |
| a |
| m |
| |
| h |
| a |
| p |
| p |
| y |

图 11-1 数组内存存放方式

11.3 字符数组的引用

通过引用字符数组中的元素进行程序设计跟前面所讲的数组引用相似。

【实例 11-1】输入一个由 5 个字符组成的单词，将其内容颠倒过来，并输出。

```
#include <string.h >
#include <stdio.h>
void main( )
{
    int  i, j,k;                    /*int 型 k 可当 char 型用*/
    char  str[5];
    for (i=0;i<5;i++)               /*输入 5 个字符，为数组赋值*/
    {
        str[i]=getchar( );
    }
    for(i=0, j=4; i<j ; i++, j--)   /*头尾交换，直到中间*/
    {
        k=str[i];
        str[i] =str[j];
        str[j]=k;
    }
    for(i=0;i<5;i++)                /*输出排序后的结果*/
    {
        printf("%c",str[i]);
    }
}
```

运行程序，输入：

```
hello
```

输出结果：

```
olleh
```

11.4 字符数组与字符串的关系

在 C 语言中，字符串使用双引号括起来的字符序列。C 语言中是将字符串用字符数组来处理的。

【实例 11-2】 编写一个程序，用于合并两个已知的字符数组。

```c
#include <stdio.h>
void main( )
{
    char str1[ ]={'G','o','o','d',' '};        /*定义并初始化第一个数组*/
    char str2[ ]={'l','u','c','k'};            /*定义并初始化第二个数组*/
    char str3[9];                              /*定义第三个数组*/
    int i;
    /*合并数组 */
    for(i=0;i<5;i++)
    {
        str3[i]=str1[i];
    }
    for(i=0;i<4;i++)
    {
        str3[5+i]=str2[i];
    }
    for(i=0;i<9;i++)                           /*输出合并后的结果*/
    {
        printf("%c",str3[i]);
    }
}
```

运行程序，输出运行结果：

```
Good luck
```

从例题中可以看出，在进行字符串处理的时候，我们必须事先知道字符数组的有效字符个数。字符串中的字符是逐个存放到字符数组的。但是，有些时候字符串的长度可能与定义的字符数组的长度不一样，为了测定字符串的实际长度，在 C 语言中规定了一个"字符串结束标志"，以字符'\0'代表。'\0'代表 ASCII 码为 0 的字符，即"空操作符"，因此用'\0'来作为字符串结束标志不会产生附加动作。对于字符串常量，系统自动加上一个'\0'作为结束符，C 语言允许用一个简单的字符串常量初始化一个字符数组，而不必使用一串单个字符。例如：

```c
char str[ ]={"good"};
```

可以省略{ }，直接用双引号。

经过上述的初始化之后，我们得到 str 数组的每个元素的初值如下（如图 11-2 所示）：

```
str[0]='g', str[1]='o', str[2]='o', str[3]='d', str[4]='\0'。
```

| g | o | o | d | \0 |

图 11-2　数组示意图

数组的长度是 5，而不是 4。字符数组在编译时，自动在字符串的末尾加上了一个特殊字符'\0'。所以，字符数组的个数是 5。

```c
char str1[ ]={"good"};
char str2[ ]={'g','o','o','d'};
```

这两个字符数组是不一样的，一个长度是 5，一个长度是 4。用字符串作为初值时，字符数组的长度是字符串的长度再加上结束符。

观察上两个初始化的方式，前一个初始化语句明显比后一个简单得多。在 C 语言中，并不是要求所有的字符数组的最后一个字符一定是'\0'，但是为了处理方便，我们通常需要在字符串的最后有'\0'。有了'\0'，对于存放字符串的字符数组的长度就显得不太重要了，只要保证数组长度大于字符串长度即可。

11.5　字符数组的输入与输出

　　由于字符串放在字符数组中，所以，对字符串的输出也就是对字符数组的输出。字符数组的输出有两种形式：

　　（1）当字符数组中存储的字符不是以'\0'结束时，只能像普通的数组那样，用格式符"%c"一个元素一个元素地处理。如：

```
char str[5];
for(i=0;i<5;i++)            /*输入*/
{
    scanf("%c",&str[i]);
}
for(i=0;i<5;i++)            /*输出*/
{
    printf("%c",str[i]);
}
```

　　如果字符数组中存储的字符是以'\0'结束的，也可以像普通的数组那样，一个元素一个元素地处理。如：

```
char str[ ]= "China";
for(i=0;c[i]!='\0';i++)
{
    printf("%c",str[i]);
}
```

　　（2）当用字符数组处理字符串时，可以与"%s"格式字符配合，完成字符串的输入输出。输出字符串：

```
char str[10];                   /*输入*/
scanf("%s",str);
char str[ ]= "I love China";    /*输出*/
printf("%s",str);
```

　　注意：

- 在使用 scanf 函数输入字符串时，"地址"部分应该直接写字符数组的名字，而不是取地址运算符&。因为在 C 语言中，数组的名字代表该数组的起始地址。
- 在输出字符串时，输出项也为数组名，不能是数组元素。
- 利用格式符"%s"输入的字符串，以"空格"，"TAB"间隔多个字符串，"回车"结束输入。
- 当字符数组长度大于字符串的实际长度时，也只输出到\0时结束。例如：

```
char str[20]="world";
printf("%s",str);
```

- 如果字符数组中包含多个'\0'，遇到第一个'\0'时，输出结束。例如：

```
char str[20]="hello\0world";
printf("%s",str);
```

　　输出结果为：hello

- 用 scanf 函数"%s"格式输入一个字符串时，函数中输入项用数组名，并且该数组已定义，而且输入字符串的长度应小于数组长度。例如：

```
char str[10];
scanf("%s",str);
```

数组长度为 10，最多只能输入 9 个字符。

11.6　字符串处理函数

　　C 语言中有很多字符串处理的库函数，这些库函数为字符串处理提供了方便。在使用时，要在程序开头将这些字符串库文件包含到程序中。即：#include <string.h>。下面介绍几种常用的字符串处理函数。

11.6.1　输入字符串函数 gets

　　gets 函数用于输入一个字符串，其调用形式如下：

```
gets(字符数组);
```

　　将一个字符串存放到字符数组中，并且得到一个函数值。即 gets 函数的返回值是存放输入字符串的字符数组的起始地址。例如：

```
char str[ 20];
gets(str);
```

　　其中，str 是字符数组，输入的字符串存放在字符数组 str 中。

11.6.2　输出字符串函数 puts

　　puts 函数用于输出一个以'\0'结尾的字符串，其调用形式如下：

```
puts(字符数组);
```

　　puts 函数输出的字符串可以包含转义字符。例如：

```
char str[]="world";
puts (str);
```

　　输出结果为：

```
world
char str[]="hello\nworld";
puts (str);
```

　　输出结果为：

```
hello
world
```

11.6.3　字符串测长度函数 strlen

　　strlen 函数用于测试字符串的长度。函数值为实际的字符串的长度，不包括'\0'所占的位置。其调用形式如下：

```
strlen(字符数组);
char str[10]={"hello"};
printf("%d",strlen(str));
```

　　输出结果为：5。strlen 测试的是实际的字符串的长度，所以结果既不是 6，更不是 10。strlen 函数还可以直接测试字符串常量的长度，例如：

```
strlen("hello");
```

11.6.4　字符串比较函数 strcmp

　　在 C 语言中，不允许用下列形式比较字符串。

```
if(str1==str2)
{
    printf("相等");
}
```

字符串比较不能用关系运算符，只能用 strcmp 函数，比较结果由 strcmp 函数返回。其调用形式如下：

```
strcmp(字符串 1,字符串 2)
```

完成"字符串 1"与"字符串 2"的关系比较，即对两个字符串自左至右逐个字符按其 ASCII 码值相比，直到出现不同的字符或遇到'\0'为止。比较的结果由函数值获得：

```
char str1[20],str2[20];
int n;
n=strcmp(str1,str2);
```

如果"字符串 1"="字符串 2"，函数值 n 为 0；
如果"字符串 1">"字符串 2"，函数值 n 为一正数；
如果"字符串 1"<"字符串 2"，函数值 n 为一负数。

11.6.5　字符串复制函数 strcpy 和 strncpy

C 语言中，不允许用赋值语句直接将一个字符串赋给另一个字符数组。即：

```
str1="hello";
str2=str1;
```

字符串复制必须使用 strcpy 函数。字符串复制函数，是将字符串一个字符一个字符地复制，直到遇到'\0 '字符为止。其中，对'\0 '字符也一起复制。其调用形式如下：

```
strcpy(字符数组 1,字符数组 2)
```

在将字符数组 2 复制到字符数组 1 中时，字符数组 2 的空间必须足够大。
注意：
❏　字符数组 1 必须是字符数组名的形式。
❏　字符串 2 可以是字符数组名或字符串常量。
❏　strncpy 函数是将字符串 2 中前 n 个字符复制到字符数组 1 中。
如果需要复制字符串 2 中前面的若干个字符，则可指出需要复制的字符数。其调用形式如下：

```
strncpy(字符数组 1,字符串 2,字符数)
strncpy(str1, str2, 2) ;
```

把 str2 中头 2 个字符复制到 str1 中去，str1 再加一个结束'\0'。

11.6.6　字符串连接函数 strcat

strcat 函数用于连接两个以'\0 '结尾的字符串，其调用形式如下：

```
strcat(字符数组 1,字符数组 2)
char str1[10]="how ";
char str2[20]="are you?";
strcat(str1,str2);
```

运行后，输出：how are you?
将字符串 2 连接到字符串 1 的后面，结果放在字符数组 1 中。所以，str1 字符数组必须足够长，以便能容纳 str2 字符数组全部的内容。

　　以上仅仅介绍了 6 种字符串处理函数，实际上库函数包括很多的字符串处理函数。库函数并不是 C 语言的组成部分，而是为方便用户使用的公共函数。不同的编译系统提供的库函数不同，在使用时需要注意。但是，一些基本的函数都会有的。

【实例 11-3】从键盘输入 10 个字符串，并按照从小到大的顺序输出。

```c
#include <stdio.h>
#include <string.h>
void main( )
{
    char a[10][80], c[80];              /*定义一个二维数组和一个一维数组*/
    int i, j, k;
    for(i=0; i<10; i++)                 /*输入字符*/
    {
        gets(a[i]);
    }
    for(i=0; i<9; i++)
    {
        k=i ;
        for(j=i+1; j<10; j++)
        {
            if(strcmp (a [j], a[k])<0)
            {
                k=j;
            }
        }
        if(k!=i )                       /*字符串交换*/
        {
            strcpy(c,a[i]) ;
            strcpy(a[i], a[k]);
            strcpy(a[k],c);
        }
    }

    for(i=0; i<10; i++)                 /*输出交换后的结果*/
    {
        puts (a[i]);
    }
}
```

运行程序，输入：

```
don't
put
off
till
tomorrow
what
should
be
done
today
```

输出：

```
be
don't
done
off
put
should
till
```

```
today
tomorrow
what
```

11.7　典型实例

【实例 11-4】将一个字符串复制到另一个字符串中，即完成 strcpy 函数的功能。

分析：把源字符串中的字符一个一个地传送（赋值）到目标字符数组中的对应位置，直到遇到字符串结束标志'\0'，如图 11-3 所示。

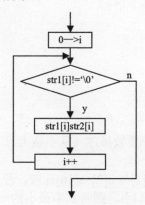

图 11-3　strcpy 函数执行过程

程序设计：

```
#include <stdio.h>
void main( )
{
    char str1[80],str2[80];
    int i;
    gets(str1);                          /*输入字符*/
    i=0;
    while(str1[i]!='\0')                 /*如果没有遇到字符串结束标志*/
    {
        str2[i]=str1[i];
        i++;
    }
    str2[i]='\0';
    puts(str2);                          /*输出结果*/
}
```

【实例 11-5】编写程序实现输出一个字符串后，将字符串的内容颠倒过来。

分析：

（1）使用 gets 函数获取一串字符，该字符串以换行符结尾。

（2）使用 strlen 函数获得输入字符串的长度，确定字符串的第一个字符的位置与最后一个字符的位置。然后将对应的元素进行调换，再将第二个字符与倒数第二个元素进行调换，依此类推。

（3）最后使用 puts 函数将字符串输出。

程序设计：

```
#include<string.h>
#include<stdio.h>
void main( )
```

```
{
    int  i, j, k ;                          /*int 型 k 可当 char 型用*/
    char  str[20 ];
    printf("input a string:\n");
    gets(str);
    for(i=0,j=strlen(str)-1;i<j;i++,j--)    /*头尾交换，直到中间*/
    {
        k=str[i];
        str[i] =str[j];
        str[j]=k;
    }
    printf("switch the string:\n");
    puts(str);
}
```

程序运行的结果如下：

```
input a string:
when✓
switch the string:
nehw
```

【实例11-6】用选择法对 10 个整数排序（从小到大）。

选择法思路如下：

设有 10 个元素 a[1]~a[10]，将 a[1] 与 a[2]~a[10]比较，若 a[1]比 a[2]~a[10]都小，则不进行交换。若 a[2]~a[10]中有一个以上比 a[1]小，则将其中最小的一个与 a[1]交换，此时 a[1]中存放了10 个最小的数。依此类推，共进行 9 轮比较，就按照由小到大的顺序存放了。

```
#include<stdio.h>
void main( )
{
    int i,j,min,temp,a[11];
    printf ("enter data:\n");
    for (i=1;i<=10;i++)          //输入数据
    {
        printf("a[%d]=",i);
        scanf("%d",&a[i]);
    }
    printf("\n");
    printf ("the orginal numbers:\n");
    for (i=1;i<=10;i++)          //输出未排列数据
    {
        printf("%5d",a[i]);
    }
    printf("\n");
    for (i=1;i<=9;i++)           //选择法排序
    {
        min=i;
        for (j=i+1;j<=10;j++)
        {
            if (a[min]>a[j])
            {
                min=j;
            }
        }
        temp=a[i];
        a[i]=a[min];
        a[min]=temp;
    }
    printf("\n");
```

```
        for(i=1;i<=10;i++)              //输出排序结果
        {
            printf("%5d",a[i]);
        }
        printf("\n");
}
```

运行程序：

```
enter data:
a[1]=5
a[2]=3
a[3]=2
a[4]=9
a[5]=8
a[6]=10
a[7]=1
a[8]=23
a[9]=7
a[10]=5
the orginal number:
5    3    2    9    8    10    1    23    7    5
1    2    3    5    5    7     8    9     10   23
```

【实例 11-7】利用折半查找法，在一个有序数组中查找键盘输入的数据。

分析：

折半查找法必须满足两个要求：（1）必须采用顺序存储结构；（2）必须按照关键字的大小进行有序排列。

算法思想：首先将表中间位置记录的关键字与查找关键字比较，如果两者相等，则查找成功；否则利用中间位置记录将表分成前、后两个子表，如果中间位置记录的关键字大于查找关键字，则进一步查找前一子表，否则进一步查找后一子表。重复以上过程，直到找到满足条件的记录，查找成功，或直到子表不存在为止，此时查找不成功。

```
#include <stdio.h>
main()
{
    int left,right,mid;
    int a[10]={6,7,8,9,10,11,12,13,14,15};
    int n,x;
    scanf("%d",&x);
    left=0;
    right=9;
    while(left<=right)              //折半查找
    {
        mid=(left+right)/2;
        if(a[mid]>x)
        {
            right=mid-1;
        }
        else if(a[mid]<x)
        {
            left=mid+1;
        }
        else break;
    }
    if(left<=right)                 //输出结果
    {
        printf("%d",mid);
    }
```

```
    else
    {
        printf("未找到");
    }
}
```

运行程序，输入：

1

程序输出：

未找到

运行程序，输入：

9

程序输出：

3

【实例 11-8】 找出一个二维数组中的鞍点，即该位置上的元素在该行上最大，在该列上最小。也可能没有鞍点。

```
#include <stdio.h>
void main( )
{
    float  a[3][3], max, min;
    int i, j, k, max_k, min_k, flag=0;
    for(i=0; i<3; i++)              //输入二维数组数值
        for(j=0; j<3; j++)
            scanf("%f", &a[i][j]);
    for(i=0; i<3; i++)              //输出二维数组元素
    {
        for(j=0; j<3; j++)
        {
            printf("%11f ", a[i][j]);
        }
        printf("\n");
    }
    for(i=0; i<3; i++)              //查找鞍点
    {
        max=a[i][0];
        max_k=0;
        for(j=1; j<3; j++)          //判断行最大
        {
            if(a[i][j]>max)
            {
                max=a[i][j];
                max_k=j;
            }
        }
        min=a[0][max_k] ;
        min_k=0 ;
        for(k=1; k<3; k++)          //判断列最小
        {
            if(a[k][max_k]<min)
            {
                min=a[k][max_k];
                min_k=k;
            }
        }
```

```
            if(i==min_k)                    //输出结果
            {
                flag=1;
                printf("在%2d行，%2d列，鞍点是：%f\n",min_k+1,max_k+1,a[min_k][max_k]);
            }
        }
    if (!flag)
    {
        printf ("找不到鞍点\n");
    }
    return;
}
```

运行程序，输入：

```
20    18    14
17     9     5
22     8    63
```

输出：

```
20.000000  18.000000  14.000000
17.000000   9.000000   5.000000
22.000000   8.000000  63.000000
在2行，1列，鞍点是：17.000000
```

【实例 11-9】编一个程序，利用数组求费波那契（Fibonacci）序列：1，1，2，3，5，8，……。请按每行 5 个数的格式输出前 20 项。序列满足关系式：$F[n]=F[n-1]+F[n-2]$。

```c
#include <stdio.h>
void main( )
{
    int i, fib[20];
    fib[0]=fib[1]=1;
    for( i=2;i<20;i++)                 //求费波那契(Fibonacci)序列
    {
        fib[i]=fib[i-1]+fib[i-2];
    }
    for( i=0;i<20;i++)
    {
        printf("%5d", fib[i]);
        if((i+1)%5==0)
        {
            printf("\n");
        }
    }
}
```

运行程序，输出结果：

```
  1    1    2    3    5
  8   13   21   34   55
 89  144  233  377  610
987 1597 2584 4181 6765
```

11.8 本章小结

　　字符串数组与普通数组一样，只是数组中存储的是字符，字符数组同样需要定义后使用。字符数组与前面不一样的就是字符串的问题。在 C 语言中是将字符串用字符数组来处理的。并且，字符串有很多处理函数，掌握好以后对字符串的处理是一件很有益的事。

11.9 习题

1. 使用 strlen 函数获取字符串的有效长度。
2. 统计输入的单词数。
3. 将一个数组逆序输出。
4. 从输入的一个字符串中抽取所有的大小写字母。
5. 编写一个程序，要求从键盘输入 5 个学生的名字，然后将其输出到屏幕上。

第 12 章　函数

在高中数学中我们曾经学习过的函数是数学中的一种对应关系，是从非空数集 A 到实数集 B 的对应。那么在 C 语言中，函数是指什么，函数有什么作用呢？我们已经知道一个 C 语言程序由若干个函数构成，各个函数之间相互独立，那么这些函数是怎样定义的，又在整个程序中扮演什么角色呢？下面我们将进入函数这一章。

- ❏ 函数的初步认识；
- ❏ 函数定义；
- ❏ 函数参数及返回值；
- ❏ 函数的参数传递；
- ❏ 应用举例。

12.1 函数的初步认识

在一个较大的 C 程序中，一般有若干个程序模块，每一个模块用来实现一个特定的、比较简单的功能。在所有的高级语言中都有子程序这个概念，用子程序实现模块的功能。在 C 语言中，用函数来实现子程序的作用。一个 C 程序由一个主函数（main 函数）和若干个其他函数组成。在主程序中调用其他函数，其他函数之间也可以相互调用。同一个函数可以被一个或多个函数调用任意多次。当然，在一个函数中也可以调用一个或多个函数。

为了提高程序设计的质量和效率，C 语言系统提供了大量的标准函数，以供编程人员使用。如本书前面章节用到过的 printf()、scanf()函数，都是 C 语言系统提供的标准函数。除了系统提供的大量函数，在 C 程序的编制过程中，根据实际情况的需要，程序设计人员可以自己定义一些函数来实现特定的功能。

下面先举一个简单的函数调用的例子。

【实例 12-1】函数调用的简单例子。

```c
#include <stdio.h>
void printwords( )                  /*定义 printwords()函数*/
{
    printf("I love China!\n");
}
int  funct(int x)                   /*定义 funct()函数*/
{
    return (x*x);
}
void main( )
{
    void printwords( );             /*对 printwords()函数进行声明*/
    int funct(int x);               /*对 funct()函数进行声明*/
    int x, y;
    printf(" Please input x:\n");
    scanf("%d", &x);                /* 输入 x 的值*/
    y=funct(x);                     /* 调用 funct()函数*/
    printf("The result is %d\n。",y);
    printwords();                   /* 调用 printwords()函数*/
}
```

程序运行情况如下：

```
Please input x:
5<回车键>
The result is 25。
I love China!
```

在【实例12-1】中，funct( )是由用户定义的函数名，其作用是用来计算 x^2 的值。在 main() 函数中，可以直接调用 funct()函数来进行计算。在定义 printwords()函数时指定的函数类型为 void，即函数无类型，函数没有函数值，执行该函数不会把任何值带给调用函数。

说明：

（1）函数是依照规定格式编写的，能够完成一定功能的一段程序。

（2）函数之间是相互独立的，没有从属关系，不能嵌套定义，但是可以相互调用。主函数可以调用任意函数，而其他函数不能调用主函数。主函数是由系统调用的。函数之间的调用关系如图 12-1 所示。

（3）C 程序的执行是从主函数开始的，在主函数中调用其他函数，在主函数中结束程序的运行。

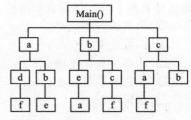

图 12-1　函数之间的调用关系

【实例 12-2】函数调用关系示例。

```
#include<stdio.h>
int squar(int x)                              /*定义 squar()函数*/
{
    int  z;
    z=x*x;
    return(z);
}
void  cube(int x)                             /*定义 cube()函数*/
{
    int  z;
    z=squar(x)*x;                             /*调用 squar()函数*/
    printf("The cube of %d is %d\n", x, z);   /*调用 printf()函数*/
}
void  main()
{
    int  squar(int x);                        /*声明 squar()函数*/
    void  cube(int x);                        /*声明 cube()函数*/
    int  x ,y;
    printf(" Please input x:\n");
    scanf("%d", &x);
    y=squar(x);
    printf("The squar of %d is %d。\n", x, y);
    cube(x);                                  /*调用 cube()函数*/
}
```

程序运行结果如下：

```
Please input x:
3✓
The squar of 3 is 9。
The cube of 3 is 27。
```

在【实例 12-2】中，程序的执行是由 main()函数开始的。在 main()函数中，首先对自定义的两个函数 squar()、cube()进行声明；然后定义两个整型变量 x、y。在输入 x 的值 3 后，调用 squar 函数，将 squar()函数值赋值给 y，再调用 printf()函数，输出"The squar of 3 is 9。"。最后调用 cube 函数。在 cube()函数中，通过调用 squar()函数计算出 z 值，然后调用 printf()函数，输出 "The cube of 3 is 27。"，这两次调用都是在 cube()函数中完成的，cube()函数不向 main()函数返回值。在执行完 cube()函数后，程序也就结束了。

C 语言是以源文件为单位进行编译的，而不是以函数为单位进行编译的。一个源程序文件由一个或多个函数构成。对于较大的程序，一般不把所有的内容全放在一个文件中，而是将它们分别放在若干个源文件中，再由若干个源程序文件组成一个 C 程序。这样做的好处是：便于分别编写、分别编译、方便维护，提高调试效率。一个 C 程序源文件可以被多个 C 程序共用。

从设计人员的角度来看，函数可以分为两种。

❑ 标准函数：标准函数即库函数，它是由系统提供的，用户不必自己定义而能够直接使用的。如 printf()、scanf()函数。需要注意的是，不同的 C 语言编译系统提供的库函数的数量和功能会有一些不同，但大多数基本函数都是相同的。

❑ 用户自定义函数：它是用户自己定义的，以实现某种特殊功能的函数，如【实例 12-1】中的 funct()函数。

从函数的形式来分，可以分为两类。

❑ 无参函数：在调用无参函数时，主调函数不向被调函数传递数据。无参函数一般用来执行一组指定的操作。如【实例 12-1】中，printwords()函数是无参函数，当此函数被调用时，用来输出 "I love China！" 这句话。无参函数可以带回或不带回函数值，一般以不带回函数值占多数。

❑ 有参函数：在调用有参函数时，通过参数向被调用函数传递数据，一般情况下，被调用函数会返回一个函数值，供调用函数使用。如【实例 12-1】中，当主调函数调用 funct()函数时，主函数向其传递 x 值为 3，funct()返回函数值 9 供主函数使用。

12.2 函数定义

函数由函数名、参数和函数体组成。函数名是用户为函数定义的名字，用来唯一标识一个函数；函数的参数用来接收调用函数传递给它的数据，在无参函数中没有参数；函数体是函数实现自身功能的一组语句。

12.2.1 无参函数定义

无参函数定义的一般形式为：

```
类型表示符 函数名（）
{
    声明与定义部分]
    语句部分
}
```

【实例 12-1】中的 printwords()函数是无参函数。

说明：

（1）[ ]部分是可选内容。

例如：定义这样一个函数：

```
void funct(int x)
{
    if(x>=0)
    {
        printf("This number is a positive number ");
    }
    else
```

```
    {
        printf("This number is a negative number ");
    }
}
```

这个函数实现的功能是判断 x 值的正负。在这个函数中，没有声明与定义部分，函数体中只有两个语句来实现函数的功能。

（2）函数的命名规则与变量的命名规则相同。

12.2.2　有参函数定义

有参函数定义的一般形式为：

```
类型表示符  函数名(形式参数声明)
{
     [声明与定义部分]
     语句部分
}
```

说明：

（1）一个函数可以有多个形式参数。一般情况下，函数执行需要多少个形式参数，就可以定义多少个形式参数，每个形式参数存放一个数据。

（2）形式参数用于调用函数和被调用函数之间的数据传递，因此必须对参数类型进行声明。

例如：

```
int  sum (int x, int y)
{
    int  z;                    /* 函数体中的声明部分 */
    z=x+y;
    return(z);
}
```

这是一个求 x 和 y 之和的函数，第一行第一个关键字 int 表示函数值是整型的。sum 为函数名。括号中的两个形式参数 x 和 y 都是整型的。在此函数被调用时，调用函数把实际参数的值传递给被调用函数中的形式参数 x 和 y。大括号内是函数体，它包括声明部分与语句部分。声明部分包括对函数中用到的变量进行定义，以及对要调用的函数进行声明等内容。在函数体的语句中求出 z 的值，return(z)的作用是将 z 的值作为函数值带回到调用函数中。在函数定义时已指定 sum()函数为整型，在函数体中定义 z 为整型，二者是一致的。

如果在指定函数时不指定函数类型，系统会默认函数为 int 型。因此上面定义的 sum()函数左端的 int 可以省略不写。

12.2.3　空函数定义

在程序设计中，有时会在程序设计前，按照需要确定若干模块。在这些模块中，分别再设计函数实现模块功能，这时，空函数在程序的设计过程中就变得十分有用。设计程序时，可以先定义不同功能模块的函数体，不添加任何内容，在需要时，再添加相应内容。这样可以使程序的结构清晰、可读性好，并且易于扩充。

如果定义函数时，函数体内没有任何语句，只有一对大括号{}，则该函数为空函数。

空函数的形式为：

```
类型说明符  函数名( )
{    }
```

例如：

```
void count( )
{    }
```

调用此函数时，什么也不做。在主调函数中写上 "count()" 表示这里要调用一个函数，这个函数现在还不起任何作用，等到扩充函数功能时，可以及时添加。

12.3 函数参数及返回值

函数参数主要用于调用函数与被调用函数之间的数据传递。函数参数包括实际参数和形式参数。在 C 语言中，参数类型不同，传递方式也不同。函数调用的目的就是得到一个返回值，同样返回值的类型也各异。

12.3.1 函数的参数

在一个 C 程序中调用函数时，通常情况下，主调用函数和被调用函数之间要有数据的传递。这就是在前面所提到过的有参函数。前面已经提到过，在定义有参函数时，函数名后面括号中的变量名称为 "形式参数"（简称 "形参"）。在主调用函数中调用一个有参函数时，被调用函数名后面括号中的参数称为 "实际参数"（简称 "实参"）。

【实例 12-3】调用函数过程中的数据传递。

```
#include <stdio.h>
void main( )
{
    int funct(int x,int y,int z);        /*声明 funct()函数*/
    int a,b,c,r;
    scanf("%d,%d,%d",&a,&b,&c);
    r=funct(a,b,c);                      /*调用 funct()函数*/
    printf("The result is %d.\n",r);
}
int funct(int x,int y,int z)             /*定义有参函数 funct()*/
{
    int  r;
    r=3*x+2*y+z;
    return(r);
}
```

程序运行结果如下：

```
4,2,7↙
The result is 23.
```

在【实例 12-3】中，定义了 funct()函数。该函数有三个形式参数 x，y，z，且这三个参数的类型均为整型。

在 main()函数中调用 funct()函数时，funct 后面括号中的 a，b，c 是实际参数。a，b，c 是在 main()函数中定义的变量，x，y，z 是在 funct()函数中定义的形式参数。通过函数的调用，使 main()函数和 funct()函数中的数据发生联系。

关于形式参数和实际参数的说明：

（1）在定义函数中指定的形式参数，在没有出现函数调用时，它们并不占用内存中的存储单元。只有在发生函数调用时，函数 funct()中的形式参数才被分配内存单元。在调用结束后，形式参数所占用的内存单元也被释放。

【实例 12-4】求下列程序的运行结果。

```
#include <stdio.h>
int c , a=4 ;                    /*c、a 为全局变量*/
```

```
int func(int a , int b)        /*a、b 为函数 func()的形式参数*/
{
   c=a*b ;
   a=b-1 ;
   b++ ;
   return (a+b+1) ;            /*返回函数值*/
 }
void main( )
{
   int b=2 , p=0 ;
   c=1 ;
   p=func(b, a) ;
   printf("%d,%d,%d\n", a,b,c,p) ;
}
```

程序的运行结果为：

```
3,2,1,9
```

在本例中，a，b 为函数 func()的形式参数，它们为局部变量，当函数结束时它们的存储空间
释放。同时定义 c，a 为全局变量，并为 a 赋值。这时全局变量名与局部变量名相同，在函数内
部，只有局部变量 a 起作用。在主函数中全局变量 a 起作用。

（2）实际参数可以是常量、变量或表达式，例如：

```
funct(3,a,m+n);
```

但要求它们有确定的值，在调用时将实际参数的值赋给形式参数。

例如：

```
int  a=2;
c=max(7,8);              /*  正确 */
c=max(a,2*4);            /*  正确 */
c=max(a,b);              /*  错误，b 没有确定的值 */
```

（3）在被定义的函数中，必须指定形式参数的类型。

（4）实际参数和形式参数的类型应相同或赋值兼容。如【实例 12-3】中实际参数和形式参
数都是整型，这是正确的、合法的。如果实际参数为实数型，而形式参数为整型，或者相反，
则系统会按照第 5 章介绍的不同类型数值的赋值规则进行转换。如果实际参数与形式参数类型
不同，且不能进行转换，则会出现错误。

（5）在 C 语言中，实际参数向形式参数的数据传递是"值传递"，单向传递，只有实际参数
传递给形式参数，而不能由形式参数传递给实际参数。在内存
中，实际参数单元与形式参数单元是不同的单元。如图 12-2
所示，其中 a、b 为实际参数；x，y 为形式参数。

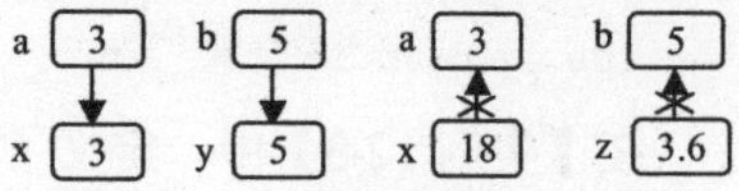

【实例 12-5】函数值的传递。

图 12-2 参数传递示意图

```
#include<stdio.h>
int sum(int a,int b)
{
  a=a+b;
  b=a+b;
  return a;              /*返回值*/
 }
void main()
{
 int a=1,b=3,c;
  c=sum(a,b);            /*调用 sum()函数*/
printf("sum of %d,%d is %d ",a,b,c);
}
```

程序的运行结果为:

```
sum of 1,3 is 4
```

由程序的运行结果可以看出,虽然在 sum 函数中执行的是 a=a+b 和 b=a+b 的操作,但是在最后输入时,变量 a,b 的值并没有发生改变。这是因为参数传递是单向的,实参将值传递给形参,传递完了,就和函数没有关系了,实参的值在函数调用过程中没有发生变化。

在调用函数之前,形式参数并不占用内存单元。在调用函数时,为形式参数分配内存单元,并将实际参数的值传递给形式参数,调用结束后,形式参数占用的内存单元被释放,用来存储其他数据,而实际参数占用的内存单元仍然保存原来的数据。因此,在执行一个被调用函数时,形式参数的值如果发生变化,并不会改变调用函数中实际参数的值。如图 12-2 中,如果形式参数 x 和 y 的值变为 18 和 3.6,实际参数 a 和 b 的值依旧是 3 和 5。

12.3.2　函数的返回值

在调用一个函数时,我们通常希望能得到一个值供主调用函数使用,这个值称为被调用函数的返回值,也称为函数值。下面对函数值做一些说明。

函数的返回值是通过函数中的 return 语句获得的。return 语句将被调用函数中的一个确定值带回主调用函数中去。如果需要从被调用函数返回一个函数值,被调用函数中必须包含 return 语句。如果不需要从被调用函数返回函数值,则可以不要 return 语句。

一个函数中可以有一个以上的 return 语句,执行到哪一个 return 语句,哪一个语句起作用。

return 语句后面的括号可以不要,如 "return(z)" 可以写成 "return　z"。

return 后面的值可以是一个表达式。例如【实例 12-3】中的函数 funct()可以改写如下:

```
int funct(int x,int y,int z)
{
    return(3*x+2*y+z);
}
```

经过这样改写,函数体更为简短,只用一个 return 语句就把求值和返回的功能都实现了。

函数有返回值,则这个值应当属于某一个确定的类型,应该在定义函数时指定函数值的类型。例如下面几个函数的首行:

```
int funct(float x,float y)          /*函数值是整型*/
char message(int x,float y)         /*函数值是字符型*/
float sun(int x,char y)             /*函数值是实数型*/
```

在 C 语言中,凡不加类型说明的函数,则按整型处理。建议读者在定义时对所有函数都指定函数类型。

在定义函数时指定的函数类型一般应该和 return 语句中的表达式类型一致。【实例 12-3】中指定 funct()函数值为整型,而变量 z 也被指定为整型,通过 return 语句把 z 的值作为 funct()函数值,由 funct()函数带回主调函数。z 的类型与 funct()函数的类型是一致的。

如果函数值的类型和 return 语句中表达式的值不一致,则以函数类型为准,即函数类型决定返回值的类型。

【实例 12-6】返回值类型与函数类型不同。将【实例 12-3】稍作改动。

```
#include <stdio.h>
void main( )
{
    int funct(int x,float y,float z);     /*声明 funct()函数*/
    int a,r;
    float b,c;
    scanf("%d,%f,%f",&a,&b,&c);
```

```
    r=funct(a,b,c);                         /*调用 funct()函数*/
    printf("The result is %d.\n",r);
}
int funct(int x,float y,float z)            /*定义有参函数 funct()*/
{
    float r;
    r=3*x+2*y+z;
    return(r);
}
```

运行情况如下：

```
2,1.5,3.5↙
The result is 12.
```

函数 funct()定义为整型，而 return 语句中的 r 为实数型，二者不一致，按上述规定，先将 r 转换为整型，然后 funct(3*x+2*y+z)带回一个整型值 12 返回主调函数 main()。如果将 main()函数中的 r 定义为实数型，用%f 格式输出，也是输出 12.00000。

有时可以利用这一特点进行类型转换，如在函数中进行实数型运算，希望返回的是整型量，可让系统自动完成类型转换。但这种做法往往使程序不清晰，可读性降低，容易弄错，而且并不是所有的类型都能互相转换的。因此，建议初学者不要采用这种方法，应使函数类型与 return 返回的类型值一致。

对于不带返回值的函数，应当用"void"定义函数为"无类型"（也称空类型）。这样，系统就保证不使函数带回任何值，在调用函数中不能使用被调用函数的返回值。此时，在函数体中不得出现 return 语句。

类型为非 void 的函数都要返回值，【实例 12-3】中的 main()函数也是非 void 类型，那么它返回一个什么值呢？由于 main()函数前边没有类型声明，因此默认是 int 类型。它返回一个整数值，表示把控制权返回给调用者，即返回控制权给操作系统，返回值具体是多少就没有多大意义了。

12.4 函数的参数传递

在 C 语言中进行函数调用时，有两种不同的参数传递方式，即值传递方式和地址传递方式。

12.4.1 函数参数的数值传递

在函数调用时，实际参数把它的值传递给形式参数，这种调用方式称为"值传递"。

在上一节中已经提到过，在 C 语言中，实际参数向形式参数的数据传递是"值传递"，单向传递，只有实际参数传递给形式参数，而不能由形式参数传递回来给实际参数。

这是因为，在内存中，实际参数与形式参数占用不同的内存单元。在调用函数时，系统为形式参数分配内存单元，并将实际参数的值传递给形式参数，调用结束后，形式参数所占用的内存单元被释放，实际参数内存单元仍保存原值。因此在调用一个函数时，形式参数的值如果发生变化，并不会改变实际参数的值。

【实例 12-7】形式参数与实际参数。

```
#include<stdio.h>
void main()
{
    void change(int x,int y);               /*声明 change()函数，此时括号里面的是形式参数*/
    int a,b;
    a=3,b=5;
    change(a,b);                            /*调用 change()函数，此时括号里面的是实际参数*/
```

```
        printf("a=%d,b=%d\n.",a,b);
}
void change(int x,int y)                    /*定义 change()函数*/
{
        int z;
        x=z;
        x=y;
        y=z;
        printf("x=%d,y=%d.\n",x,y);
}
```

程序运行结果如下：

```
x=5, y=3.
a=3, b=5.
```

参数的值传递过程如下：在调用函数前，a=3，b=5；调用函数时，参数交换前，x=3，y=5；调用函数时，参数交换后，x=5，y=3；函数调用后，a=3，b=5。

函数调用示意图如图 12-3 所示。

在函数调用结束后，x、y、z 所占用的内存单元会被释放。

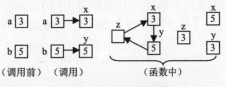

图 12-3　函数调用示意图

可以看出，main()函数中 a、b 值在调用 change()函数前后没有改变。实际参数（a、b）与形式参数（x、y）之间进行了数据传递，但影响不到实际参数。

12.4.2　函数参数的地址传递

地址传递指的是实际参数将变量的地址传递给形式参数。这样实际参数和形式参数指向同一个内存单元，在调用函数过程中，如果形式参数所指向的内容发生变化，实际参数也会发生变化。

在地址传递方式中，形式参数和实际参数可以是指针变量（见第 14 章）或数组名，其中形式参数还可以是变量的地址。

在【实例 12-5】中，函数并不能够使 a、b 的值互换，为了使 a、b 的值交换，我们可以这样修改【实例 12-5】。

【实例 12-8】对【实例 12-5】的修改。

```
#include<stdio.h>
void main()
{
        void change(int *x,int *y);             /*声明 change()函数*/
        int a,b;
        a=3,b=5;
        /*下面 3 行与【实例 12-5】不同*/
        int *p1,*p2;
        p1=&a;
        p2=&b;
        change(p1,p2);                          /*调用 change()函数*/
        printf("a=%d,b=%d\n.",a,b);
}
void change(int *x,int *y)                      /*定义 change()函数*/
{
        int z;
        z=*x;
        *x=*y;
```

```
    *y=z;
}
```

程序运行结果如下：

```
a=5,b=3
```

在【实例 12-8】中使用了指针，通过使用指针，实际参数 a、b 把它们的地址传递给形式参数。也就是说，在实际参数和形式参数之间进行了地址传递，当形式参数方式变化时，使得实际参数的值发生改变。有关指针的内容将在第 14 章详细讲述。

12.5　典型实例

一个 C 程序由一个主函数（main()函数）和若干个其他函数组成。函数将一个 C 语言程序分成几个模块，分别实现不同的功能，程序清晰，可读性较强。

【实例 12-9】编写一个函数求两个数的最大公约数和最小公倍数。

```
#include<stdio.h>
void max_min(int m,int n)                    /*定义函数求最大公约数和最小公倍数*/
{
int a=m,b=n,t,r;                             /*定义4个变量*/
if(m<n)   {t=m;m=n;n=t;}
r=m%n;
while(r!=0)
{
  m=n;
  n=r;
  r=m%n;
}
printf("%d 和%d 的最大公约数是%d\n",a,b,n);   /*输出最大公约数*/
printf("%d 和%d 的最小公倍数是%d\n",a,b,a*b/n); /*输出最小公倍数*/
}
void main()
{
  int a,b;
  printf("请输入两个数：\n");
  scanf("%d,%d",&a,&b);                       /*输入两个数*/
  max_min(a,b);                               /*调用函数*/
}
```

程序运行结果为：

```
请输入两个数：
12,6✓
12 和 6 的最大公约数是 6
12 和 6 的最小公倍数是 12
```

【实例 12-10】编一个名为 link 的函数，求两个字符串连接后的字符个数。要求如下：形式参数 s1[40]，s2[40]，s3[80]存放字符串的字符型数组。

```
#include<stdio.h>
#include<string.h>
int link(char s1[40],char s2[40],char s3[80])    /*字符串连接函数*/
{
  int i,k,n=0;
  for(i=0;i<strlen(s1);i++)                       /*将字符串 s1 复制到 s3 中*/
  {
    s3[i]=s1[i];
    n++;
  }
```

```
    k=i;
    for(i=0;i<strlen(s2);i++)                          /*将字符串 s2 复制到 s3 中*/
    {
        s3[k+i]=s2[i];
        n++;
    }
s3[i]='\0';
return  n;                                             /*返回连接后的字符个数*/
}
void main()
{
char str1[40],str2[40],str3[80];
int n;
printf("please input string1:\n");                    /*输入字符串 1*/
gets(str1);
printf("please input string2:\n");                    /*输入字符串 2*/
gets(str2);
n=link(str1,str2,str3);                               /*调用字符串连接函数*/
printf("the number of linked strng:%d\n",n);
}
```

程序的运行结果为:

```
please input string1:
string✓
please input string2:
stick✓
the number of linked strng:10
```

【实例 12-11】用递归法实现对一个整数的逆序输出。

```
#include <stdio.h>
void  f(int n)                                        /*递归函数*/
{
if(n<10)                                              /*如果只有一位数直接输出*/
    printf("%d",n);
else
{
    printf("%d",n%10);                                /*求出个位数*/
    f(n/10);                                          /*递归调用函数*/
  }
}
void main()
{
  int x;
  scanf("%d",&x);                                     /*输入一个整数*/
  f(x);
}
```

程序运行结果为:

```
123✓
321
```

【实例 12-12】用矩形公式求 f(x)在[a,b]的定积分:先 M 等分积分区间求得积分近似值,再 2M 等分求得积分近似值,再 4M 等分求得积分近似值,……当两次积分近似值之差的绝对值小于 eps 时返回计算结果。

```
float sum(float a,float b,int m,float eps)
{
  float h,s1=0,s2,x;
  int i , flag=1;            /* 设置标志变量控制循环*/
  while(flag)
  {
    s2=0; x=a;
    h=(b-a)/m
    for(i=1;i<=m;i++)
    {
        s2+=(f(x)+f(x+h))*h/2;
        x=x+h;
    }
    if(fabs(s1-s2)<eps)          /* 小于设置的精度要求 */
        flag=0;                  /* 清除标志，结束循环 */
    s1=s2; m=m*2;
  }
  return s2;
}
```

【**实例 12-13**】验证哥德巴赫猜想：任何一个大于 6 的偶数均可表示为两个素数之和。要求将 6～100 之间的偶数都表示为两个素数之和。

```
#include <stdio.h>

int isprime(int n)          /*判断 n 是否为素数*/
{
    int j,x;
    for(j=2;j<n/2;j++)      /* 循环 2 至 n/2 */
        if(n%j==0)          /*能被整除*/
        {
            x=0;            /*设置标志为 0*/
            break;          /*退出循环*/
        }
        else
            x=1;            /*不能整除，设置标志为 1*/
    return x;
}

void main()
{
    int n,i;

    for(n=6;n<=100;n+=2)  /*循环处理 6~100 之间的偶数*/
    {
        for(i=3;i<(n/2);i++)   /*对每一个偶数进行分解*/
        {
            if(isprime(i)!=0)  /*判断 i 是否为素数*/
                if(isprime(n-i)!=0)  /*判断 n-i 是否为素数*/
                {
                    printf("%d=%d+%d\n",n,i,n-i);  /*两个都为素数，则输出*/
                    break;      /*找到一个之后跳出内层循环，验证下一个数*/
                }
        }
    }
}
```

程序运行的结果如图 12-4 所示。

图 12-4 程序运行结果

12.6 本章小结

函数是 C 程序的基本模块，一个可执行的 C 程序由一个主函数和若干个用户定义的函数构成。在函数中又分为有参函数和无参函数。通过对函数的学习，要能够：掌握函数的定义；注意区分函数调用过程中参数的"值传递"和"地址传递"方式。

12.7 习题

1. 简述函数的说明与定义。
2. 简述形参和实参的关系。
3. 简述值传递和地址传递的区别。
4. 编写一个程序，验证形参和实参的值传递关系。
5. 编写一个程序，在数组中查找目标，使用函数值来判断是否存在。

第13章 函数的调用

在定义一个函数后,只有在这个函数被调用时才能实现它的功能,一个不被调用的函数是没有意义的。所谓函数的调用,是指一个函数(调用函数)暂时中断本函数的运行,转而执行另一个函数(被调用函数)的过程。被调用函数执行完成后,返回到调用函数中断处继续执行调用函数,这是一个返回过程。函数的一次调用必定伴随着一个返回过程。在调用和返回的过程中,两个函数之间发生信息的交换。

- ❑ 函数调用的一般形式;
- ❑ 函数调用的形式;
- ❑ 被调用函数的声明与函数原型;
- ❑ 函数嵌套与递归调用;
- ❑ 变量作用域;
- ❑ 编译预处理。

13.1 函数调用的一般形式

函数调用的一般形式为:

函数名(实际参数表列);

如果是调用无参函数,则"实际参数表列"可以没有,但函数名后的括号是不能省略的。如果有多个实际参数,则各个参数之间用逗号隔开。实际参数的个数应与形式参数的个数相等,类型也应匹配。实际参数与形式参数顺序对应,一一传递数据。需要说明的是,在C语言中,实参表列的求值顺序是不确定的。有的系统按照自左向右的顺序计算,而有的系统相反。

【实例13-1】实参表列求值顺序的影响。

```
#include<stdio.h>
void main( )                          /*主函数*/
{
    float funct(float x, float y);    /*声明funct()函数*/
    float a,b,c;
    a=6.0;
    b=3.0;
    c=funct(a,b);                     /*调用funct()函数*/
    printf("The result is %f.\n",c);  /*输出最终结果*/
}
float funct(float x,float y)          /*定义funct()函数*/
{
    float z;
    z=x/y;
    return z;
}
```

在【实例13-1】中,如果系统按照自左向右的顺序对实际参数进行运算,则程序的运行结果为"The result is 2.00000.";如果系统按照自右向左的顺序对实际参数进行运算,则程序的运行结果为"The result is 0.5."。

在Visual C++ 6.0中运行该程序中结果为"The result is 2.00000."。

因此，在实际运用的时候，应该避免这种不确定性。

13.2 函数调用的形式

根据函数在主调用函数中出现的位置，可以有以下三种调用方式。

1．被调用函数作为函数语句单独出现

把函数调用作为一个语句。例如我们经常用到的标准输入、输出函数：

```
printf("I love China!");
scanf("%d",&a);
```

就是一个函数调用语句。

2．被调用函数作为表达式出现

函数出现在一个表达式中，这种表达式称为函数表达式。这时候函数需要有返回值参加表达式运算。函数可以作为表达式的一部分，也可独自作为表达式。例如：

```
m=squar(a);
n=3+squar(a);
```

3．被调用函数作为函数的参数出现

函数作为一个函数的实际参数出现。定义一个求两数之和的函数 sum()：

```
int sum(int x,int y)
{
        int z;
        z=x+y;
        return(z);
}
```

调用此函数：

```
c=sum(a,sum(b,c));
```

在调用 sum()函数过程中，sum(b,c)作为一个参数出现在上述语句中。

比较函数作为函数参数出现与函数作为表达式出现，可以发现，函数调用作为参数，实质上是函数调用作为表达式的一种，因为函数参数本来就要求为表达式形式。

【实例 13-2】函数调用的形式。

```
#include<stdio.h>
void main()                          /*主函数*/
{
    void printfwords();              /*声明 printfwords()函数*/
    int sum(int x,int y);            /*声明 sum()函数*/
    int a,b,c;
    a=5,b=3;
    c=sum(a,sum(a,b));               /*嵌套调用 sum()函数*/
    printf("c=%d\n",c);
    printfwords();                   /*调用 printfwords()函数*/
}
void printfwords()                   /*定义 printfwords()函数*/
{
    printf("I love China!\n");
}
int sum(int x,int y)                 /*定义 sum()函数*/
{
    int z;
    z=x+y;
```

```
        return(z);
    }
```

程序运行结果如下：

```
c=13
I love China!
```

在【实例 13-2】中，main()函数中，sum()函数即被调用作为表达式，同时也被调用作为函数的参数；printfwords()函数、标准输出函数 printf()函数被调用作为函数语句直接出现在 main()函数中。

说明：在被调用函数中有返回值，如果被调用函数作为表达式出现在主调用函数中，此时被调用函数的返回值是有意义的；如果被调用函数作为语句出现在主调用函数中，此时被调用函数的返回值是没有意义的，主调用函数只是把控制权收回来，被调用函数的返回值被丢弃。例如这样修改【实例 13-2】中的 main()函数：

```
void main()
{
    ...
    a=5,b=3;
    sum(a,b);
    ...
}
```

这样不会改变【实例 13-2】的运行结果。

13.3 被调用函数的声明与函数原型

在一个函数被另一个函数调用之前，需要具备如下条件：

❑ 被调用函数必须是已经存在的函数。被调用函数可以是库函数或者用户自定义的函数。

❑ 如果被调用函数是库函数，应该在程序开头用#include 命令将调用有关库函数时所需要用到的信息"包含"到本程序中。在前边的例子中，用到了这样的命令：

```
#include<stdio.h>
```

其中"stdio.h"是一个"头文件"。在 stdio.h 文件中包含了输入/输出函数所用到的一些宏定义信息。如果不包含"stdio.h"文件中的信息，就无法使用输入/输出库中的函数。如果所用到的库函数没有在"stdio.h"文件中被包含，如数学函数，就需要用#include<math.h>命令将数学库函数包含到程序中。其中，.h 是头文件所用的后缀，标志头文件。有关宏定义等概念将在 13.6节中讲述。

❑ 如果被调用的函数是用户自定义的，且被调用的函数位置在主调用函数后面，则应该在主调用函数中对被调用函数进行声明。

函数声明的一般形式是：

```
<返回值类型><函数名>(<参数类型声明表>);
```

其中<参数类型声明表>的形式是：

```
<参数类型>[参数名][,<参数类型>[参数名]]...
```

如果函数是无参函数，括号中的内容可以不写。方括号中的内容也可以不写，也就是说可以只写参数类型。比如这样声明就是正确的：

```
int sum(int,int);
```

编译系统只检查参数个数和参数类型，而不检查参数名。

【实例 13-3】对被调用函数作声明示例。

```
#include<stdio.h>
#include<math.h>
void printwords()                           /*定义 printwords()函数*/
{
    printf("I love China!\n");
}
void main()                                 /*主函数*/
{
    int sum(int,int);                       /*声明 sum()函数*/
    int a,b,c;
    a=3,b=5,c=-8;
    printf("a plus b equals %d\n",sum(a,b));
    printf("The absolute value of c is %d\n",abs(c));
    printwords();                           /*调用 printwords()函数*/
}
int sum(int x,int y)                        /*定义 sum()函数*/
{
    int z;
    z=x+y;
    return(z);
}
```

程序运行结果如下：

```
a plus b equals 8
The absolute value of c is 8
I love China!
```

在【实例 13-3】中，定义了 printwords()、sum()两个函数。printwords()函数定义在 main()函数上面，没有参数；sum()函数定义在 main()函数下面，有两个参数。在 main()函数中调用这两个函数时，没有声明 printwords()函数，声明了 sum()函数，且在声明 sum()函数时，对于 sum()函数参数只声明了函数类型，这样声明是正确的。在 main()函数中还用到了 absv()函数，该函数是系统函数，作用是返回整数绝对值，在程序开头，用#include<math.h>这样的语句，将数学函数包含到该程序中，因此调用 abs()函数是正确的。

从程序中可以看出对函数的声明与函数定义的首部基本相同，只差一个分号。因此可以简单地找些函数定义的首部，再加上一个分号，即构成了对函数的声明。

要注意函数"定义"和"声明"的差异。函数"定义"是指对函数功能的确定，包括函数类型、函数名、参数及其类型、函数体等，它是一个完整的、独立的函数单位。而函数"声明"则是对已经定义的函数的返回值进行类型说明，只包括函数名、函数类型及参数名称、类型，声明的作用是把这些信息通知编译系统，以便在遇到函数调用时，编译系统能正确识别函数并检查调用是否合法。

以上的函数声明称为函数原型。

函数原型的一般形式为：
<返回值类型><函数名>(<形式参数表列>);

应保证函数原型与函数首部一致，即返回值类型、函数名、形式参数必须相同。函数调用时，函数名、实际参数个数应与函数原型保持一致。实际参数类型必须与函数原型中的形式参数类型兼容。

在以前的 C 语言版本中，函数声明不是采用函数原型，而是只声明函数名和函数类型。例如在【实例 13-2】中也可以这样声明 sum()函数：

```
int sum();
```

但是这样声明函数，编译系统无法对函数调用的合法性进行全面的检查，因此不提倡这种声明方法。

如果被调用函数在调用函数前面定义，在调用函数中可以不对其进行声明。根据这一特点，如果在程序中遵循"先定义后引用"的原则，则一般不需要进行函数声明。

【实例 13-4】不需进行函数声明的特殊情况。

```c
#include<stdio.h>
int sum(int x,int y)                         /*定义 sum()函数*/
{
  int z;
  z=x+y;
  return(z);
}
int mult(int x,int y,int z)                  /*定义 mult()函数*/
{
  return(sum(x,y)*z);
}
void main()                                  /*主函数*/
{
  int a,b,c;
  printf("The result is %d\n",mult(a,b,c));  /*调用 mult()函数*/
}
```

程序运行结果如下：

```
The result is 64
```

在【实例 13-4】中，在 mult()函数中调用了 sum()函数，在 main()函数中调用了 mult()函数。sum()函数定义在 mult()函数前面，mult()函数定义在 main()函数前面，因此，在 mult()函数中调用 sum()函数不必进行函数声明，在 main()函数中调用 mult()函数时也不必进行函数声明，同理，在 main()函数中调用 sum()函数时也不必进行函数声明。

如果在所有函数定义之前，在源程序文件的开头，即在函数的外部已经对函数进行了声明，则在各个调用函数中不必对所调用的函数进行声明。例如将【实例 13-4】改写如下：

```c
int sum(int x,int y);                        /*声明 sum()函数*/
int mult(int x,int y,int z);                 /*声明 mult()函数*/
#include<stdio.h>
void main()                                  /*主函数*/
{
    int a,b,c;
    printf("The result is %d\n",mult(a,b,c)); /*调用 mult()函数*/
}
int mult(int x,int y,int z)                  /*定义 mult()函数*/
{
    return(sum(x,y)*z);                      /*调用 sum()函数*/
}
int sum(int x,int y)                         /*定义 sum()函数*/
{
    int z;
    z=x+y;
    return(z);
}
```

程序运行结果如下：

```
The result is 64
```

在该例子中，mult()函数定义在 main()函数下面，sum()函数定义在 mult()函数下面。但由于在程序开头已经对 mult()函数和 sum()函数进行了声明，因此在 main()函数中调用 mult()函数，在 mult()函数中调用 sum()函数都不必再进行函数声明。

如果定义的函数返回值是整型，C 语言允许在调用此函数前不必作函数声明。但是这种方法，编译系统无法对函数做准确的合法性检查，因此不提倡使用。在 Visual C++中，这种行为是不合法的。

13.4 函数的嵌套调用和递归调用

C 语言中的函数定义是互相平行、独立的，函数之间没有从属关系。在定义一个函数时，该函数不能包含另一个函数，即在一个函数定义中，其函数体中不能包含另一个函数的完整定义。即在 C 语言中不能嵌套定义。

13.4.1 函数的嵌套调用

尽管在 C 语言中不能嵌套定义，但可以嵌套调用函数，也就是说可以在调用一个函数的过程中调用另一个函数。

图 13-1 给出的是函数的两层嵌套示意图。图中主函数调用 a 函数，在 a 函数中又调用 b 函数，b 函数执行结束后返回 a 函数，a 函数执行完毕后返回主函数，主函数继续执行函数调用下面的语句直至结束。这种函数间层层调用的关系即称为函数的嵌套调用。

【实例 13-5】编制一个 C 程序，用于求$(a+b)^3$。由公式$(a+b)^3=a^3+3a^2b+3ab^2+b^3=a^3+b^3+3ab(a+b)$，可以定义三个函数，第一个函数用来求 a^3 与 b^3，第二个函数用来求 $3ab(a+b)$，最后一个函数用来将前两个函数综合，求$(a+b)^3$。

函数流程图如图 13-2 所示。

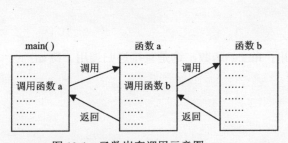

图 13-1 函数嵌套调用示意图

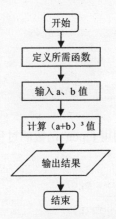

图 13-2 实例 13-5 的算法流程

```
#include<stdio.h>
int cube(int x)                          /*定义 cube()函数*/
{
    int z;
    z=x*x*x;
    return(z);
}
int funct(int x,int y)                   /*定义 funct()函数*/
{
    int z;
    z=3*x*y*(x+y);
    return(z);
}
int result(int x,int y)                  /*定义 result()函数*/
{
```

```
    int z;
    z=cube(x)+cube(y)+funct(x,y);              /*调用 cube()和 funct()函数*/
    return(z);
}
void main()                                    /*主函数*/
{
    int a,b,c;
    printf("Please input a and b\n");          /*输出提示文字*/
    scanf("%d,%d",&a,&b);                       /*输入 a、b 的值*/
    c=result(a,b);                             /*调用 result()函数*/
    printf("The result is %d\n",c);            /*输出结果*/
}
```

程序运行结果如下：

```
Please input a and b
1,3（enter 键）
The result is 64
```

在【实例 13-5】中，定义了三个函数：cube()、funct()、result()，这三个函数是相互独立的，并不互相从属。这三个函数定义的位置均在调用函数的前面，因此在调用这三个函数时不用进行函数原型声明。在 result()函数中调用了 cube()、funct()函数，在主函数中又调用了 result()函数，这就是函数的嵌套调用。

13.4.2　函数的递归调用

在调用一个函数的过程中又出现直接或间接地调用该函数本身，称为函数的递归调用。例如：

```
float funct(int x)
{
    int y,z;
    …
    z=funct(y);
    …
}
```

在调用 funct()函数的过程中，又调用了 funct()函数，这是直接递归调用。例如：

```
int f1(int a)
{
    int b,c;
    …
    c=f2(b);
    …
}
int f2(int a)
{
    Int b,c;
    …
    c=f1(b);
    …
}
```

在调用 f1()函数的过程中，会调用到 f2()函数，而在 f2()函数调用过程中又会调用到 f1()函数，这称为函数的间接递归调用。

函数可递归调用是 C 语言的重要特点之一，当一个问题具有递归关系时，采用递归调用处理方式，将使得所要处理的问题简洁化。

【实例 13-6】求 Fibonacci 数列前 20 个数。这个数列有两个特点：第一、二个数均为 1，从第三个数开始，该数是前两个数的和。即：

```
f1=1              (n=1)
f2=1              (n=2)
fn=f(n-1)+f(n-2)    (n>=3)
```

代码如下：

```
#include<stdio.h>
int f(int x)                        /*定义 f()函数*/
{
    if(x==1)                        /*如果 x 等于 1*/
     return 1;                      /*函数返回 1*/
    if(x==2)                        /*如果 x 等于 2*/
     return 1;                      /*函数返回 1*/
    if(x>=3)                        /*如果 x 大于等于 3*/
     return f(x-1)+f(x-2);          /*嵌套调用 f()函数*/
}
void main()                         /*主函数*/
{
    int i,j;
    i=1,j=0;
    for(i=1;i<=20;i++)
    {
        printf("%d ",f(i));
        if(i%5==0)                  /*使输出的数据每五个一行*/
        {
            printf("\n");
        }
    }
}
```

程序运行结果如图 13-3 所示。

在【实例 13-6】中，定义了 f()函数，在 main()函数中调用 f()函数的过程中，又要调用 f()函数本身，这种调用方式称为递归调用。

图 13-3　程序运行结果

13.5　变量作用域

在定义一个变量后，这个变量就有了一系列确定的性质，如数据长度、存储形式、数据的取值范围等。除此之外，变量还有其他一些重要的属性，如变量在程序运行中何时有效；变量在内存中何时存在、何时释放等。变量的这些性质都与变量的作用域与生存期有关。

13.5.1　变量作用域和生存期

变量的作用域是指一个变量能够起作用的程序范围。如果一个变量在某个文件或函数范围内有效，则称该文件或函数为变量的作用域，在此作用域内可以引用此变量。

变量的生存期是指一个变量存在时间的长短。即从给变量分配内存，到所分配的内存被系统释放的时间。如果一个变量在某一时刻是存在的，则认为这一时刻属于该变量的"生存期"。

13.5.2　局部变量和全局变量

C 语言程序是由函数构成的。每个函数都是相对独立的代码块，这些代码只局限于该函数。因此，一个函数的代码对于程序的其他部分来说是不可见的，它既不会影响程序的其他部分，也不会受程序其他部分的影响。也就是说，一个函数的代码和数据，不可能与另一个函数的代码和数据发生相互作用。这是因为它们分别有自己的作用域。根据作用域的不同，变量可分为两种类型，即局部变量和全局变量。

1. 局部变量

在一个函数内部定义的变量称为内部变量，它只在本函数范围内有效，也就是说只有本函数才能使用它们，在此函数外是不能使用这些变量的。这称为"局部变量"。例如：

```
void main()
{
    int a,b;
    …
    …
}
int f1(int a,int b)
{
    int c;
    …
    …
}
int f2(int x,int y)
{
    int z;
    …
    …
}
```

主函数（main()函数）中定义的变量也是局部变量，只在主函数中有效。主函数也不能使用其他函数中定义的变量。在不同函数中可以使用相同的变量名称，它们代表不同的对象，互不干扰。例如，上例中，在主函数和 f1()函数的形式参数中，均出现了 a、b，它们在内存中占用不同的内存单元，互不干扰。

形式参数也是局部变量，只在定义它的函数中有效，其他函数不能使用。在一个函数内部，也可以在复合语句中定义变量，这些变量的作用域为本复合语句，离开该复合语句即失效，占用的内存单元被释放。

例如：

```
int f1(int a,int b)
{
  int c;
  {
        int m,n;
        m=a+c;                    变量 m、n 的作用域          变量 a、b、c 的作用域
        n=b+c;
        ……
        ……
  }
    ……
    ……
}
```

变量 m、n 只在复合语句内有效，离开该复合语句该变量就无效，释放内存单元。

【实例 13-7】分析下面例子的运行结果。

```
#include<stdio.h>
void main()
{
    int a,b;
    a=3,b=5;
    {
```

```
        int a;
        a=8;
        printf("a is %d\n",a);
    }
    printf("a is %d\n",a);
}
```

程序运行结果如下：

```
a is 8
a is 3
```

在此程序中，定义了两个名为 a 的局部变量。在执行第一个 printf 语句时，起作用的是在复合语句中定义的局部变量 a，因此输出的结果是复合语句中 a 的值；在执行第二个 printf 语句时，已离开复合语句，在复合语句中定义的变量 a 失效，因此输出的结果是"a is 3"。

2. 全局变量

在函数内部定义的变量称为局部变量，在函数外部定义的变量称为全局变量。全局变量可以为本 C 程序中其他函数使用。它的有效范围是从定义变量的位置到程序结束。

例如：

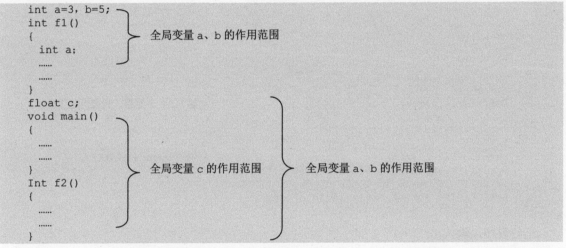

程序中，a、b、c 均为全局变量，但它们的作用范围不同。在主函数和 f2() 函数中可以使用 a、b、c 这三个全局变量，而在 f1() 函数中只能使用 a、b 这两个全局变量。

在同一 C 程序中，当局部变量与全局变量同名时，在局部变量作用的范围内，全局变量不起作用。如上例中，在 f1() 函数中定义有局部变量 a 与全局变量 a 同名，但在 f1() 函数内全局变量 a 不起作用。

设置全局变量可以增加函数间的联系。由于同一 C 程序中所有函数都能使用全局变量，如果在一个函数中改变了全局变量的值，其他函数会受到影响，相当于各个函数之间有直接的传递通道。由于函数只能带回一个返回值，因此有时可以利用全局变量在函数间传递数据，通过函数调用能得到一个以上的值。使用全局变量也会带来一些问题：

- ❏　全局变量使函数的执行依赖于外部变量，降低了函数的通用性。
- ❏　降低了函数的清晰性。各个函数执行时都可能会改变全局变量的值，很难判断出每个瞬时各个全局变量的值。
- ❏　全局变量在程序运行过程中都会占用内存单元。

因此，建议不要过多地使用全局变量。

【实例 13-8】 全局变量的使用。

编写函数求一个整数数组中某两个数出现的次数及数组中所有数据的和。该函数运行结束后要求得到三个返回值，而一个函数只能返回一个值，因此可以利用全局变量。

```c
#include<stdio.h>
int count1=0,count2=0;
int count(int a[],int b,int m,int n)                    /*定义count()函数*/
{
    int i,sum=0;
    for(i=0;i<b;i++)
    {
        if(a[i]==m)
        {
            count1++;
        }
        if(a[i]==n)
        {
            count2++;
        }
        sum+=a[i];
    }
    return sum;                                          /*返回sum()的最终值*/
}
void main()
{
    int a[10];
    int i,sum=0,m,n;
    m=3,n=5;
    for(i=0;i<10;i++)                                    /*输入10个整数，为数组赋值*/
    {
        scanf("%d",&a[i]);
    }
    sum=count(a,10,m,n);                                 /*调用count()函数*/
    printf("m appears %d times\n",count1);
    printf("n appears %d times\n",count2);
    printf("The sum of array is %d\n",sum);
}
```

运行程序，输入：

```
1 2 3 4 5 6 7 8 9 10
```

输出结果：

```
m appears 1 times
n appears 1 times
The sum of array is 55
```

在【实例 13-8】中，定义了函数 count()，该函数的作用是求一个有 b 个元素的数组 a 中 m、n 的出现次数，以及数组中各元素的和。因为一个函数只能有一个函数值，因此定义两个全局变量 count1、count2 分别来存放 m、n 的出现次数。count1、count2 是全局变量，它们的值可以供所有函数使用，如果在 count 函数中改变了它们的值，在其他函数中也可以使用它们改变的值。

13.5.3 变量存储类别

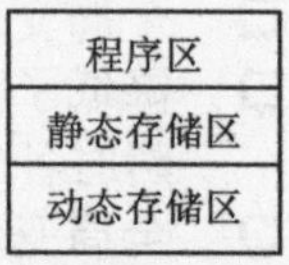

在 C 语言中，供用户使用的存储空间分为三类：程序区、静态存储区、动态存储区（如图 13-4 所示），其中，程序区存放的是可执行程序的机器指令；静态存放区存储的是在程序运行过程中需要占用固定存储单元的变

程序区
静态存储区
动态存储区

图 13-4 内存存储区

量，如全局变量；动态存储区存放的是在程序运行过程中根据需要动态分配内存空间的变量，如形式参数、局部变量。

　　变量的存储类别指的是数据在内存中存储的方式。变量的存储方式可分为两类：静态存储类和动态存储类。具体包含 4 种：自动型（auto）、静态型（static）、寄存器型（register）和外部型（extern）。下面分别介绍它们的特性和应用。

1. 局部变量的存储方式

　　局部变量有三种存储方式：自动型、静态型和寄存器型。

　　（1）自动变量

　　函数中的局部变量，如果不特别声明为 static 存储类别，都是动态地分配存储空间，数据存储在动态存储区中。在调用函数时，系统会给数据分配存储空间，在函数调用结束时就会释放这些存储空间。因此这类局部变量称为自动变量。自动变量用关键字 auto 作为存储类别的声明。例如：

```
int funct(int a)
{
    auto int m,n;                       /*定义 m、n 为自动变量*/
    ...
    ...
    }
```

　　函数中的局部变量，如果不作特别声明，则默认为自动型变量，因此 auto 关键字可以省略。程序中大多数变量属于自动型变量。

　　（2）静态变量

　　自动变量在函数调用结束后其所占用的内存空间会被释放，有时希望函数中的局部变量的值在函数调用结束后不消失而保留原值，即其占用的内存空间不被释放，在下一次函数调用时，该变量已有值，这时就可以声明局部变量为"静态局部变量"，用关键字 static 进行声明。

　　【实例 13-9】局部静态变量示例。

```
#include<stdio.h>
void sum()                              /*定义 sum()函数*/
{
    static int a=2;                     /*设置静态变量 a*/
    int b,c;
    b=0;
    c=a+b;
    a++;
    printf("The value of c is %d",c);   /*输出 c 的值*/
}
void main()
{
    int i;
    for(i=0;i<5;i++)
    {
        sum();                          /*循环调用 sum()函数*/
    }
}
```

程序运行结果如下：

```
The value of c is 2
The value of c is 3
The value of c is 4
The value of c is 5
The value of c is 6
```

在【实例 13-9】中 5 次调用了函数 sum()。在 sum()函数中定义了三个变量：a、b、c。其中 a 为静态变量，b、c 为自动变量。在主函数中调用 sum()函数结束后，b、c 所占用内存空间被释放，a 所占用内存空间依旧保存，因此再次调用 sum()时，a 依然为上次函数调用结束后的值。故 5 次调用函数所得到的值不同。

对于静态变量做以下几点说明：

- 局部静态变量是在静态存储区分配存储单元的，在整个程序运行期间都不释放。因此在函数调用结束后，它的值并不消失。
- 局部静态变量是在程序编译过程中被赋值的，且只赋值一次，在程序运行时其初值已经确定，以后每次调用函数时不再赋值，而是保留上一次函数调用结束时的值。
- 局部静态变量的初值为 0（对整型变量）或空字符（对字符型变量）。
- 虽然静态局部变量在函数调用结束后仍然存在，但是其他函数是不能引用它的。
- 由于静态局部变量占内存多（长期占用不释放，不能像动态存储那样一个存储单元可以供多个变量使用），而且由于其值可以改变，不能弄清楚局部静态变量的当前值是多少，降低了程序的可读性，因此不建议过多地使用局部静态变量。

（3）寄存器变量

一般情况下，变量的值是存放在内存中的。当程序中用到哪一个变量的时候，控制器发出指令将内存中该变量的值送到运算器中。但如果一些变量运用频繁，那么从内存中读取数据要消耗很多时间，为了提高程序的运行速度，C 语言中允许将局部变量的值放在 CPU 中的寄存器中，需要时直接从寄存器中读取数据，不必再到内存中读取数据。这种变量称为寄存器变量，用关键字 register 声明。

【实例 13-10】寄存器变量应用示例。

```
#include<stdio.h>
long funct(int n)                              /*定义 funct()函数*/
{
    register long i,f=1;                       /*声明寄存器变量*/
    for(i=1;i<=n;i++)
    {
        f=f*i;
    }
    return(f);                                 /*设定返回值*/
}
void main()                                    /*主函数*/
{
    int i;
    scanf("%d",&i);                            /*输入变量的值*/
    printf("The result is %ld\n",funct(i));    /*调用 funct()函数*/
}
```

运行结果如下：

```
10✓
3628800
```

在函数 funct()中，变量 i 和 f 是寄存器变量，n 的值越大节省的时间越多。

对寄存器变量做以下几点说明：

- 只有局部自动变量和形式参数可以作为寄存器变量，其他类型的变量是不可以的。局部静态变量不能定义为寄存器变量，例如不能这样声明变量：

```
register static int a;
```

不能把变量既放在静态存储区又放在寄存器中，二者只能居其一。

- 一个计算机系统中的寄存器数目是有限的，不能任意定义多个寄存器变量。不同系统允许使用的寄存器变量也是不同的，而且对寄存器变量的处理方式也是不同的。有的系统将寄存器变量当做自动变量处理。

2. 全局变量的存储方式

全局变量是在静态存储区中分配内存单元的。全局变量的存储类型有两种：外部类型（extern）和静态类型（static）。

（1）外部全局变量

全局变量是在函数的外部定义的，它的作用域是从变量的定义处开始到本程序文件的结束。如果在定义点之前的函数想要引用该变量，则应该在引用之前用关键字 extern 对该变量进行声明，声明该变量为外部全局变量。声明过后，就可以从声明处起，合法地使用该变量。

【实例 13-11】用 extern 关键字声明全局变量。

```
#include<stdio.h>
void main()                                  /*主函数*/
{
    int funct(int x,int);                    /*声明 funct()函数*/
    extern A,B;                              /*用 extern 对全局变量 A、B 进行声明*/
    printf("The result is %d\n",funct(A,B)); /*调用 funct()函数*/
}
int A=3,B=5;
int funct(int x,int y)                       /*定义 funct()函数*/
{
    int z;
    z=3*x+y;
    return z;                                /*将 z 的值作为返回值*/
}
```

程序运行结果如下：

```
The result is 14
```

在【实例 13-11】中，全局变量 A、B 定义在主函数下面，如果想要在主函数中引用这两个全局变量，就需要用关键字 extern 对它们进行外部全局变量声明。在 main()函数的第三行用 extern 对 A、B 进行外部全局变量声明，这样尽管 A、B 定义在 main()函数下面，也可以在 main()函数中合法地使用全局变量 A 和 B。

用 extern 声明外部全局变量时，类型名可写可不写。如上例"extern A,B"可改写为"extern int A,B"。

一个 C 程序可能由一个或多个源程序文件构成。如果程序由多个源程序文件组成，在一个文件中引用另一个文件中定义的全局变量，需要用 extern 关键字对全局变量做外部全局变量声明。

【实例 13-12】用 extern 将外部变量导入其他文件中。

文件 f1.c 中内容为：

```
#include<stdio.h>
int A=3,B=5;                                 /*定义全局变量*/
void main()                                  /*主函数*/
{
    int funct(int,int);                      /*声明 funct()函数*/
    int a,b;
    scanf("%d,%d",&a,&b);
    printf("The result is %d\n",funct(a,b)); /*调用 funct()函数*/
}
```

文件 f2.c 中内容为：

```
int funct(int x ,int y)                      /*定义 funct()函数*/
```

```
{
    extern A,B;
    if(x>A && y>B)
    {
        return 1;
    }
    else return 0;
}
```

程序运行结果如下：

```
5,3↙
The result is 0
```

在【实例 13-12】中，funct()函数的作用是判断 x、y 的值是否均大于 A、B，是则返回 1，不然则返回 0。全局变量是在文件 f1.c 中定义的，而 funct()函数定义在 f2.c 文件中，如果想在 funct()函数中引用全局变量 A、B，就需要用 extern 对 A、B 进行外部变量声明，这样就可以在 funct()函数中合法地引用 A、B。

对外部全局变量做以下几点说明：

❑　extern 不能用来初始化变量，即 extern int a=3 是不正确的。

❑　使用 extern 的作用是扩展全局变量的作用域。

❑　在系统编译遇到 extern 时，先在本文件中寻找全局变量的定义，如果找不到，在连接时从其他文件中寻找全局变量的定义。

❑　在不同文件中引用全局变量时，因为全局变量的值可能会被改变，因此在使用时要特别注意。

（2）静态全局变量

在设计一个程序时，有时不希望某些全局变量被其他文件引用，这时可以用关键字 static 对全局变量进行声明。

例如：

f1.c 中内容如下：　　　　　　　　　f2.c 中内容如下：

```
static int A=5;              extern A;
int sum()                    int funct()
{                            {
  ......                       ......
  ......                     }
}
```

在 f1.c 中定义了一个全局变量 A，但是它用 static 进行声明，因此只能在 f1.c 中被引用，虽然在 f2.c 中有"extern A;"语句，但在 f2.c 中不能引用全局变量 A。

对于静态全局变量做以下几点说明：

❑　使用 static 声明全局变量，可以避免文件中的一些全局变量被其他文件引用。

❑　无论是否对全局变量进行 static 声明，全局变量均是静态存储方式。

❑　使用 static 声明的全局变量，在本文件中定义在全局变量之前的函数也是不能引用的。

例如：

```
#include<stdio.h>
void main()
{
    ...
    extern A;
    ...
    ...
}
```

```
static int a=3;
int funct()
{
    ...
}
```

这样的程序在 Visual C++中是不能通过编译的。

13.6 编译预处理

为了改进程序，提高程序编程效率，我们可以在 C 程序中加入一些"预处理命令"。预处理命令是由 ANSI（美国国家标准学会）统一规定的，用来向 C 语言编译系统提供信息，通知 C 编译器对源程序进行编译之前应该做哪些预处理工作。预处理命令不是 C 语言本身的组成部分，不能直接对它们进行编译。必须在对 C 程序进行正常编译之前，对预处理命令进行"预处理"。例如程序中常用的"#include<stdio.h>"就是一个预处理命令，在编译 C 程序之前，用"stdio.h"文件中的实际内容代替该内容，然后再对程序进行正常编译。

经过预处理后，程序中就不再包含预处理命令了，最后再由编译器对预处理后的源程序进行通常的编译处理，得到可供执行的目标代码。

预处理功能主要有以下三种：
- ❑ 宏定义；
- ❑ 文件包含；
- ❑ 条件编译。

为了区别预处理命令与其他的 C 语句，所有的预处理命令均以"#"开头，占独立的一行，且语句结尾不用分号";"结束。

13.6.1 宏定义

宏定义是指用一个指定的标识符来定义一个字符序列。根据宏定义是否有参数将宏定义分为两种：不带参数的宏定义和带参数宏定义。

1. 不带参数的宏定义

不带参数的宏定义是用一个指定的标识符来代表一个字符串，一般形式为：

`#define 标识符 字符串`

其中"标识符"为所定义的宏名。"字符串"可以是常量、表达式、格式串等。例如：

`#define PI 3.1415926`

上述预处理命令的作用是在本程序文件中用指定的标识符 PI 来代替"3.1415926"这个字符串，在编译预处理命令时，将程序中在该命令以后出现的所有 PI 都用"3.1415926"来代替。

通过使用宏名代替复杂的字符串，使程序的可读性增强，便于记忆，不易出错，也便于修改，必要时只需修改宏定义就能修改程序中全部被替换的字符串，提高了程序的通用性。在预编译时将宏名替换成字符串的过程称为"宏展开"。

【实例 13-13】使用不带参数的宏定义。

```
#include<stdio.h>
#define PI 3.1415926                              /*宏定义*/
void main()                                        /*主函数*/
{
    float r,l,s,v;
    scanf("%f",&r);                                /*输入 f 的值*/
    l=2.0*PI*r;
```

```
    s=PI*r*r;
    v=4.0/3*PI*r*r*r;
    printf("l=%0.4f\ns=%0.4f\nv=%0.4f\n",l,s,v);  /*输出体积*/
}
```

程序运行结果如下：

```
2.8✓
l=17.5929
s=24.6301
v=91.9523
```

在【实例 13-13】中，使用了宏定义 "#define PI 3.1415926"，这样在程序中可以用 PI（宏名）代替 "3.1415926" 字符串，如果想要修改圆周率，直接修改宏定义即可。这样可以减少程序中重复书写某些字符串的工作量。

宏名的命名规则同一般标识符。为了使宏名和变量名有所区别，通常宏名用大写字母表示。当然这不是规定，也可以用小写字母表示。

使用宏名代替字符串，可以减少程序中重复书写这些字符串的工作量。【实例 13-13】中，如果不定义 PI 代表 3.1415926，在程序中会多次出现 3.1415926，不仅麻烦，而且容易出错，用宏名代替，不仅简单不易出错，而且使程序更清晰，提高程序的通用性。当需要改变某一个变量时，可以只改变#define 命令行，一改全改。例如定义数组大小，可以用：

```
#define size 100
int array[size];
```

这样定义了一个大小为 100 的数组，当需要修改数组大小为 200 时，可以直接修改宏命令：

```
#define size 200
```

这样程序中 size 代表的就由 100 变为 200 了。

宏定义是用宏名代替一个字符串，不做正确性检查。如果写成：

```
 #define size 1OO
```

即把 100 中的数字 1 误写作小写字母 l，预处理时也照样代入。预编译时不做任何语法检查，只有在编译已被宏展开后的源程序时才会发现语法错误。

宏名的有效范围为定义命令之后到本源程序文件结束。可以用# undef 命令来终止宏定义的作用域。如：

```
#define PI 3.1415926
int funct()
{
    ...
}                          PI 的作用域
# undef PI
void main()
{
    ...
}
```

在上例中，PI 的作用域到#undef 行终止，在 main()函数中 PI 不再代表 3.1415926。

进行宏定义时，可以引用自己定义的宏名。

【实例 13-14】在宏定义中引用已定义的宏名。

```
#include<stdio.h>
//宏定义
#define PI 3.1415926
#define R 2.8
#define S PI*R*R
```

```
#define L 2*PI*R
void main()                    /*主函数*/
{
    printf("L=%0.4f\nS=%0.4f\n",L,S);
}
```

程序运行结果如下：

```
L=17.5929
S=24.6301
```

上例中的 printf 语句经过宏展开后为：

```
printf("L=%0.4f\nS=%0.4f\n",2*3.1415926*2.8,3.1415926*2.8*2.8);
```

如果在程序中出现用双引号括起来的字符串内包含有与宏名相同的名字，预编译时并不进行宏替换。例如：

```
#define China Chinese
void main()
{
    printf("%s\n","China");
}
```

程序运行结果如下：

```
China
```

宏定义是专门用于预处理命令的，它与变量不同，并不占用内存空间。宏定义的末尾不必加分号。如果加了分号，会被认为是被替换字符的一部分。宏替换只是简单的字符替换，并不做语法检查。如果在宏定义字符串中出现运算符，需要在合适的位置加括号。例如：

```
#define S 3+5
void main()
{
    ...
    S*3
    ...
}
```

上例中，S*3 宏展开后为 3+5*3，显然与原意不相符合。

将宏定义改为：#define S (3+5),S*3，宏展开后为(3+5)*3，符合原意。

2．带参数的宏定义

C 语言允许宏带有参数，在宏定义中的参数称为形式参数。带参数的宏定义不是进行简单的字符串代换，而是进行参数替换。其定义的一般形式为：

```
#define 标识符(形式参数表列) 字符串
```

对带参数的宏展开也是用字符串代替宏名，但是形式参数也要被相应的实际参数代替。例如：

```
#define Sum(a,b) (a+b)
...
r= Sum(5,3);
...
```

带参数的宏定义是这样展开的：在预处理的时候，如果程序中有带参数的宏（Sum(5,3)），则按宏定义中指定的字符串从左到右进行代换。将宏中的形式参数(a,b)用相应的实际参数(5,3)代替。如果宏定义中字符串中的字符不是参数字符，如(a+b)中的加号，则保留。

【实例 13-15】带参数宏的使用。

```
#include<stdio.h>
//宏定义
#define Change(a,b) { int c;c=a;a=b;b=c; }
void main()              /*主函数*/
{
    int x=5,y=3;
    Change(x,y);         /*调用 Change 函数*/
    printf("x=%d,y=%d\n",x,y);
}
```

程序运行结果如下：

```
x=3, y=5
```

在【实例 13-15】中，带参数宏 Change(a,b)的作用是将 a 与 b 的值互换。在使用形式上带参数的宏与函数很相似，但是它与函数有本质的区别。

- ❑ 函数在定义和调用中所使用的形式参数和实际参数都受到数据类型的限制，而带参数宏的形式参数和实际参数可以是任意数据类型。
- ❑ 函数调用时是先计算实际参数表达式的值，然后代入形式参数。而宏定义展开时，只是替换。
- ❑ 函数调用时，编译系统会为其分配内存单元，而宏展开时系统不会为其分配内存单元，宏展开也没有"返回值"的概念。
- ❑ 多次使用宏，宏展开后源程序增长，而函数调用不会使源程序增长。
- ❑ 函数只能有一个返回值，而用宏可以设法得到多个值。

13.6.2　文件包含处理

文件包含处理是指一个源文件将另一个源文件的全部内容包含进来。其一般形式为：

```
#include <文件名> 或 #include "文件名"
```

如果采用第一种形式，编译系统将在系统指定的路径（即 C 库函数头文件所在的子目录）下搜索文件；如果采用第二种形式，编译系统首先会在用户当前工作的目录中搜索要包含的文件，如果找不到，再按系统指定的路径搜索。因此，在引用自己的包含文件时，采用第二种形式。在引用系统提供的包含文件时，采用第一种形式。

文件包含可以省去程序设计人员的重复劳动。例如：在一个较大的程序中，需要多次用到一些固定的符号常量（g=9.8，π=3.1415，e=2.718……），将这些宏定义命令组成一个头文件后就可以用#include 命令将这些符号常量包含到源文件中。这样就不必每个人重复定义这些符号常量了。

一个#include 命令只能指定一个被包含的文件，如果要包含 N 个文件，就需要 N 个#include 语句。如果在文件 1 中包含文件 2 和文件 3，在文件 2 中又要用到文件 3 的内容，则可以在文件 1 中用两个#include 语句分别包含文件 2 和文件 3，但包含文件 3 的命令要在包含文件 2 命令的前面。

```
#include "f3.c"
#include "f2.c"
```

【实例 13-16】文件包含处理示例。

（1）将常量宏做成头文件 7-22-1.h:

```
#define G 9.8
#define PI 3.14
```

（2）主文件 7-22-2.c:

```
#include <stdio.h>
```

```
#include "7-22-1.h"
void main()
{
    int m=10,r=5;
    printf("M=%d,S=%d",m*G,PI*r*r);
}
```

程序运行结果如下：

```
M=98.0000,S=78.5000
```

文件包含说明以下几点：

❑ 编译时，并不是分别对两个文件进行编译，然后再将它们的目标程序连接，而是在经过编译预处理后将头文件包含到主文件中，得到一个新的源程序，然后再对新的源程序进行编译。因此，如果被保护文件中有全局静态变量，它也在新源程序中有效，不必用 extern 声明。

❑ 文件头部被包含的文件常以 ".h" 作为后缀名，当然用其他的后缀名甚至没有后缀名也是可以的。

❑ 文件除了可以包含函数原型和宏定义外，还可以包括结构体类型定义和全局变量等。

13.6.3 条件编译

一般情况下，C 源程序中所有行都参与编程，但有时希望部分代码只是在满足一定条件时才进行编译，形成目标代码。这种对程序的一部分内容指定编译的条件成为条件编译。利用条件编译，可以减少程序的输入，方便程序的调试，增强程序的可移植性。

条件编译命令有三种形式：

（1）

```
#ifdef 宏名
    程序段 1
 #else
    程序段 2
#endif
或
#ifdef 宏名
    程序段 1
#endif
```

作用：判断 "宏名" 在此之前是否被定义过，若定义过，则编译 "程序段 1"，否则编译 "程序段 2"。如果没有#else 部分，则直接执行#endif。程序段可以是语句组，也可以是命令行。

（2）

```
#ifndef 宏名
    程序段 1
 #else
    程序段 2
#endif
或
#ifndef 宏名
    程序段 1
#endif
```

作用：与第一种情况相似，其中#ifndef 与#ifdef 作用相反，如果 "宏名" 没有被定义过，就编译 "程序段 1"，否则就编译 "程序段 2"。

（3）

```
#if  表达式
```

```
        程序段 1;
#else   表达式
  程序段 2;
#endif
或
#if   表达式
        程序段 1;
#endif
```

作用：与普通的 if 语句一样，首先计算"表达式"的值，如果为非 0，就编译"程序段 1"，如果为 0，就编译"程序段 2"或执行#endif 命令。

【实例 13-17】试分析以下程序运行结果。

```
#include<stdio.h>
#define Flag 1          /*常量定义*/
void main()
{
    float r,s,l,v;
    scanf("%f",&r);
    #if Flag              /*条件编译*/
    #define PI 3.1415926 /*常量定义*/
    #else
    #define PI 3.14
    #endif
    s=PI*r*r;
    l=2*PI*r;
    v=4.0/3*PI*r*r*r;
    printf("l=%0.4f,s=%0.4f,v=%0.4f\n",l,s,v);
}
```

在上例中，用到了第三种形式的条件编译命令。如果想用精确一点的π值，就令 Flag=1，如果想用平常的π值，就修改程序，令 Flag=0。

有的读者认为，直接用 if 语句，也可以实现这样的功能，为什么要用条件编译命令呢？是的，这个程序用 if 语句同样可以达到效果，但那样做，目标程序长，编译时间长。而采用条件编译命令，可以减少程序长度，缩短编译时间。越复杂的程序，越能体现出条件编译的优点。在识记这三种条件编译命令时，可以把 ifdef 当做是 if define 的缩写，ifndef 是 if not define 的缩写，这样更能显现出两者的不同。

条件编译命令可以嵌套使用，如：

```
#if 表达式
  #ifdef 宏名
程序段
    #endif
#else
  #ifndef 宏名
   程序段
   #endif
```

13.7　典型实例

【实例 13-18】C 语言提供加减乘除这 4 种基本的运算方法，可满足大多数数值计算的需要。但是，由于 C 语言的数据类型都有其精度范围，对于某些科学计算，需要高精度计算的场所，这种精度限制就完全满足不了计算的需求，这就需要程序员编写自己的高精度计算器。本例首先实现高精度加法运算。

具体程序代码如下：

```c
#include <stdio.h>
#include <stdlib.h>
#include <string.h>
void plus(char *a, char *b, char *c)                    //自定义高精度加法函数
{
    int i,temp_index_c;
    int carry=0;                                         //进位数据
    int index_a,index_b,index_c;                         //被加数、加数、结果的位数计数器
    int ten='9'+1;                                       //每位数的最大值加 1
    index_a=strlen(a)-1;              //index_a 变量指向变量 a 的最末一个数位(最低位)
    index_b=strlen(b)-1;              //index_b 变量指向变量 b 的最末一个数位(最低位)
    index_c=index_a>index_b? index_a:index_b;   //检测哪个数字位数更多一些并赋值给
                                                //index_c
    temp_index_c=index_c;
    if(index_a>=index_b)          //变量 a 的长度大于变量 b 的长度，变量 b 与变量 a 的低位对齐
    {
        for(i=index_b+1;i>=0;i--)                        //遍历 index_b 中的所有元素
        {
            b[i+(index_a-index_b)]=b[i];                 //低位对齐操作(变量 b 各位数向右移动)
        }
        for(i=0;i<index_a-index_b;i++)                   //低位对齐后，将变量 b 高位清 0
            b[i]='0';
    }
    else                          //变量 a 的长度小于变量 b 的长度，变量 a 与变量 b 的低位对齐
    {
        for(i=index_a+1;i>=0;i--)                        //遍历变量 a 各位数字
        {
            a[i+(index_b-index_a)]=a[i];                 //低位对齐操作(变量 a 各位数向右移动)
        }
        for(i=0;i<index_b-index_a;i++)                   //低位对齐后，将变量 a 高位清 0
            a[i]='0';
    }

    while(index_c>=0)      //从低位到高位循环累加
    {
        c[index_c]=a[index_c]+b[index_c]+carry-'0';      //对应位累加(同时加上进位)
        if(c[index_c]>=ten){                             //需要进位
            c[index_c]-=ten-'0';
            carry=1;
        }
        else                                             //不需要进位
            carry=0;
        index_c--;                                       //计数器减 1，处理更高位数据
    }

    if(carry==1){                                        //各位累加之后，还需进位
        for(i=temp_index_c;i>0;i--)                      //将结果数向右移动一位，空出最高位保存进位
        {
            c[i+1]=c[i];
        }
        c[0]=1;
    }
    c[temp_index_c+1]=0;                                 //将最低位右侧 1 位设置为 0(控制输出的效果)
}

void main()
{
    char a[1000];                      //第一个加数
    char b[1000];                      //第二个加数
    char c[1000];                      //保存和
```

```
    char s[2];

    printf("请输入算式: ");
    scanf("%s %s %s", a, s, b);                //由用户输入加数、加号、加数
    if (s[0] == '+')                           //如果 s[0]等于'+'调用加法函数
        plus(a, b, c);

    printf("运算结果为: \n");
    printf("%s %s %s = %s\n",a,s,b,c);         //输出计算结果
}
```

程序中对于高精度数据，使用字符串的形式保存。使用数字从低位对齐的方法，实现高精度数据的正确加法操作。

首先定义了 plus()函数，负责高精度数据的加法操作，参数为字符串形式。实现方法：与数学中加法运算规则一致，从低位到高位累进求解，如果有进位则加到上一位中。直至两个字符中的数字全部加完。

程序的主函数负责等待录入数据，并调用 plus()函数实现高精度加法计算。

【实例13-19】高精度减法，同加法一样，C 语言本身提供的减法操作数字的范围很小。我们要将这个范围进行扩大，让减法计算范围更大。下面的程序代码就可以实现高精度减法运算。

```
#include <stdio.h>
#include <stdlib.h>
#include <malloc.h>
#include <string.h>

void subtract(char *a,char *b,char *c)         //高精度减法操作函数
{
    int i,j,ca,cb;
    ca=strlen(a);                              //ca 为 a 的长度
    cb=strlen(b);                              //cb 为 b 的长度
    if(ca>cb||(ca==cb&&strcmp(a,b)>=0))        //如果 a 的长度大于等于 b 的长度，且字符串
                                               //a>=b（即被减数大于减数）
    {
        for(i=ca-1,j=cb-1;j>=0;i--,j--)        //遍历 a 与 b 公共长度各字符数字
            a[i]-=(b[j]-'0');                  //计算对应位相减的结果
        for(i=ca-1;i>=0;i--)                   //遍历 a 的所有下标
            if(a[i]<'0')                       //如果当前下标对应的值小于 0，则借位操作
            {
                a[i]+=10;                      //当前值+10
                a[i-1]--;                      //上一位减 1
            }
        i=0;
        while(a[i]=='0')                       //从高位到低位扫描，当数组中当前下标对应的值为 0 时，
            i++;                               //下标+1
        if(a[i]=='\0')                         //当数组 a 当前下标对应的元素等于\0 时
        {
            c[0]='0';                          //值为 0
            c[1]='\0';                         //添加数字读取结束标志
        }
        else                                   //否则
        {
            for(j=0;a[i]!='\0';i++,j++)
                c[j]=a[i];
            c[j]='\0';                         //添加数字读取结束标志
        }
    }
    else                                       //被减数小于减数，处理过程类似以上部分
    {
```

```
        for(i=ca-1,j=cb-1;i>=0;i--,j--)
            b[j]-=(a[i]-'0');
        for(j=cb-1;j>=0;j--)
            if(b[j]<'0')
            {
                b[j]+=10;
                b[j-1]--;
            }
        j=0;
        while(b[j]=='0')
            j++;
        i=1;
        c[0]='-';
        for(;b[j]!='\0';i++,j++)
            c[i]=b[j];
        c[i]='\0';
    }
}

void main()
{
    char a[1000];                       //被减数
    char a1[1000];                      //保存被减数
    char b[1000];                       //减数
    char c[1000];                       //差
    char s[2];                          //符号
    int i;

    printf("请输入算式: ");
    scanf("%s %s %s", a, s, b);         //等待用户输入被减数、减数、差
    if (s[0] == '-')                    //检测运算符号
    {
        for(i=strlen(a)-1;i>=0;i--)
            a1[i]=a[i];
        subtract(a, b, c);              //调用减法函数
    }

    printf("运算结果为: \n");
    printf("%s %s %s = %s\n",a1,s,b,c); //输出计算结果
}
```

　　高精度减法运算程序的实现与高精度加法运算的方法大致相同，区别在于是对字符串数据高精度减法，是对减法规则进行模拟。

　　subtract()函数负责实现高精度减法操作，参数同样为字符串型数据。实现方法是对数学中的减法计算过程一致，对其过程进行模拟，进而便可求解出将近 1000 位数字的减法运算。

　　程序的主函数等待用户数据的录入，以及调用函数实现高精度减法计算。

　　【实例13-20】高精度乘法，C 语言中提供的乘法与加减法一样，由于数据类型的存取范围的限制，再加上乘法运算的迅速增长性，使得 C 语言提供的范围更小了。编写一个可以计算很多位乘法运算的程序。具体程序代码如下：

```
# include<stdio.h>
# include<string.h>
#include <stdlib.h>
# include<malloc.h>

void multiply(char* a,char* b,char* c)              //高精度乘法函数
{
    int i,j,ca,cb,* s;                              //声明变量
```

```
        ca=strlen(a);                               //ca 为 a 的长度
        cb=strlen(b);                               //cb 为 b 的长度

        s=(int*)malloc(sizeof(int)*(ca+cb));        //申请空间
        for (i=0;i<ca+cb;i++)                       //遍历申请的空间所有元素
            s[i]=0;                                 //初始值均赋值为 0
        for (i=0;i<ca;i++)                          //遍历 a 中所有元素
            for (j=0;j<cb;j++)                      //遍历 b 中所有元素
                s[i+j+1]+=(a[i]-'0')*(b[j]-'0');    //计算乘法运算，保存到 s 中
        for (i=ca+cb-1;i>=0;i--)                    //遍历申请的数组，倒着赋值
            if (s[i]>=10)                           //如果当前元素>=10
            {
                s[i-1]+=s[i]/10;                    //获取应该进位的数值，并进行进位操作
                s[i]%=10;                           //该位置保存应该保留的数字，取余数
            }
        i=0;
        while (s[i]==0)                             //如果当前下标对应的值=0
            i++;                                    //下标+1
        for (j=0;i<ca+cb;i++,j++)                   //遍历保存积的数组中的所有数字
            c[j]=s[i]+'0';                          //对数字积进行刷新
        c[j]='\0';                                  //添加数字读取结束标志
        free(s);
}

void main()                                        //主函数
{
    char a[1000];                                  //被乘数
    char b[1000];                                  //乘数
    char c[1000];                                  //积
    char s[2];                                     //符号

    printf("请输入算式: ");
    scanf("%s %s %s", a, s, b);                     //等待用户输入乘法算式
    if (s[0] == '*')                               //检测符号
        multiply(a, b, c);                         //调用高精度乘法函数

    printf("运算结果为: \n");
    printf("%s %s %s = %s\n",a,s,b,c);             //输出计算结果
}
```

高精度乘法操作的实现同样也是使用字符串来对数据的保存和操作。

multiply()函数负责高精度数据的乘法实现。实现过程均仿照数学乘法计算过程。利用 ASCII 码中数字的连续性，获取数字，并计算结果然后保存到字符串中。本程序大致可以计算到两个乘数位数乘积为 1000 的范围内。

程序的主程序等待用户数据的录入，调用函数实现高精度乘法操作。

【实例 13-21】高精度除法，除法操作，同样受 C 语言中数据类型对数值范围的限制，计算范围很有限。制作一个可以计算 200 位整数的除法运算函数。接收用户输入被除数与除数，输出运算结果。具体代码如下：

```
#include <stdio.h>
#include <math.h>
#include <string.h>
#include <malloc.h>

#define N 200

int BigIntSub(char data1[],char data2[])  //两个数的相减
{
```

```
        int value1,value2;
        int i,len1,len2,flag;
        char *data,*sub1,*sub2;
        len1=(int)strlen(data1);
        len2=(int)strlen(data2);
        sub1=(char *)malloc((len1+1)*sizeof(char));
        sub2=(char *)malloc((len1+1)*sizeof(char));
        data=(char *)malloc((len1+1)*sizeof(char));
        for(i=0;i<len1;i++)
            sub2[i]='0';
        data[i]='\0';
        strcpy(sub1,data1);
        strcpy(sub2+(len1-len2),data2);
        for(i=len1-1,flag=0;i>=0;i--)
        {
            value1=sub1[i]-'0'+flag;
            value2=sub2[i]-'0';
            if(value1-value2<0)
            {
                data[i]=value1+10-value2+'0';
                flag=-1;
            }
            else
            {
                data[i]=value1-value2+'0';
                flag=0;
            }
        }

        BigIntTrim(data);
        strcpy(data1,data);
        free(sub1);free(sub2);free(data);
        return 0;
}

int AddDivMub(char value[],char ch)          //往这个数里面添加一个位数，末尾添加
{
    int len=(int)strlen(value);
    char *back;
    back=(char *)malloc((len+2)*sizeof(char));
    strcpy(back,value);
    back[len]=ch;
    back[len+1]='\0';
    strcpy(value,back);
    free(back) ;
    return 0;
}

int BigIntDiv(char div1[],char  div2[],char result[]) //两个数的相除
{
    int i,k,m,len1,len2;
    char *remain;
    len1=(int)strlen(div1);len2=(int)strlen(div2);
    remain=(char *)malloc((len2+2)*sizeof(char));
    strcpy(remain,div1);
    remain[len2]='\0';
    m=0;

    for(i=len2-1;i<len1;)          //首先把余数部分设置为和 DIV2 等长度的 DIV1
    {
```

```
            BigIntTrim(remain);          //整理余数

            if(BigIntEqual(remain,div2)==-1) //把余数和除数比较大小，如果余数小
            {
                AddDivMub(remain,div1[++i]); //就取出 DIV1 中下一位放入到余数中
                result[m++]='0';             //并且把商添加一个 0
            }
            else//否则就把 DIV2 和余数进行比较
            {
                k=0;
                while(BigIntEqual(remain,div2)>=0)     //如果大于或等于 DIV2 进入循环
                {
                    BigIntSub(remain,div2);            //余数和 DIV2 相减
                    k++;
                }
                AddDivMub(remain,div1[++i]);           //添加余数

                result[m++]=k+'0';
            }
    }
    result[m]='\0';//封装商
    BigIntTrim(result);
    return 0;
}

int BigIntTrim(char value[])        //整理这个数的前面没有多余 0
{
    int i,len=strlen(value);
    for(i=0;value[i];i++)
        if(value[i]!='0')
            break;
    if(i==len)
        strcpy(value,"0");
    else
        strcpy(value,&value[i]);
    return 0;
}


int BigIntEqual(char value1[],char value2[])        //判断是否相等
{
    int len1,len2;
    len1=(int)strlen(value1);len2=(int)strlen(value2);
    if(len1>len2)
        return 1;
    else
        if(len1<len2)
            return -1;
        else
            return strcmp(value1,value2);
}

int main()
{
    char div1[N],div2[N],result[N];
    while(scanf("%s%s",div1,div2)==2)
    {
        BigIntDiv(div1,div2,result);
        printf("运算结果为：%s\n",result);
    }
```

```
}
```

　　以上程序的思路是模拟平时进行除法运算时打草稿的运算过程，程序代码完成的功能参看代码中的注释部分，有了前面加、减、乘法的基础，除法运算的过程也很好理解。

13.8　本章小结

　　本章主要讲述了函数的调用和编译预处理。函数的调用是编写大型程序时必不可少的。对一些基本程序的运算，可以很方便地执行。

　　通过对函数的学习，要能够：掌握函数的定义；注意区分函数调用过程中参数的"值传递"和"地址传递"方式；掌握嵌套和递归调用函数的程序设计技术；掌握不同作用域和生产期的变量及函数的定义与引用方法。预编译功能是 C 语言特有的。在程序开发过程中，要注意利用这一特点。通过使用预编译功能，可以缩短源程序的长度，便于程序的移植，增强程序的灵活性。

13.9　习题

　　1. 编一个无返回值、名为 max_min 的函数，对两个整数实参能求出它们的最大公约数和最小公倍数并显示。

　　2. 编一个函数，能将十六进制数转换成十进制数。

　　提示：形参为字符指针，指向放十六进制数的字符数组；返回值为十进制整数。

　　3. 编一个名为 link 的函数，要求如下：

　　形式参数：s1[40]，s2[40]，s3[80]存放字符串的字符型数组。

　　功能：将 s2 连接到 s1 后存入 s3 中。

　　返回值：连接后字符串的长度。

　　4. 利用递归方法求 5!。

　　5. 用递归法实现对一个整数的逆序输出。

第 14 章　指针操作

指针是 C 语言的重要概念，也是 C 语言的一个重要特点。许多程序员评价"指针是 C 语言的精华"。正确灵活地运用指针，可以方便有效地表达复杂的数据结构；可以实现内存空间的动态存储分配；可以提高程序的编译效率和执行速度；可以方便地使用数组；可以直接处理内存单元地址……掌握指针的应用，可以使程序简洁、紧凑、高效。在学习本章内容时，要十分小心，多思考，多比较，在实践中掌握它。

- ❑ 指针与地址；
- ❑ 指针和指针变量；
- ❑ 指针和数组；
- ❑ 指针和函数。

14.1　指针与地址

在计算机中，内存是以字节为单位的连续存储空间，每一个字节都有一个编号，这个编号称为地址。由于内存的存储空间是连续的，因此地址也是连续的。这就像教学楼中的每个教室都有编号一样。在地址所标志的内存单元中存放数据，这相当于教室中的学生一样，如图 14-1 所示。

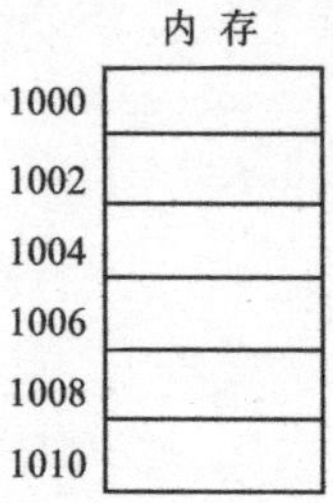

系统为变量分配内存单元地址，地址是一个无符号的整型数。

图 14-1　内存地址

任何变量在其生存期内都占据一定数量的字节。变量占据的字节数与变量的类型有关。例如在 Visual C++中，整型变量占据 2 个字节，浮点型变量占据 4 个字节，双精度型变量占据 8 个字节。一个变量所占字节中的第一个字节的地址，称为这个变量的地址。

内存单元的地址与内存单元的内容是不相同的。定义这样一个变量：int i=3，假设系统为 i 分配的内存地址是 1001 和 1002 这两个内存单元，则 i 的地址是 1001，而 i 的内容是整型数据 3。在程序中，编译系统通过变量名来对内存单元进行存取操作。其实在程序编译过后，系统已经将变量名转换为变量的地址，对变量值的存取操作都是通过地址进行的。这种直接按变量的地址存取变量值的方式称为直接存取方式。

一个变量的内存地址称为该变量的指针。如果一个变量用来存储指针，则称该变量为指针类型的变量（一般称为指针变量）。如果指针变量 a 的值等于变量 b 的地址，则称指针变量 a 指向变量 b。在变量 a 中存放的是 b 的地址，这时要访问 b 所代表的内存单元，可以先找到 a 的地址，从中取出 b 的地址，然后再根据 b 的地址访问 b 所代表的内存单元。这种通过变量 a 得到变量 b 的地址，然后再存取变量 b 的值的方式称为间接存取方式。

举个例子：为了打开小 A 家的门（A 门），有两种方法。一种是将 A 门上的钥匙直接带在身上，这样就能够直接打开 A 门。另一种方法是可以将 A 门上的钥匙放在小 B 家中，当需要打开 A 门时，可以先凭借 B 门的钥匙打开 B 门，取出 A 门上的钥匙，然后再用 A 门的钥匙打开 A 门。第一种方法就是直接访问，第二种方法就是间接访问。

14.2　指针和指针变量

前面已经讲过，变量的内存地址就是变量的指针。那么什么是指针变量呢？顾名思义，指针变量就是用来存放内存地址的变量，也就是用来存放指针的变量。

14.2.1　指针变量的定义

在 C 语言中，除了可以定义整型、字符型等变量外，还可以定义另外一种类型的变量，这种变量是专门用来存放其他变量在内存中所分配的存储单元的首地址的。

假设 p 变量用来存放字符型变量所占用的存储单元的首地址，同时，假定已用某种方式将字符型变量 c 所占用的内存单元的首地址赋给了 p 变量，那么，想通过变量 p 取得字符变量 c 中的内容，可以按照以下步骤进行：

（1）根据变量 p 所占用的内存单元的首地址，读取其中所存放的数据，该数据就是字符变量 c 所占用的内存单元的首地址。

（2）根据第一步取出来的地址及字符变量所占用的存储单元的长度，读取字符变量 c 的值。这种存取 c 变量值的方式就是"间接访问"。

指针变量与普通的变量（如整型变量、浮点型变量等）一样，都是需要定义的，其定义的一般形式为：

```
类型说明符 *标识符;
```

一般变量的定义形式为：

```
类型说明符　标识符;
```

由此可见，定义指针变量也是需要定义其类型的。前面已经提到，不同类型的数据占据的字节数是不同的，因此在定义一个指针变量时需要给出其类型说明符，这样可以明确地知道该指针变量指向的数据是何种类型。

```
int a,b,c;
int *p;
p=&a;
a=5;
b=10;
c=a+b;
```

内存地址与变量对照，如图 14-2 所示。

定义这样两个指针变量：

```
int *a;      //该指针变量指向数据为整型数据
float *b;    //该指针变量指向数据为浮点型数据
```

指针变量 a 只能指向整型数据，指针变量 b 只能指向浮点型数据。即指针变量只能指向同一类型的变量。不同类型变量所占的存储空间不一样。指针变量的类型说明是为了告诉系统按变量中的地址从内存选取几个字节。例如：

整型数据占用 2 个字节，取 2 个字节；

字符数据占用 1 个字节，取 1 个字节；

实型数据占用 4 个字节，取 4 个字节。

那么怎么给指针变量赋值呢？

变量名	内存单元起始地址	长度
a	1000	2
b	1002	2
c	1004	2

```
1000  10  a           p  1000
1002  20  b              1002
1004  30  c              1004
```

图 14-2　内存地址与变量对照

指针变量的值是地址，是无符号的整型。但是，不能把整型常量赋给指针变量。

在前面的程序中，我们经常用到 scanf() 函数，如 "scanf("%d",&a);" 表示向变量 a 赋值。它的工作原理就是将数据存放到 a 的内存地址，即 a 的指针中，其中 "&" 表示取地址，"&a" 表示的就是变量 a 的地址。

用变量的地址给指针变量赋值，要求变量的类型必须与指针变量的类型同。我们这样为指针变量赋值：

```
int b;
int *a=&b;          /*b表示一个整型变量，下同*/
或
int *a;
a=&b;
/*/将变量b的地址存放到指针变量a中，因此a就"指向"了b*/
int *p;
p=null;             /*赋空值null*/
```

此处，我们将指针变量 p 赋值为空。赋值为空和不赋值是不一样的。如果不赋值，指针变量的值是随机的，不赋值的指针变量的值是随机的，使用时会导致系统毁坏。指针变量前的 "*" 号表示该变量的类型为指针类型。指针变量名是 "a"，而不是 "*a"。如果一个表达式的值是指针类型的，则称这个表达式是指针表达式。

无论指针变量指向何种类型数据，指针变量本身是整型的，即指针变量本身也是有地址的，占两个字节的存储空间。尽管指针变量本身是整型的，但是指针变量只能存放数据的地址，不能将一个整型变量赋值给一个指针变量。在为指针变量赋值时，要注意类型的匹配。整型数据的地址只能存放在指向整型数据的指针变量中，如

```
int a;
float b;
int *x=&a;          /*这样赋值是正确的*/
int *y=&b;          /*这样赋值是不正确的*/
```

【实例 14-1】指针变量定义与赋值。

```
#include<stdio.h>
void main()
{
    int i=3,j=5;                    /*定义整型数据i，j*/
    int *p,*q;                      /*定义整型指针变量p，q*/
    p=&i,q=&j;                      /*为p，q赋值*/
    float a=5.8,b=7.9;              /*定义浮点型数据a，b*/
    float *c,*d;                    /*定义浮点型指针变量c，d*/
    c=&a,d=&b;                      /*为c，d赋值*/
    char m='I',n='l';               /*定义字符型变量m、n*/
    char *x,*y;                     /*定义字符型指针变量x、y*/
    x=&m,y=&n;                      /*为x、y赋值*/
    printf("i=%d, j=%d\n",*p,*q);
    printf("a=%f, b=%f\n",*c,*d);
    printf("m=%c, n=%c\n",*x,*y);
}
```

程序运行结果如下：

```
i=3,j=5
a=5.800000,b=7.900000
m=I,n=l
```

在本程序中，分别定义了三种类型的数据变量和对应三种指针变量，并为指针变量赋值。在输出语句中用到的 *号，表示取内容，*p 表示取指针变量 p 所指向的内容。指针变量还可以指

向数组、函数、字符串，这些内容我们会在后面慢慢道来。

14.2.2　指针变量的引用

在讲指针变量引用之前，先介绍两个有关的运算符。

- ❑ &：取地址运算符。作用是获取变量的地址。形式为：&变量。例如，&a 是获取变量所占内存空间的首地址。
- ❑ *：取内容运算符。作用是取指针变量指向的内容。形式为：*指针变量名。例如，*p 表示指针变量所指向内存单元中的数据。

指针变量正是通过这两个运算符参与到程序中的。&a 表示变量 a 的地址，*b 表示指针变量 b 所指向存储单元的内容。

通过指针变量访问所指变量：

（1）将指针变量指向被访问的变量（先指向）

```
P=&a;
```

（2）访问所指变量（再取值或赋值）

取值：b=*p;

赋值：*p=100;

【实例 14-2】指针变量的应用。

```
#include<stdio.h>
void main()
{
    int a=5,b=3;
    int *x,*y;                  /*定义两个指针变量*/
    x=&a,y=&b;
    printf("a=%d,b=%d\n",a,b);
    printf("*x=%d,*y=%d\n",*x,*y);
}
```

程序运行结果如下：

```
a=5, b=3
*x=5, *y=3
```

在程序开头，分别定义了两个整型变量（a、b）和两个指针变量（x、y）。x 和 y 只能指向整型变量。然后，让 x 指向 a，y 指向 b，这样在 x 中存放的是 a 的地址，y 中存放的是 b 的地址。接下来，输出 a、b 的值，然后输出 x 和 y 所指向存储单元的内容，由结果可知，x、y 指向存储单元内容即是 a 和 b 的值。

在程序中两次出现了*x 和*y，它们的意义是不同的。程序第 5 行出现的*x 和*y 的作用是，定义两个指针型变量 x 和 y。程序第 8 行出现的*x 和*y 代表指针变量 x 和 y 指向的变量。

特别的，如果在一个表达式中同时出现"&"和"*"，一定要小心地分析该表达式。"&"和"*"两个运算符的优先级别相同，但按自右而左的方式进行结合。例如&*a;，很明显，a 是一个指针变量，按照自右而左的顺序进行结合，首先取 a 指向的变量，然后再对该变量取地址，结果仍然是 a。

> **Tips**　一定要有 x=&a;和 y=&b;，否则，指针变量在为存储确定地址时，值是不确定的，不能使用，会造成系统的崩溃。

【实例 14-3】指针变量的应用。输入两个数，交换它们的值。

```
#include<stdio.h>
void main()
{
    int a,b,c;
    int *x,*y;                 /*定义两个指针变量*/
    x=&a,y=&b;
    scanf("%d,%d",x,&b);
    c=*x;
    *x=*y;
    *y=c;
    printf("a=%d,b=%d\n",a,b);
}
```

程序运行结果如下：

```
5, 3✓
a=3,b=5
```

指针类型可以作为函数的参数。

【实例14-4】 指针类型作为函数参数。

```
#include<stdio.h>
void change(int *a,int *b)        /*定义 change()变量，有两个指针类型的形式参数*/
{
    int c;
    c=*a;
    *a=*b;
    *b=c;
}
void main()                        /*主函数*/
{
    int a=5,b=3;
    int *x,*y;
    x=&a,y=&b;
    change(x,y);
    printf("a=%d,b=%d\n",a,b);
}
```

程序运行结果如下：

```
a=3,b=5
```

在该例中，change()函数有两个指针类型的形式参数。change()函数可以将实际参数 a 和 b 的值互换。在不使用指针的情况下，实现这种功能的函数是不容易设计的。该函数的原理是将实际参数的地址指向的内容互换。

乘法运算符 "*" 与取内容运算符 "*" 书写方法相同，但是这两个运算符是完全不相同的，两者之间没有任何联系。同样，位运算符 "&" 与取地址运算符 "&" 之间也没有任何联系。

14.2.3　指针的运算

指针变量同普通的变量一样，可以进行多种运算。对指针变量可以进行赋值运算、取地址运算、取内容运算、加减算术运算、关系运算。

1. &和*运算

&和*运算符的优先级同++、--、! 等运算符优先级别相同。并且是自右向左的结合方式。

【实例14-5】 测试运算符。

```
#include <stdio.h>
void main()
{
```

```
    int  a=2,*p=&a,*q=&a;
    printf("%d,%d",*p++,*(q++));          /*输出 a 的值*/
    printf("\n");
    printf("%d,%d",*p++,*(q++));          /*输出 a 的下一地址所存的值*/
    printf("\n");
    a=2;
    p=&a;
    q=&a;
    printf("%d,%d",*p++,*(++q));
}
```

运行程序，输出结果：

```
2,2
1245120,1245120
2,1245120
```

当 p 及 q 的值发生变化，指向另一个不确定的变量时，会得到不可预料的结果。此题中，我们得到的结果是 1245120，不同时候得到的结果可能是不一样的。

因为&和*运算符的优先级同++、--、! 等运算符优先级别相同，并且是自右向左的结合方式，所以，*p++相当于*(p++)，取出 a 的值，然后指针加 1。

【实例 14-6】 求下列各值。

```
#include<stdio.h>
void main()
{
    int a,b,c;
    int *pa,*pb,*pc;
    pa=&a;
    pb=&b;
    pc=&c;
    scanf("%d%d",pa,pb);
    printf("%d,%d",*pa,*pb);        /*输出 a 和 b 的值*/
    c=a+b;
    printf(",%d",*pc);              /*输出 a 值和 b 值的和*/
    *pc=a+*pb;
    printf(",%d",c);
    c=*pa**pb;
    printf(",%d",*pc);             /*输出 a 值和 b 值的乘积*/
    c=++(*pa)+(*pb)++;
    printf(",%d",c);               /*输出 a 的值加 1 再加上 b 的和*/
    c=(*pa)++ +*pb++;
    printf(",%d",c);               /*输出 a 值和 b 值的和*/
    printf(",%d,%d",a,b);          /*输出最终 a 和 b 的值*/
}
```

运行程序，输入：

```
2 3
```

输出结果：

```
2,3,5,5,6,6,7,4,4
```

2. 赋值运算

赋值运算的一般形式为：

```
指针变量=指针表达式
```

❑　可以将一个指针变量的值赋给相同类型变量的一个指针变量。例如：

```
int a,*b,*c;
b=&a;
```

```
c=b;
```

指针变量 b 的值就是 a 的地址。第三个语句就是将 b 的值赋给 c，这样 c 的值就也成了 a 的地址。指针变量 b 和 c 都指向变量 a。

❑ 可以将数组的首地址赋值给指针变量。例如：

```
int a[10],*b;
b=a;
```

由于数组在内存中占据的是一段连续的内存空间，数组名代表数组的首地址，所以可以直接将数组名赋给一个指针变量。注意，在赋值语句中的数组名前不用加"&"取地址符。

3. 算术运算

数值变量可以进行加减乘除算术运算。而对于指针变量来说，它存放的是内存地址，因此对两个指针变量进行乘除运算是没有意义的。指针的算术运算主要是指指针的加减运算。

（1）指针变量与整数相加、减

将指针加上或减去某个整数值，表示将指针向前或向后移动 n 个数据单元，如

```
int a[5],*b,*c;
b=&a[1];
c=b+2;
```

指针变量 b 存放的是数组 a 的第二个元素，对 b 进行加法运算，b+2 表示将指针向前移动 2 个单位，则 c 中存放的是数组 a 的第 4 个元素。只有当运算过后的指针依然指向连续存放的同类型数据区域（如数组）时，指针加、减整数才有意义。

（2）指针变量的自增、自减运算

变量自增、自减的一般形式为：

```
p++, p--, ++p, --p
```

其中 p 为指针变量。

p++与++p 运算后，p 指向下一个数据。两者的区别是表达式 p++的值是运算前的 p 值，++p 的值是运算后的 p 值；p--与--p 关系同上，只不过运算后，p 指向前一个数据。

前两种运算都是指针变量与整型数据之间的运算（++p 等价于 p=p+1），指针变量之间也是可以进行算术运算的。主要用到的是它们之间的减法运算。同类指针变量相减的结果是这两个指针之间数据元素的个数。

【实例14-7】指针的算术运算示例。

```
#include<stdio.h>
void main()
{
    int i,a[10],*x,*y;
    for(i=0;i<10;i++)              /*输出数组的值*/
    {
        a[i]=i+1;
        printf("%d ",a[i]);
    }
    printf("\n");
    x=a,y=&a[5];
    printf("%d\n",*x+2);
    printf("%d\n",*x++);
    printf("%d\n",*x+5);
    printf("%d\n",y-x);
}
```

程序运行结果如下：

```
1 2 3 4 5 6 7 8 9 10
3
1
7
4
```

分析：程序定义了一个有 10 个元素的数组，这 10 个元素分别为：1、2、3、4、5、6、7、8、9、10。在指针变量 x 中存放的是数组的首地址，y 中存放的是 a[5]（数组的第 6 个元素）的地址。

第一个输出语句输出的是 x 向前移动两个单位指向的内容，因此 x+2 指向数组的第 3 个元素，输出结果为 3。第二个输出语句中，前面已经讲到过，x++表达式的值为自加前 x 的值，执行该语句后，x 指向下一个元素，即数组的第 2 个元素，因此输出自加前 x 指向的内容：1。第三个输出语句中，由于 x 已经指向数组的第 2 个元素，因此 x+5 指向数组的第 7 个元素，输出结果为 7。最后一个输出语句中，x 指向数组的第 2 个元素，y 指向数组的第 6 个元素，因此，y-x 表示两个变量之间的元素个数为 4。

4．关系运算

两个指针变量之间可以进行关系运算。用到的关系运算符有：==（相等）、!=（不等）、>、<、>=、<=。指针变量之间的关系运算与一般变量之间的关系运算方式是相同的。

【实例 14-8】指针关系运算示例。求数组 a 中元素的和。

```
#include<stdio.h>
void main()
{
    int i,sum,a[10],*x,*y;
    sum=0;
    for(i=0;i<10;i++)
    {
        a[i]=i+1;
    }
    x=a;
    y=&a[9];
    for(x;x<=y;x++)                  /*指针变量之间进行关系运算*/
    {
        sum=sum+*x;                  /*使用指针来求数组元素和*/
    }
    printf("sum=%d\n",sum);
}
```

程序运行结果如下：

```
sum=55
```

分析：本程序定义了有 10 个元素的数组，这 10 个数组分别为 1、2、3、4、5、6、7、8、9、10。在程序第 8 行，也就是第 2 个 for 语句中，使用了指针来代替数组中的元素进行比较。x 为元素首地址，即 x 为 a[0]地址，y 为 a[9]即数组中最后一个元素的地址。然后用 x 和 y 进行比较，使数组中所有元素地址都被使用过。当然我们也可以不用指针来实现同样功能，例如，将求数组中元素和那段程序修改成如下同样可以完成：

```
for(i=0;i<9;i++)
    sum=sum+a[i];
```

使用指针可以提高程序运行速度，缩短使用时间，提高效率。因此，在程序设计中要充分利用指针。

14.3   指针和数组

一个变量有地址，一个数组同样有地址。不同的是，一个数组包含有若干个元素，每个元素都要占据内存空间，且数组占据的内存空间也是连续的。指针变量既然可以指向变量，也可以指向数组。因此，在引用数组元素的时候，可以用下标法（如 a[6]），也可以使用指针法，即通过指向数组元素的指针找到所需的元素。使用指针法能够使目标程序质量高：占内存少，运行速度高。

14.3.1   数组的指针和指向数组的指针变量

一个变量有地址，一个数组元素包含若干个数组元素，每个数组元素都在内存中占用存储单元，它们都有相应的地址，这个地址就可以用指针来实现存储。例如：

```
int a[5];
int *p,*q;
p=&a[0];
q=&a[2];
*p=5;
*q=8;
```

定义一个指向数组元素的指针变量的方法与定义指向变量的指针变量的方法相同。例如：

```
int a[10],*b;
b=&a[5];
```

C 语言规定：

数组名代表数组的首地址，也就是第一个元素 a[0]的地址。因此：a ⇔ &a[0]

若：p=a;   /* 或写成 p=&a[0]; */

则：

p+1 ⇔ &a[1]

*(p+1) ⇔ a[1]

p+i   ⇔ &a[i]

*(p+i) ⇔ a[i]

C 语言编译系统在处理下标变量时，要把它转换成地址符的形式。数组名代表该数组的首元素的地址，数组的指针即为数组首元素的地址。因此，p=a; 与 p=&a[0]; 这两个语句是等价的，它们都表示数组 a 的地址。

既然数组中的元素都是有地址的，那么我们就可以通过指针变量来引用数组中的元素。

C 语言中规定：如果指针变量 p 已经指向数组中的一个元素，则 p+1 表示指向下一个元素，而不是将 p 的值简单地加 1。例如数组元素是浮点型，每个元素要占 4 个字节，则 p+1 意味着 p 的值加 4 个字节，因此 p+1 的地址实际上是 p+1×d，d 为一个数组元素所占的字节数。

在不同的编译中，同一类型数据占的字节数可能是不同的。

由于数组名代表数组的首地址，因此在实际应用的时候可以充分利用这一特点。在前面的例子中我们已经多次用到这一特点。

【实例 14-9】数组指针的应用。利用指针把一个数组中的元素复制到另一个数组中去。

```
#include<stdio.h>
void main()
{
    int a[5],b[5],*i,j,*x,*y;
    for(i=a;i<=&a[4];i++)
```

```
    {
        scanf("%d",i);              /*i 为地址变量,因此不用"&"取地址符*/
    }
    for(j=0;j<5;j++)
    {
        printf("%d ",a[j]);
    }
    printf("\n");
    x=a,y=b;                        /*数组名代表数组的地址*/
    for(x=a;x<=&a[4];x++,y++)
    {
        *y=*x;                      /*利用地址将数组 a 中元素复制到数组 b 中*/
    }
    for(j=0;j<5;j++)
    {
        printf("%d ",b[j]);
    }
    printf("\n");
}
```

程序运行结果如下:
```
3✓
56✓
4✓
7✓
23✓
3 56 4 7 23
3 56 4 7 23
```

请读者仔细阅读该程序,分析指针在该程序中的作用。

数组名代表数组首元素的地址,它是一个常量,它在程序运行期间是不变的。因此对下面两个语句:
```
for(p=a;a<p+10;a++)       /*a 为数组 a 的数组名  */
  printf("%d",*a);
```

由于 a 是一个常量,因此 a++是无法实现的。

要注意指针变量当前值。这一点与普通变量相同。变量的值是可以改变的,因此在使用一个变量时一定要注意当前值。使用指针变量指向数组时,应该保证变量指向的数组元素有效。注意指针变量的运算。特别是注意指针的自加、减运算。指向数组的指针都是可以作为函数参数的。

数组元素的引用可以用:

❑　下标法,a[i]　p[i]。

❑　指针法,*(a+i) 或 *(p+i)。

其中,指针变量 p=a;指向数组 a 的首地址,如图 14-3 所示。

若 int a[10], *p=a;,则 p+1 是 a 数组起始地址加 2 个字节;

若 float a[10], *p=a;,则 p+1 是 a 数组起始地址加 4 个字节。

运算公式:a+i*d

注意:

❑　C 语言中规定 p+1(或 p++)指向数组的下一个元素(并不是地址值简单加 1)。

❑　当 p 的初值为 a 的首地址时,p+i 或 a+i 就是 a[i]的地址,因为 a 代表了数组的首地址。

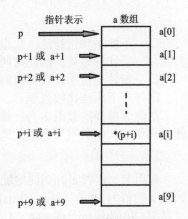

图 14-3　元素数组的引用

❑ *(p+i)或*(a+i)所指的数组元素就是 a[i]的内容。
❑ 指向数组的指针变量也可以带下标，如:*(p+i)等价于 p[i]，即 a[i]。

【实例 14-10】输出数组中的全部元素。

```c
#include <stdio.h>
main( )
{
    int a[10]={1,2,3,4,5,6,7,8,9,10};
    int *p, i ;
    printf("\n 下标法:\n");
    for(i=0 ; i<10 ; i++)      /*循环下标输出*/
    {
        printf("%d  ", a[i]);
    }
    printf("\n 指针法(数组名):\n");
    for(i=0 ; i<10 ; i++)    /*循环指针输出*/
    {
        printf("%d  ",*(a+i));
    }
    printf("\n 指针法(指针变量):\n");
    p=a;
    for(i=0 ; i<10 ; i++)       /*指针变量输出*/
    {
        printf("%d  ",*(p+i)/p[i]);
    }
    printf("\n 指针法(指针变量):\n"); /*指针变量输出*/

    for(p=a ; p<a+10 ; p++)
    {
        printf("%d  ",*p) ;
    }
    printf("\n") ;
}
```

运行程序，输出结果：

```
下标法:
1  2  3  4  5  6  7  8  9  10
指针法<数组名>:
1  2  3  4  5  6  7  8  9  10
指针法<指针变量>:
1  1  1  1  1  1  1  1  1  1
指针法<指针变量>:
1  2  3  4  5  6  7  8  9  10
```

方法的比较：

❑ 下标法和指针法（数组法）执行效果是相同的。编译系统是先将 a[i]转换为*(a+i)，先要计算地址。因此这两种方法找数组元素比较费时。
❑ 指针变量法是直接指向数组元素，p++的自加操作是比较快的。
❑ 用下标法比较直观。

在前面提到的数组多为一维数组，那么多维数组元素的指针是怎样的呢？在多维数组中，数组名仍然代表数组首元素的地址。例如：

```c
int a[3][4];
```

数组名 a 代表 a[0][0]的地址，a 也代表首行首元素的地址。a+1 代表第二行首元素的地址。如果 a 的值为 1000，则在 Visual C++中 a+1 的值为 1016，因为首行有 4 个元素，因此 a+1 的含义是 a[1][0]的地址，即 a+4×4。同理，a+2 代表第 3 行的首元素地址。

C 语言中规定，a[0]、a[1]即是一维数组名，也代表多维数组中第 1 行、第 2 行的首元素地址。因此数组 a[3][4]中第 2 行第 3 个元素的地址为 a[1]+2，也可为*(a+1)+2。

请务必牢记：a[i]与*(a+i)是等价的，它们都表示第 i 行的首元素地址。

【实例 14-11】 多维数组的指针。

用多种方法输出多维数组中一些元素的值。

```c
#include <stdio.h>
void main()
{
    int a[3][4]={1,4,7,9,6,8,23,97,34,65,50,12};
    printf("%d\n",&a[0][0]);        /*使用取地址符获得首元素地址*/
    printf("%d\n",a[0]);            /*使用 a[0]代表数组第一行第一个元素地址*/
    printf("%d\n",a);               /*使用数组名代表数组首元素地址*/
    printf("%d\n",a+2);             /*第 3 行首元素地址*/
    printf("%d\n",*(a+2));          /*第 3 行首元素地址*/
    printf("%d\n",&a[2][3]);        /*使用取地址符获得 a[2][3]地址*/
    printf("%d\n",*(a+2)+3);
    printf("%d\n",a[2]+3);
    printf("%d\n",a[2][3]);
    printf("%d\n",*(a[2]+3));
    printf("%d\n",*(*(a+2)+3));
}
```

在 Visual C++中某一次程序运行结果如下：

```
1244952
1244952
1244952
1244984
1244984
1244996
1244996
1244996
12
12
12
```

在上例中使用了多种方法来获取多维数组元素的地址、值。在实际应用中，要能够熟练运用这几种方法，提高程序运行效率，增强程序可读性。

在了解以上知识后，可以用指针变量指向多维数组的元素。指向多维数组元素的指针变量在使用上与一维数组的指针变量相同，只不过更复杂了。

【实例 14-12】 多维数组指针变量的应用。

```c
#include<stdio.h>
void main()
{
    int a[3][4]={1,4,7,9,6,8,23,97,34,65,50,12};
    int i,j,(*p)[4];                /*int (*p)[4]表示 p 指向包含 4 个整型数据的一维数组
*/
    p=a;
    scanf("%d,%d",&i,&j);           /*要保证 i<3,j<4*/
    printf("%d\n",*(*(p+i)+j));
}
```

程序运行结果如下：

```
1，3↙
97
```

程序中第 6 行 "int (*p)[4]" 表示 p 指向包含 4 个整型数据的一维数组。注意 "(*p)" 中括号

是不能少的，int *p[4]表示定义一个指针数组。

14.3.2 指针数组和指向指针的指针

在整型数组中的元素都是整型，在字符型数组中的元素都是字符型，在指针数组中的元素都是指针类型数据。指针数组中的每一个元素都相当于一个指针变量。指针数组的每个元素只能存放地址型数据。指针数组的定义形式为：

类型说明符 *数组名[数组长度1]…[数组长度2]…;

注意：

- ❏ 类型说明符不是指针数组元素中存放的数据类型，而是它将指向的变量的数据类型。指针数组中的元素都是地址型的数据，与这里的类型说明符不是一回事。
- ❏ 指针数组名的前面必须有"*"号。在定义指针数组时，不能写成"(*数组名)[n]"，否则，所定义的是指向长度为n的一维数组的指针变量，而不是指针数组。

除符号"*"外，指针数组的定义方式与定义普通数组相同。例如：

```
int *a[3][4];
```

定义了一个二维的整型指针数组。

指针数组中的元素都是指针。那么定义这样一个数组有什么作用呢？指针数组一般用来指向若干个字符串，使字符串处理更灵活。

例如，有这样三个字符数组，char a[]="hello world.";char b[]="I love China!";char c[]=" I'm a student.",如果想定义一个数组存储这三个字符串，就需要根据最长的一个字符串来确定数组的宽度，这样会浪费很多存储单元。这时我们就可以定义一个指针数组，使数组中的元素指向不同的字符串，这样各字符串的长度可以不一样，从而节省内存空间，如图14-4所示。

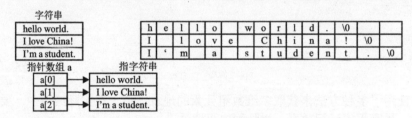

图14-4 指针数组

指针数组元素的引用和普通数组元素的引用方法完全相同：

下标法   指针数组名[下标]
指针法   *(指针数组名+i)

下面通过举例来说明：

```
int x[5],a,b,*p[5];
p[0]=x;                 /*指针数组元素p[0]指向整型数组x的首地址*/
p[1]=x+2;               /*指针数组元素p[1]指向整型数组x的元素x[2]*/
*(p+2)=&a;              /*指针数组元素p[2]指向整型变量a*/
*p[0]=1;                /*给p[0]指向的整型数组元素x[0]赋值为1*/
*(*(p+1))=2;            /*给p[1]指向的整型数组元素x[2]赋值为21*/
*p[2]=3;                /*给p[2]指向的整型变量a赋值为3*/
b=p[0]<p[1];            /*比较p[0]和p[1]中的地址值，结果变量b为1*/
p[0]++,--p[1];          /*结果p[0]和p[1]均指向整型数组元素x[1]*/
```

【实例14-13】指针数组应用示例。把几个字符串按字母顺序（由大到小）输出。

```
#include<stdio.h>
#include<string.h>
```

```
void sort(char *p[],int n)                  /*按从小到大排列数组元素*/
{
    char *temp;
    int i,j,k;
    for(i=0;i<n;i++)                        /*循环处理 n 个字符*/
    {
        for(j=i+1;j<n;j++)
        {
            if(strcmp(p[i],p[j])<0)         /*p[i]<p[j]进行数据交换*/
            {
                temp=p[i];
                p[i]=p[j];
                p[j]=temp;
            }
        }
    }
}
void print(char *p[],int n)         /*输出数组元素*/
{
    int i;
    for(i=0;i<n;i++)
    {
        printf("%s\n",p[i]);
    }
}
void main()
{
    char *p[]={"hello world.", "I love China!", "I'm a student.", "void main"} ;
    int n=4;
    sort(p,n);
    print(p,n);
}
```

程序运行结果如下：

```
void main
hello world
I'm a student.
I love China!
```

在程序中定义了一个指针数组，它有 4 个元素，分别指向 4 个字符串，这 4 个字符串的长度是不相等的。Sort()函数的作用是对字符串进行排序，仔细观察会发现排序使用了冒泡法。Print()函数的作用是输出各字符串。sort()函数中用到的字符串比较函数包含在 string.h 文件中，因此在程序开始要将该文件包含到程序中。

我们可以用指针变量指向整型数据、浮点型数据、字符型数据、数组……，那么是否可以用指针变量指向指针呢？答案是可以的。

我们可以这样定义一个指向指针的指针：

类型说明符 **二级指针变量名={初值}，…

char **p；在 p 前面有两个*号，表示 p 是一个指向字符型指针的指针变量。我们通常将指向指针的指针变量称为二级指针。同指针的定义一样，**并不是变量名的一部分；指针的运算同样适用于二级指针。

注意：在定义时的类型说明符是它将指向的一级指针变量（或一级指针数组）所指向的普通变量或数组的数据类型。

只有"二级指针"才能指向一级指针型数组，依此类推。

【实例 14-14】指向指针的指针的应用示例。

```
#include<stdio.h>
void main()
{
    /*定义一个指针数组
    char *a[]={"hello world.", "I love China!", "I'm a student.", "void main"} ;
    char **p;          /*定义一个指向指针的指针变量*/
    p=a;               /*a 表示指针数组的首元素地址*/
    int i;
    for(i=0;i<4;i++)
    {
        printf("%s\n",*(p+i));
    }
}
```

程序运行结果如下：

```
hello world.
I love China!
I'm a student.
void main
```

程序中定义了一个二级指针 p，指针数组 a。由前面所学的知识可知，a 代表数组 a 中首元素的地址，p=a，即将这个地址赋值给 p，因此 p 现在指向 a 中首元素的地址。因为数组 a 中的元素都是指针，p=a 是正确的。*p 表示 a 中的首元素。然后再由*p 输出字符串。

理论上我们还可以定义三级指针、四级指针等，但是级数越多，越难理解，容易产生混乱，出错几率也大，因此很少用到三级、四级甚至更高级的指针。

14.3.3　指向字符串的指针

在 C 语言中没有专门的字符串变量，如果想把一个字符串存放在变量中予以保存，必须使用数组，即使用字符型数组来存放字符串，数组中的每一个元素存放一个字符。可以有两种方法获得一个字符串的指针。

❑　用字符串数组存放一个字符串，这样可以用数组的地址代表字符串的地址。例如：

```
char a[ ]="I love China!",*p;
p=a;
```

❑　使用指针变量直接指向字符串。例如：

```
char *p="I love China!";
```

该语句并不是把字符串"I love China!"中的字符存放到 p 中，而是将字符串的首地址放到 p 中。在 C 语言中对字符串常量的处理是按字符数组处理的，编译系统会在内存中自动建立一个字符数组来存放字符串常量。使用指针变量直接指向字符串的实质是使指针变量指向字符数组。因此，字符串指针与指向字符串的指针实际上是字符数组的指针与指向字符数组的指针。

【实例 14-15】指针变量与字符串。

```
#include<stdio.h>
#define S printf("\n");
void main()
{
    char a[]="hello,world.",*p="I'm a student.";
    int i;
    printf("%s\n",a);                    /*输出第一个字符串*/
    printf("%s\n",p);                    /*输出第二个字符串*/
    for(i=0;a[i]!='\0';i++)              /*使用下标法输出第一个字符串中的字符*/
    {
        putchar(a[i]);
```

```
    }
    S                              /*使用宏*/
    for(;*p!='\0';p++)             /*使用指针变量输出第二个字符串中的字符*/
    {
        putchar(*p);
    }
    S                              /*使用宏*/
}
```

程序运行结果如下:

```
hello,world.
I'm a student.
hello,world.
I'm a student.
```

在该程序中使用了 4 种方法来输出字符串,仔细阅读程序,分析这 4 种方法。使用字符数组名或字符指针可以输出一个字符串。

在内存中,字符串的最后被自动加了一个'\0',用来标志字符串的结束。用字符数组名或字符指针可以输出一个字符串。这是因为在 printf("%s\n",a); 和 printf("%s\n",p); 语句中,系统先输出指针指向的字符,然后会使指针变量自动加 1,指向下一个字符,再输出字符,直到字符串结束。这种情况只有对字符数组才适用,对其他类型的数组是不适用的。作为指针变量的一种,字符指针也是可以作为函数参数的。

14.3.4 数组名作为函数参数

数组名作为函数参数时,传递的是数组的首地址。因此,形参数组中元素的值发生变化后,返回调用函数时,实参数组的相应元素的值也发生变化。因为实参数组和形参数组共享同一段内存。例如:

```
fun (int arr[],int n)
{
    ...
}
void main()
{
    int array[10];
    ...
    fun(array,10);
    ...
}
```

array 是实参数组名,arr 是形参数组名。它们在内存中的形式如图 14-5 所示。

由于实参和形参是地址传递,因此,函数的实参和形参的对应关系有:

❑ 形参和实参都用数组名。
❑ 实参用数组名,形参用指针变量。因为数组名是数组的首地址,传递的是地址,形参 arr 可以用指针变量。
❑ 实参和形参都用指针变量。
❑ 实参用指针变量,形参用数组名。

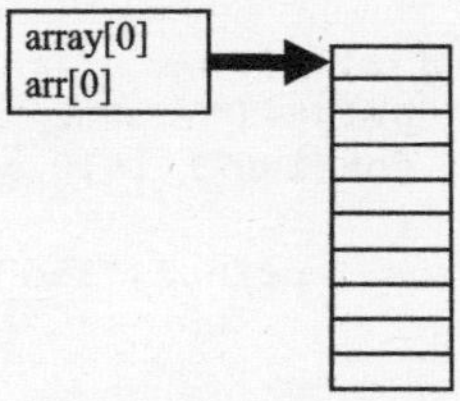

图 14-5 实参与形参在内存中的形式

【实例 14-16】对上面的 4 种情况,进行具体的举例说明。形参和实参都用数组名。

```
#include <stdio.h>
f(int x[ ] , int n)
{
```

```
        int i;
        for (i=0 ; i<n ; i++)
        {
            x[i]=x[i]*x[i];
        }
}
void main( )
{
    int a[10]={1,2,3,4,5,6,7,8,9,10};
    int i ;
    printf("\n原值:");
    for(i=0 ; i<10 ; i++)
    {
        printf("%d  ",a[i]);
    }
    f(a,10);
    printf("\n新值:");
    for(i=0 ; i<10 ; i++)
    {
        printf("%5d",a[i]);
    }
}
```

运行程序，输出结果：

```
原值: 1 2 3 4 5 6 7 8 9 10
新值:    1    4    9   16   25   36   49   64   81  100
```

实参用数组名，形参用指针变量。

```
#include <stdio.h>
f(int *p , int n)
{
    int i;
    for (i=0 ; i<n ; i++)
    {
        p[i]=p[i]*p[i];
    }
}
void main()
{
    int a[10]={1,2,3,4,5,6,7,8,9,10};
    int i ;
    printf("\n原值:");
    for(i=0 ; i<10 ; i++)
    {
        printf("%d  ",a[i]);
    }
    f(a,10);
    printf("\n新值:");
    for(i=0 ; i<10 ; i++)
    {
        printf("%5d",a[i]);
    }
}
```

运行程序，输出结果：

```
原值: 1 2 3 4 5 6 7 8 9 10
新值:    1    4    9   16   25   36   49   64   81  100
```

实参和形参都用指针变量。

```
#include <stdio.h>
f(int *p , int n)
{
    int i;
    for (i=0 ; i<n ; i++)
    {
        p[i]=p[i]*p[i];
    }
}
void main( )
{
    int a[10]={1,2,3,4,5,6,7,8,9,10};
    int i,*p ;
    printf("\n 原值:");
    for(i=0 ; i<10 ; i++)
    {
        printf("%d  ",a[i]);
    }
    p=a;
    f(p,10);
    printf("\n 新值:");
    for(i=0 ; i<10 ; i++)
    {
        printf("%5d",a[i]);
    }
}
```

运行程序，输出结果：

```
原值: 1  2  3  4  5  6  7  8  9  10
新值:    1    4    9   16   25   36   49   64   81   100
```

实参用指针变量，形参用数组名。

```
#include <stdio.h>
f(int x[ ] , int n)
{
    int i;
    for (i=0 ; i<n ; i++)
    {
        x[i]=x[i]*x[i];
    }
}
void main( )
{
    int a[10]={1,2,3,4,5,6,7,8,9,10};
    int i,*p ;
    printf("\n 原值:");
    for(i=0 ; i<10 ; i++)
    {
        printf("%d  ",a[i]);
    }
    p=a;
    f(p,10);
    printf("\n 新值:");
    for(i=0 ; i<10 ; i++)
    {
        printf("%5d",a[i]);
    }
}
```

运行程序，输出结果：

```
原值: 1 2 3 4 5 6 7 8 9 10
新值:   1   4   9   16  25  36  49  64  81  100
```

【实例 14-17】用数组名作为函数参数，求数组中的最大值。

```c
#include <stdio.h>
int array_max(int x[ ],int n)                /*求最大值*/
{
    int i,m= x[0] ;
    for(i=1;i<n;i++)
    {
        if(m< x[i])
            m= x[i] ;
    }
    return m;
}
void main()
{
    int a[ ]={8,7,55,23,49},max;
    max=array_max(a,5);
    printf("Max=%d\n",max);
}
```

运行程序，输出结果：

```
Max=55
```

因为数组名传递的是数组的首地址，x[i]=*(x+i)。所以例题可以改写成实参为数组名，形参为指针变量的程序。

```c
#include <stdio.h>
int array_max(int *x,int n)
{
    int i,m= *x ;
    for(i=1;i<n;i++)
    {
        if(m< *(x+i))
            m=*(x+i) ;
    }
    return m;
}
void main()
{
    int a[ ]={8,7,55,23,49},max;
    max=array_max(a,5);
    printf("Max=%d\n",max);
}
```

运行程序，输出结果：

```
Max=55
```

通过上面的改变，我们可以发现程序编写的灵活性。这是指针的一个特色，我们还可以进一步将程序进行优化。在 C 语言中，我们将数组转换成指针来处理，即先计算元素地址。找数组元素是一件费时费力的事。指针变量指向元素，不必每次都重新计算地址。这种变化操作比较快，能大大地提高程序的执行效率。

我们更改上述程序，如下：

```c
#include <stdio.h>
int array_max(int *x,int n)
{
    int i,m= *x++ ;
```

```
    for(i=1;i<n;i++,x++)
    {
        if(m< *x)
            m=*x ;
    }
    return m;
}
void main()
{
    int a[ ]={8,7,55,23,49},max;
    max=array_max(a,5);
    printf("Max=%d\n",max);
}
```

运行程序，输出结果：

```
Max=55
```

我们对 x 进行变化，程序中是使用 x++这种指针的自加，通过改变指针指向，操作比较快，大大提高了程序执行效率。

14.4 指针和函数

函数是 C 程序的基本模块，在编译 C 程序时，系统会为每一个函数分内存单元，函数既然占有内存单元，那么函数也是有地址的，这个地址称为函数的入口地址。

14.4.1 函数的指针和指向函数的指针变量

编写的源程序经过编译以后，其中的函数将编译成一段程序并存放在内存中，该函数有一个入口地址，调用函数时，将转向这个入口地址继续执行这里的函数，直到遇到返回语句，结束函数的调用。

函数的入口地址称为函数的指针。同数组名代表数组的地址相似，函数名也代表函数的入口地址。既然函数有地址，那么我们就可以定义一个指针变量来指向函数。

函数可以理解为占用一段内存区域，函数的首地址可以理解为函数的入口地址。既然利用指针变量能引用所指向的数据，那么，利用指针变量也能调用所指向的函数。

首先让指针变量指向被调函数，然后才能利用指针变量来调用所指向的函数。

让指针变量指向函数，代码形式如下：

指针变量=函数名

注意：

❑ 赋予指针变量的值只能是某个函数的函数名，而且该函数必须是赋值前已经定义好的函数，该函数返回值类型必须和定义该指针变量时的"数据类型"相一致。

❑ 定义的指针变量可以先后指向不同的函数，只要它们的类型是一致的。

指向函数的指针一般定义形式为：

类型说明符（*指针变量名）（函数参数表列）

用指针变量调用所指向的函数时，需要注意：

❑ 指针变量必须已经指向了某个函数。

❑ 数据类型可以是整型、实型、字符型甚至是结构型的数据类型。定义指针变量时的数据类型和定义函数时的数据类型必须一致。

❑ 指针变量名是用户所选用的标识符，表示指向函数的指针变量。

❑ "*指针变量"必须加括号，因为运算符*的优先级低于运算符( )。若写成 int *p( );因为

运算符 "*" 的优先级低于 "( )"，所以，会是 p 先和( )结合，代表这是一个函数。该函数的返回值是指向整型的指针。

　　在定义函数指针之后，可以通过它间接调用所指向的函数。同其他类型指针相似，首先将一个函数名赋给函数指针，然后才可以通过函数指针间接调用这个函数。一个函数指针既可以指向用户自定义的函数，也可以指向由 C 语言系统所提供的库函数。

　　例如：

```
int funct(int,int);            /*定义一个函数*/
int (*p)(int,int);             /*定义一个指向函数的指针变量*/
p=funct;                       /*把函数入口地址赋值给指针变量*/
```

　　其中 p 是一个函数指针，此函数的返回值是整型。也就是说，p 所指向的函数只能是返回值为整型的函数。

　　在定义函数的指针变量时，可以不赋初值。如果赋初值，则初值是一个已经定义好的某个函数的函数名，这时，称该指针变量指向对应的函数。例如：

```
int (*p)( )=find_max;    /*赋初值*/
int (*p)( );             /*不赋初值，在后面赋值*/
p=find_max;
```

　　在定义函数的指针变量时，数据类型说明符是所指向的函数的返回值类型，如果函数无返回值，则这里的数据类型应该是 void 类型。

　　【实例 14-18】 函数的指针与指向函数的指针的应用。

```
#include<stdio.h>
void sum(int x,int y)
{
    int z;
    z=x+y;
    printf("%d\n",z);
}
void main()
{
    void (*p)(int,int);   /*定义一个 void 类型的指向函数的指针变量*/
    int a=5,b=3;
    p=sum;
    sum(a,b);             /*通过函数名调用函数*/
    (*p)(a,b);            /*通过函数指针调用函数*/
}
```

　　程序运行结果如下：

```
8
8
```

　　在这个例子中定义了一个求和函数 sum，定义了一个指向函数的指针变量。使用了两种方法调用函数求值。

　　"void (*p)(int,int);" 表示定义一个指向函数的指针变量 p，它并不是固定指向一个函数的，而是可以用来指向具有 "void 函数名（int,int）" 这样形式的所有函数的。在给函数指针变量赋值时，只需给出函数名，不用给出参数。例如：p=sum;。因为这是将函数的入口地址赋值给变量，不牵涉参数问题。不能写成：p=sum(int,int);或 p=sum(a,b)。在使用函数指针调用函数时，只需将(*p)代替函数名即可，在(*p)之后的括号中仍需写入参数。对函数指针变量，像++p、--p、p--等运算是无意义的。

14.4.2 用指向函数的指针作为函数参数

整型变量、字符变量、数组、指针变量、数组指针变量等都可以作为函数的参数，函数指针变量也是可以作为函数参数的。如果是指针，相当于将一个变量的地址传给了形参。函数指针变量作为函数参数的主要作用是把函数地址作为参数传递到其他函数，这样就能够在被调用的函数中使用实参函数。

函数间传递数据有 4 种形式：值传递方式、地址传递方式、返回值方式及外部变量传递。前两种方式需要利用函数参数传递数据，后两种方式不必使用函数参数来传递数据。

值传递方式所传递的是参数值，形参是变量，实参一般是表达式。值传递的具体过程是，给形参分配内存，将实参的值计算出来赋予对应的形参，然后执行函数体，直到从函数中返回时，收回分配给形参的内存。

由于不存在将函数中形参的值传回给实参，因此，值传递方式的特点是参数值的单向传递，即不能将形参对应的数传递给实参。

地址传递方式所传递的是存放数据的地址，形参和实参的形式有两种：当传递的是单个数据时，形参是指针变量，实参是存放单个数据的地址。传递的是一批数据时，形参是数组名或指针变量，实参是数组名或指针变量。地址传递方式传递的是数据的地址，对地址中的数据来说，传递是双向的。

使用地址传递方式时，要注意：

❑ 形参所指向的数据的数据类型和实参所指向的数据的数据类型要一致。

❑ 若传递的是单个数据，一般采用的形参为指针变量，实参为数据的地址。

❑ 若传递的是存放在数组中的一批数据，则可以采用以下 4 种形式。

形参参数	数组名	数组名	指针变量	指针变量
实参形式	数组名	指针变量	数组名	指针变量

❑ 可以利用地址传递方式来传递任何类型的数据。

【实例 14-19】使用地址传递方式传递单个数据。我们先尝试用函数实现两个变量的交换：

```
#include <stdio.h>
void swap(int p1,int p2)
{
    int t;
    t=p1;
    p1=p2;
    p2=t;
}
void main()
{
    int a,b;
    scanf("%d%d",&a,&b);
    swap(a,b);
    printf("a=%d,b=%d\n",a,b);
}
```

运行程序，输入：

```
2 3
```

输出结果：

```
a=2,b=3
```

通过查看程序输出结果，我们发现，函数并没有实现两个变量的交换。分析后得知，我们在 swap()函数中，将 p1 和 p2 的值进行了交换，此时，p1 和 p2 中的值发生了变化。但是，a 和 b 中的值并未改变。这就是我们前面所讲的，不存在将函数中形参的值传回给实参。值传递方式的特点是参数值的单向传递，即不能将形参对应的数传递给实参。

那么我们只有采用将 swap 中的形参变成值传递的方式，即采用指针。

```c
#include <stdio.h>
void swap(int *p1,int *p2)
{
    int t;
    t=*p1;
    *p1=*p2;
    *p2=t;
}
void main()
{
    int a,b;
    scanf("%d%d",&a,&b);
    swap(&a,&b);
    printf("a=%d,b=%d\n",a,b);
}
```

运行程序，输入：

```
2  3
```

输出结果：

```
a=3,b=2
```

由此可见，我们在使用地址传递的方式后，函数的值发生了交换。我们来分析一下这一过程：首先，函数调用后，p1 指针指向 a，p2 指针指向 b。在 swap()函数中，变量 t 作为中间值将 p1 和 p2 所指向的值进行了交换。p1 和 p2 所指向的值就是 a 和 b 的值，所以最后我们可以发现 a 和 b 的值发生了交换。

为更加深入地了解指针变量作为函数参数的地址传递过程，我们来对题目进行其他的修改，通过我们得出的结果来分析过程。

```c
#include <stdio.h>
void swap(int *p1,int *p2)
{
    int t;
    t=*p1;
    p1=p2;
    *p2=t;
}
void main()
{
    int a,b;
    scanf("%d%d",&a,&b);
    swap(&a,&b);
    printf("a=%d,b=%d\n",a,b);
}
```

运行程序，输入：

```
2  3
```

输出结果：

```
a=2,b=2
```

通过查看程序输出结果，我们发现，a 的值未发生变化，b 的值变成了 a 的值。分析后得知，我们在 swap()函数中，将 p2 的值赋给了 p1，因为 p2 指向 b，即 p2 的值是&b，这样 p1 的值也就是&b，即 p1 指向了 b。再将 t 赋给 p2 所指向的内存，p1 和 p2 中的值发生了变化。最终结果得到 a=2。

通过分析我们得出这样一个结果，p1 最终指向了 b。我们修改上面的程序，如下：

```c
#include <stdio.h>
void swap(int *p1,int *p2)
{
    int t;
    t=*p1;
    p1=p2;
    *p1=t;                /*修改部分*/
}
void main()
{
    int a,b;
    scanf("%d%d",&a,&b);
    swap(&a,&b);
    printf("a=%d,b=%d\n",a,b);
}
```

运行程序，输入：

```
2  3
```

输出结果：

```
a=2,b=2
```

由于 p1 最终指向了 b，我们将 t 赋值给 p1 所指向的值的时候，p1 所指向的值变成 t。p1 此时指向 b，所以，我们最终得出的结果是 b 的值为 2。

```c
#include <stdio.h>
void swap(int *p1,int *p2)
{
    int *t;
    *t=*p1;
    *p1=*p2;
    *p2=*t;
}
void main()
{
    int a,b;
    scanf("%d%d",&a,&b);
    swap(&a,&b);
    printf("a=%d,b=%d\n",a,b);
}
```

运行程序，输入：

```
2  3
```

编译时出错，弹出对话框，此时出现"0x0040fa20"指令引用的"0xcccccccc"内存。该内存不能为"written"。为什么会出现这种情况？我们看到是内存出现的问题。在 swap()函数中，int *t;在随后并没有对 t 进行赋值。我们开始时就强调指针一定要有指向，在不赋值的情况下，并没有确定值，根本不知道指向哪个变量。

```c
#include <stdio.h>
void swap(int *p1,int *p2)
{
    int *t;
    t=p1;
```

```
        p1=p2;
        p2=t;
    }
    void main()
    {
        int a,b;
        scanf("%d%d",&a,&b);
        swap(&a,&b);
        printf("a=%d,b=%d\n",a,b);
    }
```

运行程序，输入：

```
2  3
```

输出结果：

```
a=2,b=3
```

我们通过输出结果发现，a 和 b 的值并没有发生变化。来看调用函数 swap，t=p1。此时，t 指向 p1 所指向的值，即 a。t 的值是&a，p1=p2 将 p2 的值赋给 p1，即此时 p1 指向了 b。最后 p2=t 是将 p2 指向 t 此时所指向的值，即 p2 的值是&a。

最终的变化是，p1 从开始的值&a 变成了&b，而 p2 从开始的值&b 变成了&a。所有这些都 只是指针指向的变化。所以，a 和 b 的值并没有变化。

【实例 14-20】使用地址传递方式传递若干个结构性数据。利用函数指针作为函数参数， 定义一个函数，该函数实现的作用是返回两个整型数据的和与这两个数中较大数的积：(a+b)*(a、 b 中较大的数)。

```
#include<stdio.h>
int sum(int x,int y)
{
    int z;
    z=x+y;
    return z;
}
int max(int x,int y)
{
    int z;
    z=x>y ? x:y;
    return z;
}
int funct(int a,int b,int (*p)(int,int),int (*q)(int,int))
{
    int r;
    r=(*p)(a,b)*(*q)(a,b);
    return r;
}
void main()
{
    int a,b,c;
    printf("please input a and b: ");
    scanf("%d,%d",&a,&b);
    c=funct(a,b,sum,max);                    /*调用 sum()函数和 max()函数*/
    printf("The result is %d.\n",c);
}
```

程序运行结果如下：

```
please input a and b: 5,3↙
The result is 40.
```

在程序中定义了一个有 4 个形式参数的函数 funct()，其中前两个参数为整型，后两个参数为函数指针类型。在主函数中调用 funct()函数时，后两个实际参数分别为 sum()函数与 max()函数，表示将这两个函数的入口地址传递给形式参数。这样在函数 funct()中，用*p 和*q 就可以调用 sum()函数和 max()函数。

在这里读者可能有疑问，如果 funct()函数只有前两个参数，然后在函数中调用 sum()函数和 max()函数也能够实现要求的功能，为什么还要用函数指针作为参数呢？如果将 funct()函数改成这种形式：

```
int funct(int a,int b,)
{
    int r;
    r=sum(a,b)*max(a,b);
    return r;
}
```

这样 funct()函数依然可以实现要求的功能，但是在 funct()函数中也只能使用这两个函数了，如果我们还需要 funct()函数实现两个整型数据的和与这两个数中较小数的积：(a+b)*(a、b 中较小的数)，使用这种方法是不可以的，而对例子中定义的 funct 函数，我们只需再定义一个返回两个数中较小数的函数即可。将【实例 14-20】改写如下。

【实例 14-21】改写【实例 14-20】。

```
#include<stdio.h>
int sum(int x,int y)
{
    int z;
    z=x+y;
    return z;
}
int max(int x,int y)
{
    int z;
    z=x>y ? x:y;
    return z;
}
int min(int x,int y)
{
    int z;
    z=x<y ? x:y;
    return z;
}
int funct(int a,int b,int (*p)(int,int),int (*q)(int,int))
{
    int r;
    r=(*p)(a,b)*(*q)(a,b);
    return r;
}
void main()
{
    int a,b,c,d;
    printf("please input a and b: ");
    scanf("%d,%d",&a,&b);
    c=funct(a,b,sum,max);
    d=funct(a,b,sum,min);                    /*调用 sum()函数和 min()函数*/
    printf("One:The result is %d.\n",c);
    printf("Two:The result is %d.\n",d);
}
```

程序运行结果如下：

```
please input a and b: 5,3✓
One:The result is 40.
Two:The result is 24.
```

在本例中 funct() 并没有改变，但是在主程序中，在调用 funct() 函数时，可以调用 sum() 函数、max() 函数和 min() 函数，只是改变实际参数名而已。这样就大大增加了函数使用的灵活性。

【实例 14-22】使用地址传递方式传递若干个结构型数据。编写两个函数，一个函数使用地址传递方式输入 n 个人员的信息（含编号、姓名及工资），另一个函数也使用地址传递方式输出 n 个人员的信息。主函数中调用这两个函数，输入和输出 10 个人员的信息。

```c
#include <stdio.h>
struct person
{
    long num;
    char name[20];
    float wage;
};
void scan (struct person per[],int n)        /*存储员工信息*/
{
    int i;
    float x;
    for(i=0;i<n;i++)
    {
        scanf("%ld%s",&per[i].num,per[i].name);
        scanf("%f",&x);
        per[i].wage=x;
    }
    return;
}
void print(struct person *per,int n)         /*打印员工信息*/
{
    struct person *p;
    for(p=per;p<per+n;p++)
    {
        printf("%-10ld%-20s%-8.2f\n",p->num,p->name,p->wage);
    }
    return;
}
void main()
{
    struct person per1[10],*p=per1;
    scan(p,10);
    print(per1,10);
}
```

运行程序，输入：

```
1 zhao 2000
2 qian 2000
3 sun 2000
4 li 2000
5 zhou 2000
6 wu 2000
7 zheng 2000
8 wang 2000
9 feng 2000
10 chen 2000
```

输出结果：

```
1        zhao              2000.00
2        qian              2000.00
3        sun               2000.00
4        li                2000.00
5        zhou              2000.00
6        wu                2000.00
7        zheng             2000.00
8        wang              2000.00
9        feng              2000.00
10       chen              2000.00
```

14.4.3 指针数组作为函数参数

指针数组的一个重要作用是作为函数的参数，特别是 main() 函数的参数。在以前的程序中，main() 函数的第一行一般写成如下形式：

```
void main()
```

括号中是空的，表示 main() 函数为无参函数，实际上，main() 函数是可以有参数的。

对于 C 程序来说，命令行函数就是主函数的参数。主函数是程序的入口，在运行程序时，通过 C 程序的命令行将命令行参数传递给主函数的形式参数。例如：

```
void main(int argc, char *argv[])
```

其中第一个参数是 int 型的，习惯上记为 argc（也就是可以为其他变量名），表示命令行中参数的个数（包括命令名在内），在运行 C 程序时由程序自动计算；第二个参数是指向字符型的指针数组，习惯上记为 argv，用来存放命令行中的各个参数（系统会以空格为界限的参数视为字符串，存放各个字符串的首地址）。由于作为形参 char *argv[] 与 char **argv 等价，因此第二个参数还可以用二级指针来表示。

主函数带参数时，我们在执行编译后的目标程序时，输入的命令格式是：

```
命令名 参数1 参数2 …参数n
```

其中，参数名和命令行之间必须用空格隔开。

> **Tips** 由命令行向程序中传递的参数都是以字符串的形式出现的，要想获得其他类型的参数，比如，数字参数，就必须在程序中进行相应的转换。

【实例 14-23】将以下程序保存在 812.c 文件中，编译链接后生成一个 812.exe 文件。

```c
#include<stdio.h>
void main(int a,char *argv[])              /*带参数的 main() 函数*/
{
    int i;
    printf("a=%d\n",a);
    printf("argv=");
    for(i=1;i<a;i++)
    {
        printf("%s ",argv[i]);
    }
}
```

在命令行中输入：

```
812  I you he she our
```

运行结果如图 14-6 所示。本命令行共有 6 项，其中 812 是执行程序的命令，其余的 5 项是命令行参数。a 中存放的是命令行中包括命令名在内的字符串的个数，argv 中存放的是命令行各行的首地址。argv 的结构如图 14-7 所示。

图 14-6　例 14-23 运行结果

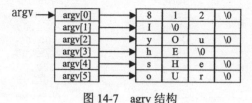

图 14-7　agrv 结构

14.4.4　返回指针值的函数

一个函数不仅可以返回整型、字符型和结构类型的数据，还可以返回指针类型的数据。对于返回指针类型数据的函数，在函数定义时，也应该进行相应的返回值类型说明。定义形式为：

```
类型名 *函数名(参数列表);
```

如：

```
int *fun( )
{
  int *p;
  ...
  return (p);
}
```

上述程序说明，函数的返回值是一个指向整型变量的指针。

> **Tips** *fun()由于()的优先级高于*，因此，a 先与()结合，这表示是一个函数。然后函数的前面有一个*，表示此函数是指针型函数，返回值是指针。注意括号的写法。

在 C 语言中，一个函数可以返回任何类型的指针，下面的例子中我们定义的函数，将返回结构类型的指针。

【实例 14-24】有一个链表，结点的结构定义如下：

```
struct node
{
    int data;
    struct node *next;
};
```

要求编写一个函数 find_node()，其功能是在此链表中查找到指定的数据，如果找到，则返回此数据所在结点的指针，否则，返回空指针 NULL。

根据题意要求，find_node()函数的参数可以设置为链表首指针 p 及需要查找的数据 data，而返回值需要设置为指向结构类型的指针。

```
struct node *find_node(p,data)
struct node *p;
int data;
{
    while(p!=NULL)
    {
        if(p->data==data)
            return(p);
```

```
        else
            p=p->next;
    }
    return(NULL);
}
```

14.4.5　字符串指针作为函数参数

字符串的表示形式是：

```
char str[80]="China";
char *p=str;
printf("%s",str);
printf("%s",p);
printf("%s",'"China");
```

上述三个字符串输出函数的输出结构都一样，都是 China。

我们还可以直接使得 p 指向字符串的开始地址，即写成：

```
char *p="China";
```

【实例 14-25】使用函数将一个字符串复制到另一个字符串。

```
#include <stdio.h>
void StrCopy(char *str1,char *str2)              /*赋值字符串*/
{
    while((*str1=*str2)!='\0')
    {
        str1++;
        str2++;
    }
}
void main()
{
    char s1[80],s2[ ]= "abc";
    StrCopy(s1,s2);
    printf("复制之后的字符串:%s\n",s1);
}
```

运行程序，输出结果：

```
复制之后的字符串:abc
```

我们改写上述函数，使用返回字符串的函数来编写程序：

```
char *StrCopy(char *str1,char *str2)
{
    char *p=str1;
    while((*str1=*str2)!='\0')
    {
        str1++;
        str2++;
    }
    return p;
}
void main()
{
    char s1[80],s2[ ]= "abc";
    StrCopy(s1,s2);
    printf("复制之后的字符串:%s\n",s1);
}
```

运行程序，输出结果：

复制之后的字符串：abc

14.5 典型实例

【实例 14-26】比较两个字符串的大小。C 语言提供了 strcmp 用来进行字符串大小的比较，现在要求编写程序实现 strcmp 的功能。

要实现 strcmp 函数的功能，可以使用指针来保存两个比较的字符串，然后通过指针递增的方法，依次比较两个字符串中的每一位所对应的 ASCII 码值，根据比较结果返回相应的值即可。具体代码如下：

```c
#include <stdio.h>
#include <stdlib.h>

int cmp_string(char *s1,char *s2)              //自定义字符串比较函数
{
    while(*s1)                                 //如果当期字符串 s1 指针指向的元素部位空
        if(*s1-*s2)                            //如果字符串 1-字符串 2>0 或者<0
            return *s1-*s2;                    //返回该差值
        else                                   //否则，比较两个字符串的下一个字符
        {
            s1++;                              //s1 指针向后移动
            s2++;                              //s2 指针向后移动
        }
    return 0;
}

int main()
{
    int ret;
    char str1[80],str2[80];                    //每个字符串最长八十个字符

    printf("请输入一个字符串:");
    gets(str1);                                //输入第一个字符串

    printf("请输入另一个字符串:");
    gets(str2);                                //输入第二个字符串

    ret=cmp_string(str1,str2);                 //调用比较字符串大小函数
    if (ret>0)                                 //根据结果，输出对应的提示信息
    {
        printf("第 1 个字符串大于第 2 个字符串!\n");
    }
    else if (ret<0)
    {
        printf("第 1 个字符串小于第 2 个字符串!\n");
    }
    else
    {
        printf("第 1 个字符串等于第 2 个字符串!\n");
    }
}
```

以上程序中定义了字符串比较函数 cmp_string()，其参数为两个字符型指针，实现对字符串大小的比较。实现方法：

（1）判断字符串 1 当前指针指向的元素是否为空。

（2）如果不为空，则比较指向两个字符串的指针所指向的字符，如果不等于 0，则返回差值；否则，对两个指向字符串的指针都向后移动一位。继续比较。

【实例 14-27】交换两个数组中的最大值。编写程序实现以下功能：对于已知的两个数组，输出所有元素，然后交换两个数组中的元素最大值，且不交换位置。

具体代码如下：

```
#include <stdio.h>
#include <stdlib.h>

void exchangeMax(int *arr1,int *arr2,int n1,int n2)          //交换数组最大值函数的定义
{
    int tempt;
    int max1=0,max2=0;                        //max1、max2 分别对应于两个数组中最大值的下标
    int i;                                    //临时变量

    for(i=1;i<n1;i++)                         //遍历第一个数组中的元素
    {
        if(arr1[max1]<arr1[i])                //如果当前值大于之前 max1 对应的元素
            max1=i;                           //则将下标保存到 max1 中
    }

    for(i=1;i<n2;i++)                         //遍历第二个数组中的元素
    {
        if(arr2[max2]<arr2[i])                //如果当前值大于之前 max2 对应的元素
            max2=i;                           //则将下标保存到 max2 中
    }

    tempt=arr1[max1];               //将数组 1 中的最大值保存到临时变量 tempt 中
    arr1[max1]=arr2[max2];          //将数组 2 中的最大值保存到数组 1 中最大值的位置
    arr2[max2]=tempt;         //将 tempt2 中保存的数组 2 中的最大值保存到数组 1 中最大值的位置
}

void main()
{
    int myarr1[5]={4,1,24,55,-18};                   //第一个数组
    int myarr2[8]={32,11,15,-43,21,31,19,26};        //第二个数组
    int i=0;
    printf("old myarr1[5]\n");
    for(i=0;i<5;i++)                                 //输出第一个数组
        printf("%3d",myarr1[i]);

    printf("\nnew myarr2[8]\n");
    for(i=0;i<8;i++)
        printf("%3d",myarr2[i]);                     //输出第二个数组
    printf("\n");                                    //输出换行

    exchangeMax(myarr1,myarr2,5,8);                  //调用交换最大值函数

    printf("new myarr1[5]\n");
    for(i=0;i<5;i++)
        printf("%3d",myarr1[i]);                     //输出交换后的第一个数组元素

    printf("\n new myarr2[8]:\n");
    for(i=0;i<8;i++)
        printf("%3d",myarr2[i]);                     //输出交换后的第二个数组元素
    printf("\n");                                    //换行
}
```

以上程序中定义了 exchangeMax()函数，实现对两个不同数组中最大值的交换，参数为指针类型变量。实现方法：

（1）将数组 1、数组 2 中的最大值对应的下标分别保存起来。

（2）根据两个数组中最大值的位置，以及一个中间变量，交换两个数组中的最大值。

【实例 14-28】求 10 个数字中的最大值。由用户输入 10 个整型数据保存在整型数组中，并使用该数组的首地址作为参数，计算出数组中的最大值。

具体代码如下：

```c
#include <stdio.h>
#include <stdlib.h>

#define N 10

int *max(int *arr,int n)
{
    int i,j,tempt;
    for(i=0;i<n;i++)                       //比较 n 个元素
        for(j=i+1;j<n;j++)
        {
            if(arr[i]>arr[j])              //如果 arr[j]>arr[i]，则互换两个下标对应的元素
            {
                tempt=arr[i];
                arr[i]=arr[j];
                arr[j]=tempt;
            }
        }
    return &arr[n-1];                      //返回排序后数组中的最后一个元素
}

void main()
{
    int myarr[N],i;                        //声明一个含有 10 个元素的数组
    printf("请输入%d个数字：\n",N);
    for(i=0;i<N;i++)
        scanf("%d",&myarr[i]);             //为数组中的 10 个元素赋初始值

    printf("数组中最大的一个数字为：%d\n",*max(myarr,N)); //调用函数输出数组中元素的最大值
}
```

程序中定义了 max()函数，实现对数组中最大值的求解。实现方法是先对数组进行升序排序，然后输出数组中最后一个元素的地址，也就是最大值。

【实例 14-29】字符串连接。C 语言提供了 strcat 函数用来进行字符串连接操作，现在要求编写程序实现 strcat 的功能。具体代码如下：

```c
#include <stdio.h>
#include <malloc.h>

char *cat_string(char *str1,char *str2)
{
    int len1 = 0;
    int len2 = 0;
    for(len1 = 0; *(str1+len1) != '\0'; len1++){} //获取 str1 长度
    for(len2 = 0; *(str2+len2) != '\0'; len2++){} //获取 str2 长度

    char *ret = (char *)malloc(sizeof(char)*(len1+len2+1)); //申请动态空间

    /*内存赋值*/
    int i;
    for (i=0; i<len1; i++){                        //将 str1 复制到新分配的空间
        *(ret+i) = *(str1+i);
    }
```

```
        for (i=0; i<len2; i++){          //将 str2 复制到新分配空间，紧接 str1 之后
            *(ret+len1+i) = *(str2+i);
        }

        *(ret+len1+len2) = '\0';          //设置字符串结束标志

        return ret;                       //返回指针地址
    }

    void main()
    {
        char *str1,*str2,*str3;           //声明字符指针型变量
        char a[20]="I am" ;               //对第一个字符数组进行初始化
        char b[20]=" student";            //对第二个字符数组进行初始化
        str1 =a;                          //将第一个字符数组首地址赋值给 p1
        str2 =b;                          //将第二个字符数组首地址赋值给 p2
        printf("str1 = %s\n",str1);       //输出字符串 1
        printf("str2 = %s\n",str2);       //输出字符串 2

        str3 = cat_string(str1,str2);

        printf("连接两个字符串的结果 :\n");
        printf("%s\n",str3);              //输出合并后的字符串
    }
```

以上程序中定义了函数 cat_string 用来连接两个字符串，该函数的参数为两个指针型字符变量，返回值也为一个指针型字符变量，在函数中动态申请一部分内存空间，用来存放两个字符串连接后的结果。

14.6　本章小结

本章介绍了有关指针的数据类型、指针的运算。在定义指针变量时，一定要分清定义的变量是指向什么数据的，切记定义的形式不要混淆。灵活使用指针，可以方便地编写出特色的、质量高的程序，实现许多其他高级语言难以实现的功能，但方便的同时，出错的几率也大，而且错误不容易被发现。因此，在使用指针的时候一定要十分谨慎，多进行实际操作，弄清细节，积累经验。

14.7　习题

1. 简述指针的概念。
2. 简述指针变量的定义与引用。
3. 解释声明数组形参的三种方式，并举例说明。
4. 实现两个 int 型二维数组的比较的函数。从第 0 行第 0 个开始比较，其比较结果等于第一个不相等的数组元素的比较结果。
5. 设计一个函数，实现两个矩阵求积。

第 15 章　结构体

C 语言具有丰富的数据类型。结构型、共用型和数组属于构造型数据，都是由若干个数据组合而成的，但结构型、共用型与数组的不同之处在于它们可以用来处理不同的数据。C 语言除了系统定义的数据类型之处，允许用户自定义数据类型、结构体、共用体。

- ❑ 结构体类型定义；
- ❑ 结构体变量的定义与引用；
- ❑ 结构数组；
- ❑ 结构体指针；
- ❑ 链表。

15.1　结构体类型定义

结构体是由一批数据组合而成的一种新的数据类型。组成结构型数据的每个数据称为结构型数据的"成员"。这些成员可以具有不同的数据类型。由于结构体数据的成员类型不同，因此结构体要由用户在程序中自己定义。

15.1.1　结构体类型的说明

在第 10 章中我们介绍了数组，当有一批相同类型的数据时，使用数组来处理。当这些数据的类型不相同时，无法使用数组。例如：1001、李小明、男、18、90.0。

这一组数据里面包含多种数据类型，有字符型、整型、浮点型等，由于各个数据项的数据类型不完全相同，因此用数组无法表示。

在实际问题中，一组数据往往具有不同的数据类型。例如，在学生登记表中，姓名应为字符型；学号可为整型或字符型；年龄应为整型；性别应为字符型；成绩可为整型或实数型。显然不能用一个数组来存放这一组数据。因为数组中各元素的类型和长度都必须一致，以便于编译系统处理。为了解决这个问题，C 语言中给出了另一种构造数据类型——"结构（structure）"或叫"结构体"。它相当于其他高级语言中的记录。"结构"是一种构造类型，是由若干成员组成的。每一个成员可以是一个基本数据类型（整型、字符型、浮点型），也可以是一个构造类型（结构体、共用体、数组）。结构体既然是一种"构造"而成的数据类型，那么在说明和使用之前必须先定义它，也就是构造它。如同在说明和调用函数之前要先定义函数一样。

C 语言规定，结构体是由用户在程序中自己定义的一种数据类型。用户可以按照自己的需要，先定义结构体，然后再定义这种结构型的变量、数组及指针变量。

15.1.2　结构体类型的定义

结构体类型定义的一般形式为：

```
struct  结构体名
{
    数据类型1  成员名1;
    数据类型2  成员名2;
    数据类型3  成员名3;
```

```
    ...
    数据类型 n  成员名 n;
};
```

例如：定义一存储学生信息的结构体，里面包含学生的学号、姓名、性别、七门课程的成绩。其对应的结构体的定义如下：

```
struct student
{
    int number;            /*学生的学号*/
    char name[20];         /*学生的姓名*/
    char sex;              /*学生的性别*/
    float score[7];        /*七门课成绩*/
};
```

在这个结构定义中，结构体名为 student，该结构由 4 个成员组成。第一个成员为 number，整型变量，用于存储学生的学号；第二个成员为 name，字符型数组，用于存储学生的姓名；第三个成员为 sex，字符变量，用于存储学生的性别；第四个成员为 score，浮点型数组。结构定义之后，即可进行变量说明。凡说明为结构 student 的变量都由上述 4 个成员组成。由此可见，结构是一种复杂的数据类型，是数目固定、类型不同的若干有序变量的集合。

对于结构体类型的定义需要做以下几点说明：

- ❑ 结构体名是用户用于标识结构体而选取的标识符，必须符合标识符的命名规则。
- ❑ 数据类型 1…数据类型 n，可以是任何一种数据类型，可以是基本类型说明符，也可以是构造体类型说明符，还可以是已经定义过的结构体名。
- ❑ 成员名 1…成员名 n，是用户自己定义的标识符，用来标识该结构体所包含的成员名称。相当于变量定义中的变量名。
- ❑ 结构体定义在括号后的分号是不可少的。
- ❑ 如果成员名的前面有"*"，表示该成员是指针型；如果成员名后面有"[长度]"，表示该成员是数组型。例如：

```
struct student
{
    int number;
    char *name;            /*定义成员名为 name，数据类型为指针*/
    char sex;
    float score[7];        /*定义成员名为 score，数据类型为数组*/
};
```

- ❑ 当某个结构体成员的数据类型是另一个结构体时，称为"嵌套结构体"。此时，作为成员数据类型的结构体的定义必须出现在本结构体定义之前。例如：

```
struct birth                /*定义生日结构体*/
{
    int year;              /*出生的年份*/
    int month;             /*出生的月份*/
    int day;               /*出生的日子*/
};

struct student              /*定义学生结构体*/
{
    int number;            /*学生的学号*/
    char name[20];         /*学生的姓名*/
    struct birth  birthday;  /*嵌套生日结构体*/
};
```

上例中，结构体 struct student 嵌套了另一个结构体 struct birth，因此，在定义结构体 struct student 之前，必须先定义结构体 struct birth。

❑ 当结构体成员的数据类型选取了自身的结构体时，成员只能是本结构体的指针变量或者是结构体指针型数组，但不能是结构体变量或结构数组。例如：

```
struct stru1
{
    int s1;
    struct stru1 *s2;          /*正确定义，成员是指针型变量，数据类型可以是本结构体*/
    struct stru1 *s3[10];      /*正确定义，成员是指针型数组，数据类型可以是本结构体*/
    struct stru1 s4;           /*错误定义，成员是变量，数据类型不能是本结构型*/
    struct stru1 s5[3];        /*错误定义，成员是数组，数据类型不能是本结构型*/
}
```

❑ 结构体是一种数据类型，在定义结构体时，其成员并不分配内存。只有用"struct　结构体名"来定义该结构型的变量、数组及指针变量时，才会分配内存。

15.2　结构体变量的定义与引用

结构体类型本身是一个数据类型，是具体的数据，也不占用系统内存空间。当程序中已经定义了结构体后，就可以使用"struct　结构体名"作为数据类型符来定义处理这种结构体数据的变量、数组及指针等。

15.2.1　结构体变量的定义与初始化

结构体变量的定义方法和以前介绍的各种数据对象的定义方法完全相同，也是通过"数据定义语句"来实现的。在定义结构型变量时也可以使用赋初值的方式对其进行初始化。结构体变量定义的方式有三种：一是先定义结构体，然后再定义相应结构体变量；二是在定义结构体的同时定义变量；三是直接定义结构体类型变量。

1．先定义结构体，再定义结构体变量

这种方式的定义语句格式如下：

```
struct 结构体名
{
    数据类型1 成员名1;
    数据类型2 成员名2;
    …
    数据类型n 成员名n;
};
    …
struct 结构体名 结构体变量名=初值;
```

这个结构定义一个结构体变量，并赋予其初值。在这里也可以不赋初值，在需要结构体变量带值的时候再赋予一定的值。

【实例15-1】结构体变量的定义。

```
struct student
{
    int num;                   /*学号*/
    char name[20];             /*姓名*/
    char sex;                  /*性别*/
    int age;                   /*年龄*/
    float score[7];            /*七门课成绩*/
    char addr[30];             /*地址*/
};
struct student stu1,stu2;
```

上面的例子定义了一个student结构体，该结构体由6个成员组成，第一个成员为num，整

型变量，用于存储学生的学号；第二个成员为 name，字符型数组，用于存储学生的姓名；第三个成员为 sex，字符型变量，用于存储学生的性别；第四个成员为 age，整型变量，用于存储学生的年龄；第五个成员为 score，浮点型数组，用于存储学生七门课程的成绩；第六个成员为 addr，字符型数组，用于存储学生的地址。

"struct student stu1,stu2;"定义了两个结构体变量，变量名分别为 stu1 和 stu2。上例中没有对两个变量赋予初值。

对结构体赋初值的格式如下：

{成员 1 的初值,成员 2 的初值,……成员 3 的初值}

【实例 15-1】中的两个变量在定义时赋初值为：

```
struct student stu1={00001,"xiaoli",'m',23,{80,90,70,91,85,88,68},"北京"};
struct student stu1={00002,"xiaowang",'f',22,{96,68,78,88,79,76,84},"南京"};
```

2. 在定义结构体的同时定义变量

这种方式的定义语句格式如下：

```
struct 结构体名
{
    数据类型 1   成员名 1；
    数据类型 2   成员名 2；
    …
    数据类型 n   成员名 n；
}结构体变量名=初值；
```

将上例使用这种变量定义方式，可以定义为如下的方式：

```
struct student
{
    int num;
    char name[20];
    char sex;
    int age;
    float score[7];
    char addr[30];
}stu1={00001,"xiaoli",'m',23,{80,90,70,91,85,88,68},"北京"},   /*定义结构体变量并赋值*/
stu2={00002,"xiaowang",'f',22,{96,68,78,88,79,76,84},"南京"};
```

用这种方式在定义结构体的同时定义了两个变量 stu1 和 stu2，并分别对这两个变量赋了初值，以后还可以用"struct 结构体名"这样的格式来定义该结构体的其他变量。

3. 直接定义结构体类型变量

直接定义结构体类型变量是指在定义结构体时定义变量，并省略结构体名。这种方式的定义语句格式如下：

```
struct
{
    int num;
    char name[20];
    char sex;
    int age;
    float score[7];
    char addr[30];
}stu1={00001,"xiaoli",'m',23,{80,90,70,91,85,88,68},"北京"},   /*定义结构体变量并赋值*/
stu2={00002,"xiaowang",'f',22,{96,68,78,88,79,76,84},"南京"};
```

使用这种方式后，以后将无法再定义这种结构体的变量或其他对象。

结构体本身只是用户定义的一个数据类型，不占用什么存储空间，定义结构体变量以后，系统为其分配一定的存储空间，它在内存中是一个连续的内存单元，总字节数等于该结构型的所有成员所占用的字节数之和。例如：

```
struct student
{
    int num;
    char name[20];
    float score;
}stu;
```

　　这个结构体变量中含有三个成员，第一个成员为 num，为整型，在内存中占有 4 个字节；第二个成员为 name，为字符型数组，第一个字符在内存中占有一个字节，该字符数组的大小为 20，共占有 20 个字节；第三个成员为 score，为浮点型，在内存中占有 4 个字节。因此这个结构体在内存中共占有 4+20+4=28 个字节。又如：

```
struct DATE                    /*定义 DATE 结构体*/
{
    int year;
    char month;
    char day;
};
struct student                 /*定义 student 结构体*/
{
    int num;
    char name[10];
    struct DATE birthday;      /*嵌套结构体*/
}t;
```

　　这个例子是嵌套结构的结构体变量，在结构体 student 内部嵌套了结构体 struct DATE，结构体变量 t 在内存所占的空间的计算与非嵌套结构的结构体的计算方式相同。

　　第一个成员变量 num，为整型，在内存中占有 4 个字节；第二个成员变量 name，为字符型数组，在内存中占有 10 个字节；第三个成员变量为 birthday，为 struct DATE 结构体类型，在内存中占的内存空间为 4+1+1=6 个字节。因此这个结构体变量在内存中所占的空间共为 4+10+6=20 个字节。

15.2.2　结构体变量的引用

　　在程序中使用结构体变量时，不能将其作为一个整体来使用。结构体中的成员可以当成一般的变量来使用，结构体变量的赋值、输入、输出、运算等都是通过结构体中的成员来实现的。结构体变量成员的引用方法如下：

　　结构体变量名. 成员名

　　其中，"."为成员运算符，其运算级别是最高的，和圆括号运算符"()"、下标运算符"[ ]"是同一级别的，运算顺序是自左向右。

```
struct DATE                    /*定义学生出生日期的结构体*/
{
    int year;                  /*定义年*/
    char month;                /*定义月*/
    char day;                  /*定义日*/
};

struct student
{
    int num;                   /*定义学生的学号*/
```

```
        char name[10];                    /*定义学生的姓名*/
        struct DATE birthday;             /*该成员的数据类型是生日结构体*/
}t1={1000,"wangwu",{1987,12,5}},t2;
```

对于这个结构体，若要输出结构体变量 t1 中的学号和姓名的数据，以下这种方式是不正确的：

```
printf("%d,%s",t1);
```

而：

```
printf("%d,%s",t1.num,t1.name);
```

这种方法是正确的。

如果是嵌套的结构型，其成员的引用方法如下：

外层结构体变量名. 外层成员名. 内层成员名

上例中，如果要引用学生的出生日期，表示如下：

```
t1. birthday. year
t1. birthday. month
t1. birthday. day
```

【实例 15-2】 结构体变量成员的引用。

```
#include <stdio.h>
void main( )
{
    struct student                      /*定义一个名为 student 的结构体*/
    {
        char name[8];                   /*定义学生名*/
        int age;                        /*定义学生的年龄*/
        char sex[4];                    /*定义学生的性别*/
        char depart[20];                /*定义学生的班级*/
        float grade1,grade2,grade3;     /*定义学生的得分变量*/
    }a;
    float score;
    char c='Y';
    if(c=='Y'||c=='y')
    {
        printf("\nName:");
        scanf("%s", a.name);
        printf("Age:");
        scanf("%d", &a.age);
        printf("Sex:");
        scanf("%s", a.sex);
        printf("Dept:");
        scanf("%s", a.depart);
        printf("Grade1:");
        scanf("%f", &a.grade1);
        printf("Grade2:");
        scanf("%f", &a.grade2);
        printf("Grade3:");
        scanf("%f", &a.grade3);
        score=a.grade1+a.grade2+a.grade3;
        printf("The sum of score is %6.2f\n", score);
    }
}
```

程序运行时输入：

```
Name:liming↙
Age:8↙
```

```
Sex:男✓
Dept:三年级五班✓
Grade1:84✓
Grade2:91✓
Grade3:89✓
```

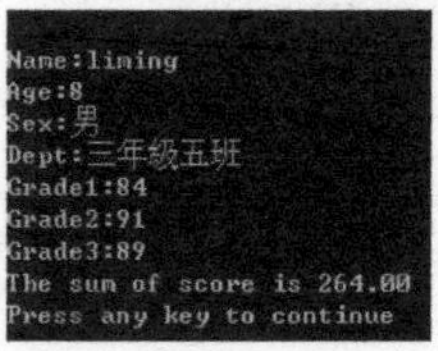

程序运行的结果如图 15-1 所示。

该程序中定义了一个名为"student"的结构体，变量名为 a，然后在后面 if 包含的复合语句中对该结构体进行初始化。我们可以看出，对结构体的初始化，就是对它里面的每个成员分别进行初始化。

图 15-1　程序运行结果

【实例 15-3】嵌套结构体变量成员的引用。

```c
#include<stdio.h>
#include<string.h>
void main()
{
    struct DATE                           /*定义学生出生日期的结构体*/
    {
        int year;                         /*定义年*/
        char month;                       /*定义月*/
        char day;                         /*定义日*/
    };
    struct student
    {
        int num;                          /*定义学生的学号*/
        char name[10];                    /*定义学生的姓名*/
        struct DATE birthday;             /*该成员的数据类型是生日结构体*/
    }t1,t2;

    t1.num=2000;
    printf("input name:");
    scanf("%s",t1.name);
    printf("input birthday:");
    /*以 0000-00-00 的格式输入
    scanf("%4d%2d%2d",&t1.birthday.year, &t1.birthday.month,&t1.birthday.day);
    printf("%d,%s,%d,%d,%d\n",t1.num,t1.name, t1.birthday.year, t1.birthday.month,
t1.birthday.day);

    t2=t1;
    printf("%d,%s,%d,%d,%d\n",t2.num,t2.name, t2.birthday.year, t2.birthday.month,
t2.birthday.day);
    strcpy(t2.name,"wangwu");
    printf("%d,%s,%d,%d,%d\n",t1.num,t1.name, t1.birthday.year, t1.birthday.month,
t1.birthday.day);
    printf("%d,%s,%d,%d,%d\n",t2.num,t2.name, t2.birthday.year, t2.birthday.month,
t2.birthday.day);
}
```

程序运行时输入：

```
input name:zhangsan
input birthday:19850216
```

程序运行的结果如图 15-2 所示。

上例是一个嵌套结构体，要对内层的结构体进行赋值，需要逐级找到最低级的成员，不能对结构体进行整体赋值。对于结构体变量的引用做以下几点说明。

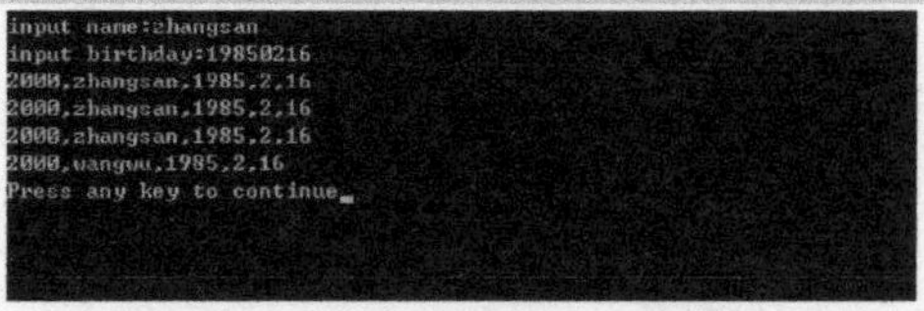

图 15-2　程序运行的结果

❑ 结构体变量的成员可以是任何类型,对该成员的操作与相同类型的普通变量并无区别,但需要在成员名前缀以结构体变量名。例如:

```
a.grade1                    /*例 15-2* /
a.depart                    /*例 15-2*/
t1.name                     /*例 15-3*/
```

❑ 结构成员变量的使用与普通变量没有区别,因此可根据类型进行相应的运算。例如:

```
score=a.grade1+a.grade2+a.grade3;                    /*例 15-2*/
```

❑ 如果成员本身又是一个结构体,必须逐级找到最低一级的成员才能使用。例如:

```
t1.birthday.year
t1.birthday.month
t1.birthday.day
```

❑ 可以使用成员的数据,也可以使用成员的地址。结构体变量的地址是可以使用的,结构体变量的使用主要要为结构体变量成员的引用、结构型变量成员地址的引用及结构型变量地址的引用。

❑ 允许将一个结构变量直接赋值给另一个具有相同结构的结构体变量。例如:

```
t2=t1;
```

结构变量 t2 和 t1,是定义的同一种类型的结构体变量。表示将 t1 的成员赋值给 t2。

15.3 结构数组

前面我们学习了数据是同一数据类型的数据组成的有序集合。前面所讲的数组是由一些基本的数据类型组成的,如整型、浮点型、字符型。其实数组元素也可以是结构体类型的数据,当数组元素为结构体类型时,就称为结构数组。

15.3.1 结构数组的定义

结构数组的定义方法与结构变量相似,也有三种定义方式,只需要说明它为数组类型即可。

```
struct 结构体名
{
    数据类型1  成员名1;
    数据类型2  成员名2;
    ……
    数据类型n  成员名n;
};
    ……
struct 结构体名 结构数组名=初值;
```

在此定义了一个结构数组,并赋予了初值。
【实例 15-4】结构数组的定义。

```
struct student                    /*定义名为 student 结构体*/
{
    int num;
    char name[20];
    char sex;
    int age;
    float score[7];
    char addr[30];
};
……
struct student stu[3];            /*先定义结构体,再定义结构体数组*/
```

此例定义了结构数组 stu，共有三个元素，stu[0]、stu[1]、stu[2]，每个数组元素都具有 struct student 结构体类型。

上例中没有对结构数组赋初值。对结构数组赋初值的格式如下：

```
{{数组元素 1 的各个成员的初值表}，{数组元素 2 的各个成员的初值表}，……}
```

定义一个结构数组并赋予初值：

```
struct student              /*定义名为 student 的结构体*/
{
    int num;
    char name[20];
    char sex;
    int age;
    float score[7];
    char addr[30];
};
…
/*先定义结构体，再定义结构体数组，并赋值*/
struct student stu[2]={ {00001,"xiaoli",'m',23,{80,90,70,91,85,88,68},"北京"},
{00002,"xiaowang",'f',22,{96,68,78,88,79,76,84},"南京"}};
```

也可以直接定义一个结构数组：

```
struct 结构体名
{
    数据类型 1  成员名 1;
    数据类型 2  成员名 2;
    …
    数据类型 n  成员名 n;
}结构体变量名=初值;
```

将【实例 15-4】表示为：

```
struct student
{
    int num;
    char name[20];
    char sex;
    int age;
    float score[7];
    char addr[30];
}stu[3];
```

在直接定义结构数组时也可以省略结构体名，将【实例 15-4】改为：

```
struct
{
    int num;
    char name[20];
    char sex;
    int age;
    float score[7];
    char addr[30];
} stu[3];
…
```

对结构数组进行赋值初始化时，各个数组元素是一个结构体，用"{ }"括起来，各个元素之间用","分隔。如：

```
struct student stu[2]={ {00001,"xiaoli",'m',23,{80,90,70,91,85,88,68},"北京"},
                        {00002,"xiaowang",'f',22,{96,68,78,88,79,76,84},"南京"}};
```

各个数组元素在内存中是连续存放的。

15.3.2　结构数组的引用

结构数组也是数组，和普通数组的唯一区别就是其数据类型是某个已经定义的结构体。因此，除了需要注意结构型数组元素不能直接使用，只能使用其成员之外，结构型数组的使用方法和第 6 章讲解的数组的使用方法完全相同。以下面定义的一个简单的结构数组为例：

```
struct student
{
    int num;
    char name[20];
    float score;
}stu[10];
```

这个结构数组定义了 10 个数组元素，分别用于存储这 10 个学生的学号、姓名和分数。

（1）结构数组首地址的引用方法：

```
结构数组名
&结构数组名[0]
```

例如：用 stu 或&stu[0]表示结构数组 stu 的首地址。

（2）结构数组元素的引用方法与普通数组的引用方法相似。

❑　下标法：结构数组名[下标]
❑　指针法：*(结构型数组名+下标)

例如，如果要获得结构数组的第 7 个学生的信息，表示方法如下：

```
stu[6]
*(stu+6)
```

（3）结构数组元素的引用方法：

```
&结构数组名[下标]
结构数组名+下标
```

&stu[6]和(stu+6)表示结构数组 stu 的第 7 个元素的地址。

（4）结构数组元素的成员的引用方法：

```
结构数组名[下标].成员名
(*(结构型数组名+下标)).成员名
```

例如：如果要获得结构数组的第 2 个学生的姓名，表示为：

```
stu[1].name
(*(stu+1)).name
```

需要注意的是，运算符"*"的级别低于"."，所以这里需要加圆括号。

（5）结构数组元素的成员地址的引用方法：

```
&结构数组名[下标].成员名
&(*(结构型数组名+下标)).成员名
```

如果要获得结构数组的第 2 个学生的姓名存储地址，表示为：

```
&stu[1].name
&(*(stu+1)).name
```

因为运算符"&"的级别低于"."，所以不用使用圆括号。

【实例 15-5】编一个程序，输入 3 个学生的学号、姓名、3 门课程的成绩，求出总分最高的学生姓名并输出。

```
#include<stdio.h>
void main ( )
{
    struct student
    {
        int sno;                    /*学生的学号*/
        char sn[20];                /*学生的姓名*/
        float score[3];             /*学生三门课成绩*/
        float sum;                  /*学生的总成绩*/
    }s[10];
    int i,k=0;
    float max=0 ;
    printf ("输入 3 个学生：学号   姓名    成绩 1  成绩 2  成绩 3：\n");
    for (i=0 ;i<3;i++)
    {
        printf("%d  ",i);
        scanf("%d,%s", &s[i].sno, &s[i].sn);
        scanf("%f,%f,%f", &s[i].score[0], &s[i].score[1], &s[i].score[2]);
        s[i].sum= s[i].score[0]+ s[i].score[1]+ s[i].score[2];
        if(max <s[i].sum)
        {
            max=s[i].sum ;
            k=i;
        }
        printf("\n");
    }
    printf("总分最高的学生姓名是:%s   总分:%f\n", s[k].sn,s[k].sum) ;
}
```

程序运行的结果如图 15-3 所示。

图 15-3　程序运行的结果

15.4　结构体指针

指向结构体的指针称为结构体指针，结构体指针变量也是指针变量，和普通指针变量的唯一区别就是这个指针指向的是一种结构体变量或结构数组。

15.4.1　结构体指针变量的定义

结构体指针变量的定义与结构体变量、结构数组的定义相似。结构体指针变量的定义也分为三种形式，一是先定义结构体，后定义结构型指针；二是在定义结构体的同时定义结构体指针；三是直接定义结构体指针。一般形式为：

struct 结构体名 *结构指针变量名;

例如：

```
struct student              /*定义名为 student 的结构体*/
{
    int num;
    char name[20];
    char sex;
    int age;
    float score[7];
    char addr[30];
}*p1;                       /*定义结构体的同时定义结构体指针变量*/
...
struct student *p2;         /*先定义结构体，再定义结构体指针变量*/
```

上例中，定义了两个结构体指针变量，结构体指针变量 p1 是在定义结构体的同时定义的，结构体指针变量 p2 是在定义结构体之后定义的。

可以在定义结构体指针变量时赋予初值，也可以在以后的使用过程中对其赋值。结构体指针变量赋予的初值是结构体变量的地址、结构数组的首地址等。

【实例 15-6】定义结构体指针变量并赋予初值。

```
struct student
{
    int num;
    char name[20];
    float score;
}stu1={1001,"wangwu",86},*p1=&stu1;    /*定义结构体同时定义结构变量，并定义结构体变量的指针
变量*/
…
struct student stu2[10]={{1002,"lisi",78},{1003,"zhangsan",88}};
                                    /*定义结构体数组并赋值*/
struct student *p2;                 /*定义结构体指针变量*/
p2=stu2;                            /*将结构体指针 p2 指向结构体数组的首地址*/
```

上例中，定义一个名为 student 的结构体，共有三个成员，整型 num 表示学生的学号，字符数组 name 表示学生的姓名，浮点型 score 表示学生的分数。定义结构体的同时定义了一个结构体变量 stu1 和一个结构体指针变量 p1，并对其赋了初值，p1 的值为结构体变量地址。

后来又定义了一个结构数组 stu2 和一个结构指针 p2，结构数组 stu2 的前两个元素被赋予了初值，p2 的值为结构数组 stu2 的地址。

15.4.2　结构体指针变量的引用

结构体指针变量的引用和普通指针变量的引用方法完全相同，但要明确一点，这个结构体指针指向的是一个结构体类型的数据。

结构体指针变量的引用有以下几种。

（1）使用结构体指针变量指向结构体变量或结构型数组

形式如下：

```
结构体指针变量=&结构体变量
结构体指针变量=&结构数组名[下标]
结构体指针变量=结构数组名+下标
结构体指针变量=结构数组名
```

例如：

```
struct student
{
    int num;
    char name[20];
    float score;
}stu1={1001,"wangwu",86},*p1;
…
p1=&stu1;
struct student stu2[10]={{1002,"lisi",78},{1003,"zhangsan",88}};
struct student *p2;
p2=stu;
```

上例中，定义结构体的同时定义了一个结构体变量 stu1 和一个结构体指针变量 p1，之后又定义了一个结构数组 stu2 和一个结构指针 p2。

```
p1=&stu1;               /*结构体指针变量=&结构体变量*/
```

表示结构体指针变量 p1 指向结构体变量 stu1。

如果想要将 p1 指向结构数组 stu2 的第 2 个元素，表示方法为：

```
p1=&stu2[1];
p1=stu2+1
p2=stu;                    /*结构体指针变量=结构数组名*/
```

表示 p2 指向结构数组 stu2 的首地址。

（2）指向结构体变量或数组元素的指针变量的引用

在（1）给出的例子

```
p1=&stu1;
```

表示 p1 是指向结构体变量的指针变量，如果要引用这个结构体变量，使用如下的表示方法：

```
*p                    /* 一般格式为：*结构体指针变量*/
```

（3）指向结构体数组首地址的指针变量的引用

在（1）给出的例子中：

```
p2=stu;
```

表示 p2 指向结构数组 stu2 的首地址。如果要引用结构数组中的第 5 个元素，表示如下：

```
*(p2+4)                   /*一般格式为：*(结构体指针变量+下标)*/
```

（4）使用指向结构体变量或结构数组的指针变量引用其成员

用指向结构体变量或数组元素的指针变量的引用指向的结构体变量或数组元素的成员方法如下：

```
(*结构体指针变量).成员名
结构体指针变量—>成员名
```

这两种都表示结构体指针变量所指的结构体变量或结构体数组元素的成员。但两者使用的运算符不同，前一种使用的是"."运算符，该运算符是双目运算符，前一个运算对象是结构体变量或数组元素，后一个运算对象是结构体成员。在（1）给出的例子中，结构体指针变量 p1 指向结构体变量 stu1，如果要引用结构体变量 stu1 中的成员 num，表示如下：

```
(*p1).num
p1—>num
```

（5）使用指向结构数组首地址的指针变量引用其成员

使用指向结构数组首地址的指针变量引用其成员的表示方法如下：

```
(*(结构体指针变量+下标)).成员名
(结构体指针变量+下标)—>成员名
```

这里使用圆括号是由于符号之间运算的优先级不同。运算符"+"的优先级低于"*"，而"*"的优先级又低于"."和"—>"，所以圆括号在这里不能省略的。在（1）的例子中：

```
p2=stu2;
```

表示 p2 指向结构数组 stu2 首地址，如果要引用这个结构数组的第 2 个数组元素中的 num 成员，其表示方法如下：

```
(*(p2+1)).num
(p2+1)—>num
```

【实例 15-7】指向结构体变量的指针的使用举例。

```
#include<stdio.h>
struct student            /*定义名为 student 的结构体变量*/
```

```
{
    int num;              /*学号*/
    char name[10];        /*姓名*/
    float score;          /*分数*/
};
void main()
{
    struct student a={1002,"liming",93.0},*p;       /*定义结构体变量 a, 结构体指针变量 p*/
    p=&a;                                            /*将结构体指针 p 指向结构体变量 a*/
    printf("%d,%s,%f\n",a.num,a.name,a.score);       /*使用结构体变量引用结构体成员*/
    printf("%d,%s,%f\n",(*p).num,(*p).name, (*p).score);
                                                     /*使用结构体指针引用结构体成员*/
    printf("%d,%s,%f\n",p->num,p->name,p->score);    /*使用指向运算符引用结构体成员*/
}
```

程序运行的结果如图 15-4 所示。

从程序的运行结果中，我们体会一下使用结构体指针变量的不同引用方式，加深对结构体指针变量的理解。

图 15-4　程序运算的结果

【**实例 15-8**】指向结构体数组的指针变量的使用举例。

```
#include<stdio.h>
struct date                    /*定义名为 date 的结构体*/
{
    int year;
    int month;
    int day;
};

struct student                 /*定义名为 student 的结构体*/
{
    int num;
    char name[20];
    struct date birth;
};

void main()
{
    int i;
/*定义结构体数组并赋值*/
    struct student stu[4]={{10001,"wanghui  ",1988,5,26},
                          {10002,"zhangying",1986,12,11},
                          {10003,"bailke   ",1987,5,14},
                          {10004,"yangyang ",1989,9,6}};
    struct student *p;         /*定义结构体指针变量*/
    p=stu;                     /*将结构体指针指向结构体数组的首地址*/
    printf("1---学号     姓名        出生日期: \n");
    for(i=0;i<4;i++)
    {
printf("   %d   %s   %d-%d-%d\n",(stu+i)->num,(stu+i)->name,(stu+i)->birth. year,
    (stu+i)->birth.month,(stu+i)->birth.day);       /*使用下标法引用结构体数组成员*/
    }
    printf("2---学号     姓名        出生日期: \n");
    for(i=0;i<4;i++)
    {
printf("   %d   %s   %d-%d-%d\n",stu[i].num,stu[i].name,stu[i].birth.year,
    stu[i].birth.month,stu[i].birth.day);           /*使用下标法引用结构体数组成员*/
    }
    printf("3---学号     姓名        出生日期: \n");
```

```
    for(i=0;i<4;i++)
    {
        printf("   %d    %s    %d-%d-%d\n",(*(p+i)).num,(*(p+i)).name,(*(p+i)).
birth.year,
        (*(p+i)).birth.month,(*(p+i)).birth.day);      /*使用指针法引用结构体数组成员*/
    }
    printf("4---学号    姓名        出生日期: \n");
    for(i=0;i<4;i++)
    {
printf("   %d    %s    %d-%d-%d\n",(p+i)->num,(p+i)->name,(p+i)->birth.year,
        (p+i)->birth.month,(p+i)->birth.day);      /*使用指向运算符引用结构体数组成员*/
    }
```

程序运行的结果如图 15-5 所示。

从程序的结果可以看出，这几种指向结构体数组首地址的指针变量的引用方式的输出结果是相同的。本例中含有结构体的嵌套使用，体会一下内层结构成员的引用方式。

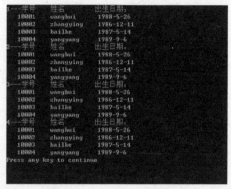

图 15-5　程序运行的结果

15.5　链表

链表是一种特殊的结构体，它的外部结构是一串存放数据的对象，它的内部结构包含两部分，即存放数据和指针。

15.5.1　链表概述

C 语言允许用户在程序中临时申请内存来存放数据，这样数据的数目就不必事先定义，从而避免事先确定数组长度，造成空间资源的浪费。

1．静态与动态内存分配

我们在前面讲过，如果要存储数量比较多的同类型或同结构的数据，总是使用一个数组。比如我们要存储一个班级学生的语文分数，需要定义一个 float 型（存在 0.5 分）数组：

```
float score[40];
```

这里数组长度必须大于班里的人数，对于一个班级来说人数可能较少，而且也是确定的，但是如果在其他数量不确定的情况下呢？比如火车站的人数，不用想也知道，人流量很大，而且人流量也不确定。在很多情况下，你并不能确定要使用多大的数组，那么你就要把数组定义得足够大。这样，你的程序在运行时就申请了固定大小的你认为足够大的内存空间。即使你知道人数，但是如果因为某种特殊原因人数有增加或者减少，你又必须重新去修改程序，扩大数组的存储范围。

这种固定大小的内存分配方法称为静态内存分配。这种内存分配方法存在比较严重的缺陷，特别是处理某些问题时：在大多数情况下会浪费大量的内存空间，在少数情况下，当你定义的数组不够大时，可能引起下标越界错误，甚至导致严重后果。

相对而言，事先不确定内存空间的大小就是动态内存分配。

所谓动态内存分配，就是指在程序执行的过程中动态地分配或者回收存储空间的分配内存的方法。动态内存分配不像数组等静态内存分配方法那样需要预先分配存储空间，而是由系统根据程序的需要即时分配，分配的大小就是程序要求的大小，而且分配的空间可以根据程序的需要扩大或缩小。

2. 链表的定义

链表是一种动态的数据结构,它的特点是用一组任意的存储单元存储线性表元素,这组存储单元可以是连续的,也可以是不连续的。链表中的每个元素称为"结点",每个结点都是由数据域和指针域组成的。

链表的外部结构是一串存放数据的对象,也称为链表结点,每个结点中都有一个指针指向下一个结点的首地址,从而将链表中的所有结点连接起来。链表有一个头结点,用于存放第一个结点的首地址,它表示链表的开始位置。最后一个结点称为尾结点,它的指针域为空(NULL),表示链表的结束位置。

链表的外部结构可以描述为头结点指针指向第一个结点的首地址,第一个结点的指针指向第二个结点首地址,第二个结点的指针指向第三个结点的首地址,依此类推,直到最后一个元素,如图 15-6 所示。

链表的数据域是用来存放数据的,这一部分可以存放一个数据,也可以存放多个数据类型相同或不同的数据,如图 15-7 所示。

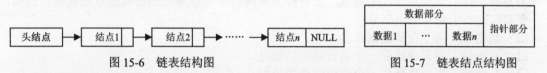

图 15-6 链表结构图	图 15-7 链表结点结构图

从链表结点结构图可以看出,这是一个结构型的数据,其中的成员用于存放结点数据,而且必须有一个指针变量,用于指向下一个结点,因此这个指针变量的数据类型必须是该结构体,一个结点的结构体定义如下:

```
struct 结点结构体名
{
    数据类型 1  成员名 1;                /*存放数据成员 1*/
    ...
    数据类型 n  成员名 n;                /*存放数据成员 n*/
    struct 结点结构体名 *指针变量名;      /*用于指向下一个结点的指针变量*/
}
```

其中,成员名 1,……,成员名 n 是用于存放结点数据的成员变量名;指针变量用于指向一个结点的存储地址。

【实例 15-9】定义存储学生姓名和学号的链表结点。

```
struct student
{
    char name[20];                     /*学生姓名*/
    int number;                        /*学生学号*/
    struct student *p;                 /*指向下一个学生结点*/
}
```

本例定义了一个存储学生姓名和学号的链表结点。其中,name[20]是一个用来存储学生姓名的字符型数组,整型变量 number 用于存储学生的学号。指针变量 p 是用来存储其后继结点的地址。

3. 不同结构的链表

链表又分为单链表、循环链表和双向链表等。

(1)单链表

所谓单链表,是指数据结点是单向排列的。一个单链表结点,其结构类型分为两部分。

❑ 数据域:用来存储本身数据。

❑ 指针域:用来存储下一个结点地址或者说指向其直接后继的指针。

图 15-6、图 15-7 所示就是链表的外部结构和结点结构。

单链表的基本运算包括：查找、插入和删除。

（2）循环链表

循环链表是与单链表一样，是一种链式存储结构，所不同的是，循环链表的最后一个结点的指针不为空（NULL），而是指向该循环链表的第一个结点或者表头结点，从而构成一个环形的链。循环链表的运算与单链表的运算基本一致。所不同的有以下几点：

- ❑ 在建立一个循环链表时，必须使其最后一个结点的指针指向表头结点，而不是像单链表那样置为 NULL。
- ❑ 在判断是否到表尾时，是判断该结点链域的值是否是表头结点，当链域值等于表头指针时，说明已到表尾，而非像单链表那样判断链域值是否为 NULL。

（3）双向链表

双向链表其实是单链表的改进。对于单链表，除尾结点外，每个结点的指针都指向下一结点，只能向后查找数据，而不能向前查找。双向链表克服了单链表结构的缺点。双向链表是一个既有存储直接后继结点地址的链域，又有存储直接前驱结点地址的链域的双链域结点结构。

在双向链表中包含三个部分：

- ❑ 数据域：用于存储数据本身。
- ❑ 左链域：用来存储前一个邻近结点的地址。
- ❑ 右链域：用来存储后一个邻近结点的地址。

在后面的几节中，主要针对单链表进行讲解，如果读者对其他的几种链表感兴趣，可以查阅数据结构等相关的书籍。

15.5.2 单链表建立

链表是一种动态的数据结构，它所需要的内存空间无法预先确定，取决于实际的应用情况。C 语言提供了一些内存管理函数。运用这些内存管理函数可以按需要动态地分配内存空间，用于存放结点的数据，用结点的指针把各个结点链接起来构成一个链表，当链表或者某个结点不用时可以空间回收待用，使内存资料得到合理的利用。

1. 内存管理系统函数

C 语言提供了多种内存管理系统函数，这里只介绍三个与链表处理有关的内存管理函数，它们都包括在头文件 "stdlib.h" 中，所以在使用这三个函数之前，必须在源程序的开头使用预编译文件包含命令：

```
#include <stdlib.h> 或 #include "stdlib.h"
```

（1）malloc()函数

malloc()函数的调用方式为：

```
(类型说明符*) malloc(size)
```

malloc()函数的功能是在内存的动态存储区分配一块大小为 size 字节的连续空间。若分配成功，则返回所分配的内存单元的首地址；若不成功，则返回 NULL。

其中，这个函数返回的值必须是一个指针变量，而且使用强制类型转换的方式将返回值转换成指针变量所指向的类型，即 "类型说明符*"。

【实例 15-10】使用 malloc()函数分配存储空间。

```
#include <stdlib.h>
#include <stdio.h>
void main()
{
```

```
        int *p1;
        float *p2;
        p1=(int *)malloc(sizeof(int));    /*开辟一个整型大小的空间,并将p1指向该空间的首地址*/
        p2=(float *)malloc(sizeof(float));/*开辟一个单精度浮点型大小的空间,并将p2指向该空间
的首地址*/
        if(p1!=NULL&&p2!=NULL)            /*如果两个指针都不为空,说明空间分配成功*/
        {
            printf("空间分配成功!");
        }
        else
        {
            printf("空间分配失败!");
        }
    }
```

本例分别用 malloc 函数在内存的动态存储区申请分配 sizeof(int)大小的空间并将首地址存入整型指针变量 p1 中，分配 sizeof(float)大小的空间并将首地址存入浮点型指针变量 p2 中。如果指针变量 p1、p2 都不为空，即分配成功，则输出字符串“空间分配成功!”，否则输出字符串“空间分配失败!”。

其中，sizeof()是长度运算符，它用于计算一种数据类型所占用的字节数。

（2）calloc()函数

calloc()函数的调用方式为：

```
(类型说明符*) calloc(items,size)
```

calloc()函数的功能是在内存的动态存储区分配 items 块大小为 size 字节的连续空间。若分配成功，则返回所分配的内存单元的首地址；若不成功，则返回 NULL。

calloc()函数返回的结果也是一个指针变量，并且需要使用强制类型转换将结果转换成指定类型的指针。其中，参数 items 指定了将要分配空间的块数，size 指定了每个内存块的字节大小。

【实例 15-11】使用 calloc()函数分配存储空间。

```
#include <stdlib.h>
#include <stdio.h>
void main()
{
    float *p;
    int m;
    scanf("%d",&m);          /*输入需要开辟动态存储区的块数*/
    /*分配指定块数的大小为单精度浮点型的内存空间,并给出提示信息*/
    if((p=(float *)calloc(m,sizeof(float)))!=NULL)
    {
        printf("空间分配成功!");
    }
    else
    {
        printf("空间分配失败!");
    }
}
```

这个例子使用 calloc()函数分配内存空间，分配多少个块需要手动输入，可以自己决定，每个块的大小是单精度浮点型的大小，即 4 个字节，并把首地址赋给浮点型指针变量。若分配成功，则输出字符串“空间分配成功!”，否则输出字符串“空间分配失败!”。

（3）free(p)函数

malloc()函数的功能是释放指针 p 所指向的内存区。其中参数 p 必须是先前调用 malloc()函数或 calloc()函数时返回的指针。

【实例 15-12】使用 free(p)函数释放存储空间。

```
#include <stdlib.h>
#include <stdio.h>
void main()
{
    int *p;
    p=(int *)malloc(sizeof(int));        /*使用 malloc()函数分配一个整型大小的存储空间*/
    if(p==NULL)
    {
        printf("空间分配失败!");
    }
    else
    {
        *p=8;                            /*为该空间赋值*/
        printf("%d\n",*p);               /*将该空间的值输出*/
        free(p);                         /*释放该存储空间*/
    }
}
```

程序运行的结果为：

8

本例使用 malloc 函数分配一个整型大小的存储空间，并将返回值赋给指针变量 p。如果申请空间不成功，则输出字符串"空间分配失败!"，否则，将整型常量存入指针变量 p 所指向的空间中。使用这两个函数就可以实现对内存区域进行动态分配并进行简单的管理了。

【实例 15-13】结构体的动态内存分存。

```
#include <stdlib.h>
#include <stdio.h>
struct person          /*定义名为 person 的结构体*/
{
    char name[20];
    int age;
    char address[100];
};
void main()
{
    struct person *pt;
    /*调用 malloc 函数动态分配一块大小为 sizeof(struct person)的内存空间*/
    pt=(struct person *)malloc(sizeof(struct person));
    if(pt==NULL)
    {
        printf("failure");
    }
    else       /*如果分配成功，则对该结构体赋值*/
    {
        printf("input name:");
        scanf("%s",pt->name);
        printf("input age:");
        scanf("%d",&pt->age);
        printf("input address:");
        scanf("%s",pt->address);
        printf("%s,%d,%s\n",pt->name,pt->age,pt->address);
        free(pt);
    }
}
```

程序运行的结果如图 15-8 所示。

程序执行时，先调用 malloc 函数动态分配一块大小为 sizeof(struct person)的内存空间，用于存储一个 struct person 结构体变量，并将空间的首地址赋给指针变量 pt。如果空间分配成功，使用指针对该结构体进行操作。在该程序退出前，调用 free 函数释放分配的内存空间。

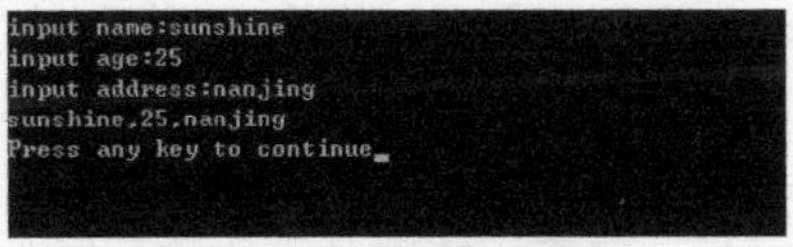

图 15-8　程序运行结果

2. 单链表的建立

在单链表中，每个结点中只有一个指针指向下一个结点，它只能从前向后单方向地依次寻找下一个结点，如图 15-6 所示。

建立单链表总体上分为三步：

（1）调用 malloc 函数动态分配某个结点大小的存储空间。

（2）向结点中的数据域存放数据。

（3）将该结点的指针域指向下一结点的首地址。

【实例 15-14】建立含有 10 个学生信息的单向链表。

```c
#include <stdlib.h>
#include <string.h>
#include <stdio.h>
struct student                    /*定义名为 student 的结构体*/
{
    int number;
    char name[20];
    float score;
    struct student *point;        /*定义结构体指针 point 指向下一个 student 结构体结点*/
};
void main()
{
    struct student *head,*end,*next,*p;            /*定义四个结构体指针变量*/
    int i;
    int snumber;
    char sname[20];
    float sscore;
    /*开辟一个结构体类型的大小为 sizeof(struct student)的空间，并将 head 指向该空间*/
    head=(struct student *)malloc(sizeof(struct student));
    if(head==NULL)
    {
        printf("failure!");
    }
    else
    {
        scanf("%d,%s,%f",&snumber,&sname,&sscore);      /*输入第一个结点数据*/
        head->number=snumber;
        strcpy(head->name,sname);
        head->score=sscore;
        head->point=NULL;         /*设置当前结点为尾结点*/
        end=head;                 /*让 end 指向尾结点*/
        for(i=1;i<4;i++)          /*循环四次次输入四个学生的信息*/
        {
            next=(struct student *)malloc(sizeof(struct student)); /*开辟新结点*/
            scanf("%d,%s,%f",&snumber,&sname,&sscore);          /*输入结点数据*/
            next->number=snumber;
            strcpy(next->name,sname);
            head->score=sscore;
            next->point=NULL;     /*置新结点为尾结点*/
            end->point=next;      /*让原来的尾结点中的指针指向新节点*/
            end=next;             /*让 end 指向新的尾结点*/
        }
    }
}
```

本例建立了一个含有 10 个学生信息的链表，该链表的头指针是 head。

本例建立单链表的程序设计思想如下：

（1）定义包含学生信息的链表结点结构体，里面含有四个成员，分别用来存储学生的姓名、学号、分数，还定义了一个指针变量，用于指向下一个结点的首地址。

（2）定义三个链表结点结构体的指针变量。其中，第一个 head 作为头指针，用于指向链表的第一个结点。第二个 end 专门用来指向尾结点。第三个 next 专门用来指向下一个新建立的结点。

（3）申请一个字节数为 "sizeof(struct student)" 大小的内存，用于存放一个结点的数据，并用头指针 head 指向该存储区域的首地址。

（4）输入一个学生的姓名存入结点结构体成员字符数组 name 中，输入学号存入成员 number 中、输入分数存入成员 score 中。

（5）将头指针指向的结点结构体成员 point 为 NULL，表示该结点为尾结点。

（6）将头指针中的地址存入 end 中，表示当前的尾结点就是第一个结点。因为当前链表中只有一个结点，所以既是头结点，也是尾结点。

（7）使用 for 循环，建立其他的 9 个结点结构体，循环体的操作如下：

① 申请一个字节数为 "sizeof(struct student)" 大小的内存，用于存放一个结点的数据，并用头指针 next 指向该存储区域的首地址。

② 输入一个学生的姓名存入结点结构体成员字符数组 name 中，输入学号存入成员 number 中、输入分数存入成员 score 中。

③ 将 next 指向的新结点结构体成员 point 置为 NULL，表示新结点为尾结点。

④ 将新结点的地址存入 end 指向的结点结构体成员 point 中，即让原来的尾结点中的指针指向新的尾结点，从而在链表中增加一个新结点。

⑤ 将新结点的地址存入 end，即让 end 指向新尾结点。

⑥ 继续下一次的循环。

（8）当退出循环后，含有 10 个学生信息的链表已经建立好了。

15.5.3 单链表简单操作

建立了一个单链表之后，要运用链表，还需要掌握一些链表基本的操作。单链表的操作包括数据的输出、查找、插入和删除。

1. 单链表的输出

链表的输出就是依次输出链表中各个结点的数据或输出某个结点指定的数据。以【实例 15-14】建立的单链表为例，输入学生信息后输出学生的信息。

输出单链表的程序设计思想如下：

（1）定义一个结点结构体指针变量 p。

（2）让 p 指向链表的第一个结点即头指针所指向的结点。

（3）使用当型循环，循环的条件是 p 所指向的结点成员 point 不是 NULL，在循环体中执行的下面的操作.

① 输出指针变量 p 所指向结点的数据。

② 让指针变量 p 指向链表中的下一个结点。

③ 继续下一轮的循环。

【实例 15-15】建立含有 4 个学生信息的单向链表，输入一些数据，然后输出。

```
#include <stdlib.h>
#include <string.h>
```

```
#include <stdio.h>
struct student
{
    int number;
    char name[20];
    float score;
    struct student *point;
};
void main()
{
    struct student *head,*end,*next,*p;        /*定义四个结构体指针变量*/
    int i;
    int snumber;
    char sname[20];
    float sscore;
    /*开辟一个结构体类型的大小为 sizeof(struct student)的空间，并将 head 指向该空间*/
    head=(struct student *)malloc(sizeof(struct student));
    if(head==NULL)
    {
        printf("failure!");
    }
    else
    {
        scanf("%d,%f",&snumber,&sscore);
        scanf("%s",&sname);
        head->number=snumber;
        strcpy(head->name,sname);
        head->score=sscore;
        head->point=NULL;
        end=head;
        for(i=1;i<4;i++)
        {
            next=(struct student *)malloc(sizeof(struct student));
            scanf("%d,%f",&snumber,&sscore);
            scanf("%s",&sname);
            next->number=snumber;
            strcpy(next->name,sname);
            next->score=sscore;
            next->point=NULL;
            end->point=next;
            end=next;
        }
    }
    p=head;
    printf("number    name    score\n");
    while(p->point!=NULL)                      /*使用当型循环输出每个结点的数据*/
    {
        printf("%d    %s    %f\n",p->number,p->name,p->score);
        p=p->point;                            /*p 指向下一个结点*/
    }
    printf("%d    %s    %f\n",p->number,p->name,p->score); /*输出结点数据*/
}
```

运行程序输入数据，运行的结果如图 15-9 所示。

根据上面建立的链表，可以定义一个链表输出函数，使用链表的头指针作为参数，表示如下：

```
void outPut(*head)
{
    struct student *p;
```

图 15-9 程序运行结果

```
p=head;
while(p->point!=NULL)
{
    printf("%d    %s    %f\n",p->number,p->name,p->score);
    p=p->point;
}
printf("%d    %s    %f\n",p->number,p->name,p->score);
}
```

2. 从单链表中查找结点

对单链表进行查找的思路为：对单链表的结点依次扫描，检测其数据域是否是我们所要查找的值，若是返回该结点的指针，否则返回 NULL。

因为在单链表的链域中包含了后继结点的存储地址，所以当我们实现的时候，只要知道该单链表的头指针，即可依次对每个结点的数据域进行检测。

【实例 15-16】新建一个包含学生姓名的链表，从中查找某个姓名。

```
#include <stdlib.h>
#include <stdio.h>
struct student
{
    char name[20];
    struct student *link;
}stud;

/*建立链表的函数*/
stud * creat(int n)
{
    stud *p,*h,*s;
    int i;
    if((h=(stud *)malloc(sizeof(stud)))==NULL)
    {
        printf("不能分配内存空间!");
    }
    h->name[0]='\0';
    h->link=NULL;
    p=h;
    for(i=0;i<n;I++)
        {
        if((s= (stud *) malloc(sizeof(stud)))==NULL)
        printf("不能分配内存空间!");
        p->link=s;
        printf("请输入第%d 个人的姓名",i+1);
        scanf("%s",s->name);
        s->link=NULL;
        p=s;
        }
    return(h);
}

/*查找链表的函数*/
stud * search(stud *h,char *x)        /*其中 h 指针是链表的表头指针，x 指针是要查找的人的姓名*/
{
    stud *p;                          /*当前指针，指向要与所查找的姓名进行比较的结点*/
    char *y;                          /*保存结点数据域内姓名的指针*/
    p=h->link;
    while(p!=NULL)
    {
        y=p->name;
        if(strcmp(y,x)==0)            /*把数据域里的姓名与所要查找的姓名进行比较，若相同则返回
```

```
0，即条件成立*/
            {
                return(p);                  /*返回与所要查找结点的地址*/
            }
            else
            {
                p=p->link;
            }
        }
        if(p==NULL)
        {
            printf("没有查找到该数据!");
        }
}

void main()
{
    int number;
    char name[20];
    stud *head,*p;                  /*head 是表头指针，p 是保存符合条件的结点地址的指针*/
    printf("请输入你要建立链表找长度:");
    scanf("%d",&number);
    head=creat(number);
    printf("请输入你要查找的人的姓名:");
    scanf("%s",name);
    p=search(head,name);            /*调用查找函数，并把结果赋给 p 指针*/
}
```

　　本例中使用结构化程序设计的思想，定义了 stud * creat(int n)函数用于建立链表，其中参数 n 指的是要建立链表结点的个数，此函数的返回值为所建立链表的首地址。

　　定义 stud * search(stud *h,char *x)用于查找指定的内容，它有两个参数，h 指针是所要查找链表的表头指针，x 指针是要查找的人的姓名，此函数返回值为指针类型，即查找到返回该人名所在的地址。

　　该例中，查找的具体过程如下：

　　（1）定义了一个结构体指针变量 p，让它指向所在查找链表的头指针。

　　（2）使用当型循环进行逐个查找，循环体内部使用 strcmp( )函数将所要查找的姓名与指针变量 p 所指向的结点的成员数据进行比较，如果 strcmp( )函数返回值为 0，表示查找成功，就返回指针变量 p，否则继续向后查找。

　　（3）判断 p 是否为空，如果为空，表示已经到链表的结尾，表示没有查找到指定的姓名，于是输出字符串"没有查找到该数据!"。

3. 向单链表中插入新结点

　　假设在一个单链表中存在两个连续结点 p、q（其中 p 为 q 的直接前驱），若我们需要在 p、q 之间插入一个新结点 s，那么必须先为 s 分配空间并赋值，然后使 p 的链域存储 s 的地址，s 的链域存储 q 的地址即可。这样就完成了插入操作。

　　【实例 15-17】新建一个包含学生姓名的链表，在指定的学生姓名后面插入某个学生姓名。

```
#include <stdlib.h>
#include <string.h>
#include <stdio.h>
struct student
{
    char name[20];
    struct student *link;
};
```

```
/*建立单链表的函数*/
struct student *creat(int n)
{
    struct student *p,*h,*s;
    int i;
    if((h=(struct student *)malloc(sizeof(struct student)))==NULL)
    printf("不能分配内存空间!");
    h->name[0]='\0';
    h->link=NULL;
    p=h;
    for(i=0;i<n;i++)
    {
        if((s=(struct student *) malloc(sizeof(struct student)))==NULL)
        printf("不能分配内存空间!");
        p->link=s;
        printf("请输入第%d 个人的姓名:",i+1);
        scanf("%s",s->name);
        s->link=NULL;
        p=s;
    }
    return(h);
}
/*查找函数*/
struct student * search(struct student *h,char *x)
{
    struct student *p;
    char *y;
    p=h->link;
    while(p!=NULL)
    {
        y=p->name;
        if(strcmp(y,x)==0)
        {
            return(p);
        }
        else
        {
            p=p->link;
        }
    }
    if(p==NULL)
    {
        printf("没有查找到该数据!");
    }
}
/*插入函数*/
void insert(struct student *p)          /*在指针 p 后插入*/
{
    char stuname[20];
    struct student *s;                  /*指针 s 保存新结点地址*/
    if((s= (struct student *) malloc(sizeof(struct student)))==NULL)
    printf("不能分配内存空间!");
    printf("请输入你要插入的人的姓名:");
    scanf("%s",stuname);
    strcpy(s->name,stuname);            /*把指针 stuname 所指向的数组元素拷贝给新结点的数据域*/
    s->link=p->link;                    /*把新结点的链域指向原来 p 结点的后继结点*/
    p->link=s;                          /*p 结点的链域指向新结点*/
}
/*输出函数*/
void outPut(struct student *h)
```

```
{
    struct student *p;              /*定义 stud 类型指针变量*/
    p=h;
    while(p->link!=NULL)            /*当不为尾结点时，输出结点数据*/
    {
        printf("%s \n",p->name);
        p=p->link;
    }
    printf("%s \n",p->name);        /*输出尾结点数据*/
}
/*主函数*/
void main()
{
    int number;
    char fullname[20];              /*保存输入的要查找的人的姓名*/
    struct student *head,*p;
    printf("请输入你要建立链表找长度:");
    scanf("%d",&number);
    head=creat(number);             /*建立新链表并返回表头指针*/
    outPut(head);
    printf("请输入你要查找的人的姓名:");
    scanf("%s",fullname);
    p=search(head,fullname);        /*查找并返回查找到的结点指针*/
    insert(p);                      /*调用插入函数*/
    outPut(head);
}
```

图 15-10　程序运行结果

程序运行的结果如图 15-10 所示。

该例子实现的功能是向链表中指定姓名的学生后面插入一个新的学生的姓名。程序设计的步骤为：

（1）使用 stud * creat(int n)函数创建一个单链表，并输入数据，返回一个指针类型的变量，即返回创建链表的首地址。其中参数 n 表示要建立的链表的长度。

（2）使用 stud * search(stud *h,char *x)函数，查找指定姓名的学生在链表中所在的位置，函数的返回值为指针，指向指定学生姓名的存储地址。该函数有两个参数，h 指针是链表的表头指针，x 指针是要查找的人的姓名。

（3）使用 void insert(stud *p)函数向链表中插入一个结点，指针变量 p 指向的是要插入数据的地址，该函数没有返回值。

（4）void outPut(stud *h)是定义的一个输出函数，为的是能看到插入前后链表数据的变量，做一个对比。它的参数是输出链表的头指针。

（5）最后在 main()函数中分别调用这几个函数，实现功能。

有些情况下，我们在对链表进行操作时，不知道链表中结点的个数，因此需要对链表的各种情形进行讨论。

假设定义如下的结构体链表结点：

```
struct stu
{
    int num;
    int age;
    struct stu *next;
};
```

对于这个已经按 num 的大小升序排列的链表，要插入一个结点 pi，需要考虑以下几种情况：

（1）如果该链表为空，向此链表中插入一个结点时，直接让头结点的指针指向该结点，然后将该结点的指针域设为空（NULL），即 pi->next=NULL。

（2）如果该链表不为空，需要将 pi->num 与该链表中的其他结点的 num 成员进行比较。

① 若 pi->num 小于链表的第一个结点的 num 值，即将该结点插入到头结点和一个结点之间，那么头结点指向 pi，然后将 pi->next 指向原链表的第一个结点。

② 若插入的位置不是第一个位置，也不是最后一个位置，那么将插入位置的前一个结点指向 pi，pi->next 指向插入位置的后一个结点。

③ 若插入的位置是最后一个位置，那么将最后一个结点指向 pi，pi->next=NULL。

根据这种设计思想，插入函数的定义如下：

```c
struct stu * insert(struct stu * head,struct stu *pi)
{
    struct stu * pb,*pf;
    pb=head;
    if(head==NULL)                                      /*链表为空*/
    {
        head=pi;
        pi->next=NULL;
    }
    else
    {
        while((pi->num>pb->num)&&(pb->next!=NULL))      /*查找插入的位置*/
        {
            pf=pb;
            pb=pb->next;
        }
        if(pi->num<=pb->num)
        {
            if(head==pb)                    /*在第一个结点前面插入*/
            {
                head=pi;
            }
            else                            /*在链表的中间插入*/
            {
                pf->next=pi;
                pi->next=pb;
            }
        }
        else                                /*在链表的结尾插入*/
        {
            pb->next=pi;
            pi->next=NULL;
        }
        return head;
    }
}
```

4．在单链表中删除结点

假如我们已经知道了要删除的结点 p 的位置，那么要删除 p 结点时，只要令 p 结点的前驱结点的链域由存储 p 结点的地址改为存储 p 的后继结点的地址，并回收 p 结点即可。

【实例 15-18】新建一个包含学生姓名的链表，将指定的学生姓名删除。

```c
#include <stdlib.h>
#include <string.h>
#include <stdio.h>
```

```
struct student                              /*定义名为 student 的结构体*/
{
   char name[20];
   struct student *link;
}stud;

/*建立新的链表的函数*/
stud * creat(int n)
{
  stud *p,*h,*s;
  int i;
  if((h=(stud *)malloc(sizeof(stud)))==NULL)  /*创建头结点*/
  {
     printf("不能分配内存空间!");
     exit(0);
  }
  h->name[0]='\0';
  h->link=NULL;
  p=h;                                       /*将指针 p 指向头结点*/
  for(i=0;i<n;I++)                           /*依次建立 n 个结点*/
  {
     if((s= (stud *) malloc(sizeof(stud)))==NULL)
     {
        printf("不能分配内存空间!");
        exit(0);
     }
     p->link=s;
     printf("请输入第%d 个人的姓名",i+1);    /*输入数据*/
     scanf("%s",s->name);
     s->link=NULL;                           /*将新建结点置为尾结点*/
     p=s;                                    /*将原先的尾结点指针指向该结点*/
  }
  return(h);                                 /*返回新建的链表*/
}

/*查找结点函数*/
stud * search1(stud *h,char *x)
{
   stud *p;
   char *y;
   p=h->link;                               /*将 p 结点指向头结点的下一个结点*/
   while(p!=NULL)
   {
     y=p->name;
     if(strcmp(y,x)==0)                      /*如果相等，则返回该结点*/
        return(p);
     else  p=p->link;                        /*不相等，查找下一个结点*/
   }
   if(p==NULL)
   printf("没有查找到该数据!");
 }
  /*查找前驱结点函数*/
stud * search2(stud *h,char *x)              /*返回的是上一个查找函数的直接前驱结点的指针*/
{
  stud *p,*s;
  char *y;
  p=h->link;
  s=h;
  while(p!=NULL)
  {
```

```
      y=p->name;
      if(strcmp(y,x)==0)
        return(s);
      else
      {
       p=p->link;
       s=s->link;
      }
    }
    if(p==NULL)
      printf("没有查找到该数据!");
}

/*删除函数*/
void del(stud *x,stud *y)        /*y为要删除的结点的指针，x为要删除的结点的前一个结点的指针*/
{
  stud *s;
  s=y;
  x->link=y->link;
  free(s);
}

/*输出函数*/
void outPut(struct student *h)
{
  struct student *p;                    /*定义stud类型指针变量*/
  p=h;
  while(p->link!=NULL)                  /*当不为尾结点时，输出结点数据*/
  {
    printf("%s \n",p->name);
    p=p->link;
  }
  printf("%s \n",p->name);              /*输出尾结点数据*/
}

void main()
{
  int number;
  char fullname[20];
  stud *head,*searchpoint,*forepoint;
  printf("请输入你要建立链表找长度:");
  scanf("%d",&number);
  head=creat(number);
  printf("请输入你要删除的人的姓名:");
  scanf("%s",fullname);
  searchpoint=search1(head,fullname);
  forepoint=search2(head,fullname);
  del(forepoint,searchpoint);
  outPut(head);
}
```

程序运行的结果如图 15-11 所示:

该实例主要实现的功能是建立链表，查找所要删除的
人，然后将其删除。

本例中定义了两个查找函数，第一个函数是 stud *
search1(stud *h,char *x)，其中 h 为表头指针，x 为指向要
查找的姓名的指针。该函数返回一个指针类型的数据，它
指向所要删除的结点。

图 15-11　程序运行结果

第二个函数 stud * search2(stud *h,char *x)，该函数也有两个参数，h 为表头指针，x 为指向要查找的姓名的指针。该函数也返回一个指针类型的数据，它指向的是所要删除结点的前一个结点。其实此函数的算法与第一个查找函数的算法是一样的，只是多了一个指针 s，并且 s 总是指向指针 p 所指向的结点的直接前驱。结果返回 s 即是要查找的结点的前一个结点

定义 void del(stud *x,stud *y)函数，用于删除结点，此函数有两个参数，y 为要删除的结点的指针，x 为要删除的结点的前一个结点的指针。将 x->link=y->link，将指针 y 所指向的结点从链表中分离出来，使用 free( )函数将其所占用的空间释放，实现删除功能。

本例还使用了 void outPut(struct student *h)函数，目的是显示链表的内容，便于观察对链表进行的操作。

【实例15-18】是我们自己建立的一个链表，然后输入数据，再对其进行操作。在对链表的内部结构比较了解的情况下，可以直接对其进行操作。但是在不了解链表的情形下进行删除时，需要考虑各种可能的情况。

（1）链表为空时，不能进行删除操作，返回一个字符串"链表为空"。

（2）链表不为空时，又分为四种情形：

❑ 要删除的结点为第一个结点，即头指针所指向的结点，只需要将头结点指向该结点之后的那个结点即可。

❑ 要删除的结点不是第一个结点，也不是最后一个结点，那么将要删除的结点前一个结点指针指向要删除结点的后一个结点。

❑ 若删除的结点是最后一个结点，那么将倒数第二个结点的指针置为空（NULL）。

❑ 若没有找到要删除的结点，则输出字符串"没有符合条件的数据"。

根据上述链表删除结点的算法，程序设计如下：

```c
struct student * delet(struct stu * head,int num)
{
    struct student *pb,*pf;
    if(head==NULL)                          /*链表为空*/
    {
        printf("\链表为空\n");;
        return head;
    }
    pb=head;
    while(pb->num!=num&&pb->next!=NULL)      /*查找要删除的结点*/
    {
      pf=pb;
      pb=pb->next;
    }
    if(pb->num==num)                        /*有符合条件的结点，进行删除*/
    {
        if(pb==head)
        head=pb->next;
        else
        {
            pf->next=pb->next;
        }
        free(pb);                           /*释放空间，删除结点*/
        printf("结点删除\n");
    }
    else
    printf("没有找到符合条件的数据%d",num);
    return head;
    }
```

15.6　典型实例

【**实例 15-19**】扑克牌游戏是电脑游戏中很重要的一个分支，在编写扑克牌游戏时，首先要考虑的就是如何保存 52 张牌。扑克牌有 4 种花色，每一种花色都有 13 张牌。这类的数据通过数据结构的形式保存。具体代码如下：

```
#include <stdio.h>
#include <stdlib.h>
#include <string.h>

enum suits{CLUBS,DIAMONDS,HEARTS,SPADES};        //枚举类型定义了 4 种花色

struct card
{
    enum suits suit;         //花色
    char value[3];           //牌点数
};

struct card deck[52];                                     //声明数组保存 52 张牌

char cardval[][3]={"A","2","3","4","5","6","7","8","9","10","J","Q","K"};
                                                          //保存牌的号码
char suitsname[][9]={"CLUBS","DIAMONDS","HEARTS","SPADES"};        //保存扑克牌的花色

void main()
{
    int i,j;
    int a;
    for(i=0;i<=12;i++)                               //每种花色有 13 种点数
        for(a=0;a<=4;a++)                            //每个点数对应 4 种不同的花色
        {
            j=i*4+a;
            deck[j].suit=(enum suits)a;
            strcpy(deck[j].value,cardval[i]);
        }
        for(j=0;j<52;j++)                            //遍历 52 次，输出 52 张牌

printf("(%s%3s)%c",suitsname[deck[j].suit],deck[j].value,j%4==3?'\n':'\t');
}
```

以上程序中定义一个枚举变量，用来保存扑克牌的 4 种花色，接着定义了一个保存每一张扑克牌的花色和点数的结构体。然后程序中通过循环赋值的方式将 4 种花色，13 种点数分别保存到数组中，最后循环输出 52 张牌的花色和点数。

【**实例 15-20**】计算一年内两天间隔天数。生活中我们常常说到几月几号还差几天，现在来实现这个功能。由用户输入两个日期，程序负责计算两个日期间相差的天数。

具体代码如下：

```
#include <stdio.h>
#include <stdlib.h>

//日期结构体
typedef struct D
{
    int year;
    int month;
    int day;
}Date;
```

```
int getDays(Date date1,Date date2);        //获取两个日期间的天数
int IsLeapYear(int year) ;                  //是否是闰年
int GetMaxDay(int year,int month);          //获取某个月的最大天数
int Abs(int a,int b);                       //返回绝对值
int DaysForNewYear(Date date);              //计算从年初到指定日期的天数

//主函数
void main()
{
    int days;
    Date start,end;        //start: 开始日期, end: 结束日期
    printf("请输入第一个日期(2016.7.1): ");
    scanf("%d.%d.%d",&start.year,&start.month,&start.day);      //录入起始日期

    printf("请输入第二个日期(2016.7.1): ");
    scanf("%d.%d.%d",&end.year,&end.month,&end.day);            //录入结束日期

    days=getDays(start,end);        //调用函数获取两个日期间相差的天数

    printf("两个日期间隔着%d 天\n",days);            //输出相差的天数
}

//判断是否是闰年
int IsLeapYear(int year)
{
    return (year % 400 == 0 || year % 4 == 0 && year % 100 != 0);
}

//获得某年某月的最大天数
int GetMaxDay(int year,int month)
{
    switch(month)        //检测参数是指哪个月
    {
    case 1:
    case 3:
    case 5:
    case 7:
    case 8:
    case 10:
    case 12:
        return 31;   //上述月份都是 31 天
    case 4:
    case 6:
    case 9:
    case 11:
        return 30;   //上述月份都是 30 天
    case 2:
        return IsLeapYear(year)?29:28;   //闰年 2 月 29 天, 平年 2 月 28 天
    default:
        return -1;
    }
}

int getDays(Date date1,Date date2)    //计算两个日期相隔的天数
{
    int s1,s2; //计算两个日期从年初到该日期的天数
    int count; //计算两个年份之间的差值
    int sum=0;
    int t,t1,t2;
```

```
        Date dateTemp;
        dateTemp.month = 12;
        dateTemp.day = 31;

        if(date1.year==date2.year)
        {
            s1 = DaysForNewYear(date1);   //开始日期距年初的天数
            s2 = DaysForNewYear(date2);   //结束日期距年初的天数
            return Abs(s1,s2);            //两个日期之间的差值
        }
        else if(date1.year>date2.year)            //起始日期的年份大于结束日期的年份
        {
            count = date1.year - date2.year ;     //相距的年数
            if(count == 1)                        //相距 1 年
            {
                t1 = DaysForNewYear(date1);
                dateTemp.year = date2.year;
                t2 = DaysForNewYear(dateTemp) - DaysForNewYear(date2);
                return (t1+t2+count);
            }
            else                                  //相距多年
            {
                for(t = date2.year+1;t<date1.year;t++)
                {
                    dateTemp.year = t;
                sum = sum + DaysForNewYear(dateTemp);
                }
                //cout<<sum<<endl;
                dateTemp.year=date2.year;
                t2 = DaysForNewYear(dateTemp) - DaysForNewYear(date2);
                t1 = DaysForNewYear(date1);
                return (sum+t1+t2+count);
            }
        }
        else                                      //起始日期的年份小于结束日期的年份
        {
            count = date2.year - date1.year ;
            if(count == 1)                        //相距 1 年
            {
                t2 = DaysForNewYear(date2);
                dateTemp.year=date1.year;
                t1 = DaysForNewYear(dateTemp) - DaysForNewYear(date1);
                return (t1+t2+count);
            }
            else                                  //相距多年
            {
                for(t = date1.year+1;t<date2.year;t++)
                {
                    dateTemp.year = t;
                sum = sum + DaysForNewYear(dateTemp);
                }
                t2 = DaysForNewYear(date2);
                dateTemp.year=date1.year;
                t1 = DaysForNewYear(dateTemp) - DaysForNewYear(date1);
                return (sum+t1+t2+count);
            }
        }
    }
```

```
int DaysForNewYear(Date date)          //计算从年初到指定日期的天数
{
    int i;
    int sum = 0 ;                      //计算天数

    for(i=0;i<date.month;i++)          //循环处理每个月的天数
        sum += GetMaxDay(date.year,i) ;
    sum = sum + date.day - 1 ;
    return sum;
}

int Abs(int a,int b)                   //返回绝对值
{
    if(a>=b)
        return (a-b);
    else
        return (b-a);
}
```

以上程序中首先定义了一个表示日期的结构体，其中保存了年、月、日这 3 个数据。然后定义了相关计算的函数。

❑ Abs 函数计算两个整数相减的绝对值，返回的值始终为正数。

❑ DaysForNewYear 函数计算指定的日期距离当年 1 月 1 日经过的天数。

❑ IsLeapYear 函数判断给定的年份是否为闰年，以方便获取 2 月份的天数。

❑ GetMaxDay 函数用来获取指定年份、月数的最大天数。

❑ getDays 函数是本程序的主要计算函数，通过判断给定两个日期的年、月之间的关系，累加两个日期之间所经过月份的天数，最后得到计算的结果。

【实例 15-21】通过使用结构体，可以设计出保存复杂数据结构的程序。例如在信息管理系统中，要处理的数据就是一种复杂数据结构。这时可以使用结构体进行定义，使程序结构更清晰。下面的实例演示结构体类型在一个学生管理系统中的应用，程序提供有以下功能：

（1）查询学生信息。

（2）修改学生信息。

（3）增加学生信息。

（4）删除学生信息。

（5）查找学生信息。

（6）保存学生信息。

（7）系统帮助说明。

（8）退出该系统。

具体代码如下：

```
#include<stdio.h>
#include<stdlib.h>
#include<string.h>

#define BUFLEN 100       //缓冲区最大字符数
#define LEN 15           //学号和姓名最大字符数
#define N 100            //最大学生人数

struct record           //学生信息结构体
{
    char code[LEN+1];    //学号
    char name[LEN+1];    //姓名
    int age;             //年龄
    char sex[3];         //性别
```

```c
        char time[LEN+1];          //出生年月
        char add[30];              //家庭地址
        char tel[LEN+1];           //电话号码
        char mail[30];             //电子邮件地址
}stu[N];

int k=1,n,m;                       //定义全局变量

void readfile();                   //刷新数据，从文件中获取数据
void seek();                       //查找学生信息
void modify();                     //修改学生信息
void insert();                     //增加学生信息
void del();                        //删除学生信息
void display();                    //显示信息
void save();                       //保存数据
void menu();                       //显示菜单
void help();                       //显示帮助

void main()                        //主函数
{
    while(k)                       //当 k 为 0 时退出系统，不为 0 时显示菜单
        menu();
}


void readfile()                    //刷新数据，从文件中获取数据
{
    char *p="student.txt";
    FILE *fp;
    int i=0;
    if ((fp=fopen("student.txt","r"))==NULL)
    {
        printf("Open file %s error! Strike any key to exit!",p);
        exit(0);
    }

    while(fscanf(fp,"%s %s%d%s %s %s %s %s",stu[i].code,stu[i].name,&stu[i].age,
        stu[i].sex,stu[i].time,stu[i].add,stu[i].tel,stu[i].mail)==8)
    {
        i++;
        i=i;
    }
    fclose(fp);
    n=i;
    printf("刷新数据完成！\n");
}

void seek() //查找学生信息
{
    int i,item,flag;
    char s1[21];                   //以姓名和学号最长长度+1 为准
    printf("------------------\n");
    printf("-----1.按学号查询-----\n");
    printf("-----2.按姓名查询-----\n");
    printf("-----3.退出本菜单-----\n");
    printf("------------------\n");
    while(1)
    {
        printf("请选择子菜单编号:");
        scanf("%d",&item);
```

```
            flag=0;
            switch(item)
            {
            case 1:
                printf("请输入要查询的学生的学号:\n");
                scanf("%s",s1);
                for(i=0;i<n;i++)
                    if(strcmp(stu[i].code,s1)==0)
                    {
                        flag=1;
                        printf("学生学号   学生姓名   年龄   性别     出生年月     地址       电话
E-mail 地址\n");

    printf("--------------------------------------------------------------\n");

    printf("%6s %7s %6d %5s %9s %8s %10s %14s\n",stu[i].code,stu[i].name,stu[i].age,

    stu[i].sex,stu[i].time,stu[i].add,stu[i].tel,stu[i].mail);
                    }
                    if(flag==0)
                        printf("该学号不存在! \n"); break;
            case 2:
                printf("请输入要查询的学生的姓名:\n");
                scanf("%s",s1);
                for(i=0;i<n;i++)
                    if(strcmp(stu[i].name,s1)==0)
                    {
                        flag=1;
                        printf("学生学号   学生姓名   年龄   性别     出生年月     地址       电话
E-mail 地址\n");

    printf("--------------------------------------------------------------\n");

    printf("%6s %7s %6d %5s %9s %8s %10s %14s\n",stu[i].code,stu[i].name,stu[i].age,

    stu[i].sex,stu[i].time,stu[i].add,stu[i].tel,stu[i].mail);
                    }
                    if(flag==0)
                        printf("该姓名不存在! \n"); break;
            case 3:
                return;
            default:
                printf("请在 1-3 之间选择\n");
            }
        }
}

void modify()                                  //修改学生信息
{
    int i,item,num;
    char sex1[3],s1[LEN+1],s2[LEN+1];          //以姓名和学号最长长度+1 为准
    printf("请输入要修改的学生的学号:\n");
    scanf("%s",s1);
    for(i=0;i<n;i++)
        if(strcmp(stu[i].code,s1)==0)          //比较字符串是否相等
            num=i;
    printf("------------------\n");
    printf("1.修改姓名\n");
    printf("2.修改年龄\n");
    printf("3.修改性别\n");
```

```c
        printf("4.修改出生年月\n");
        printf("5.修改地址\n");
        printf("6.修改电话号码\n");
        printf("7.修改 E-mail 地址\n");
        printf("8.退出本菜单\n");
        printf("-------------------\n");
        while(1)
        {
            printf("请选择子菜单编号:");
            scanf("%d",&item);
            switch(item)
            {
            case 1:
                printf("请输入新的姓名:\n");
                scanf("%s",s2);
                strcpy(stu[num].name,s2); break;
            case 2:
                printf("请输入新的年龄:\n");
                scanf("%d",&stu[num].age);break;
            case 3:
                printf("请输入新的性别:\n");
                scanf("%s",sex1);
                strcpy(stu[num].sex,sex1); break;
            case 4:
                printf("请输入新的出生年月:\n");
                scanf("%s",s2);
                strcpy(stu[num].time,s2); break;
            case 5:
                printf("请输入新的地址:\n");
                scanf("%s",s2);
                strcpy(stu[num].add,s2); break;
            case 6:
                printf("请输入新的电话号码:\n");
                scanf("%s",s2);
                strcpy(stu[num].tel,s2); break;
            case 7:
                printf("请输入新的 E-mail 地址:\n");
                scanf("%s",s2);
                strcpy(stu[num].mail,s2); break;
            case 8:return;
                default:printf("请在 1-8 之间选择\n");
            }
        }
}

void sort()                 //按学号排序
{
    int i,j,*p,*q,s;
    char temp[10];
    for(i=0;i<n-1;i++)
    {
        for(j=n-1;j>i;j--)
            if(strcmp(stu[j-1].code,stu[j].code)>0)
            {
                strcpy(temp,stu[j-1].code);
                strcpy(stu[j-1].code,stu[j].code);
                strcpy(stu[j].code,temp);
                strcpy(temp,stu[j-1].name);
                strcpy(stu[j-1].name,stu[j].name);
                strcpy(stu[j].name,temp);
```

```
                    strcpy(temp,stu[j-1].sex);
                    strcpy(stu[j-1].sex,stu[j].sex);
                    strcpy(stu[j].sex,temp);
                    strcpy(temp,stu[j-1].time);
                    strcpy(stu[j-1].time,stu[j].time);
                    strcpy(stu[j].time,temp);
                    strcpy(temp,stu[j-1].add);
                    strcpy(stu[j-1].add,stu[j].add);
                    strcpy(stu[j].add,temp);
                    strcpy(temp,stu[j-1].tel);
                    strcpy(stu[j-1].tel,stu[j].tel);
                    strcpy(stu[j].tel,temp);
                    strcpy(temp,stu[j-1].mail);
                    strcpy(stu[j-1].mail,stu[j].mail);
                    strcpy(stu[j].mail,temp);
                    p=&stu[j-1].age;
                    q=&stu[j].age;
                    s=*q;
                    *q=*p;
                    *p=s;
                }
        }
}

void insert()                     //增加学生信息
{
    int i=n,j,flag;
    printf("请输入待增加的学生数:\n");
    scanf("%d",&m);
    do
    {
        flag=1;
        while(flag)
        {
            flag=0;
            printf("请输入第 %d 个学生的学号:\n",i+1);
            scanf("%s",stu[i].code);
            for(j=0;j<i;j++)
                if(strcmp(stu[i].code,stu[j].code)==0)
                {
                    printf("已有该学号,请检查后重新录入!\n");
                    flag=1;
                    break;      /*如有重复立即退出该层循环,提高判断速度*/
                }
        }
        printf("请输入第 %d 个学生的姓名:\n",i+1);
        scanf("%s",stu[i].name);
        printf("请输入第 %d 个学生的年龄:\n",i+1);
        scanf("%d",&stu[i].age);
        printf("请输入第 %d 个学生的性别:\n",i+1);
        scanf("%s",stu[i].sex);
        printf("请输入第 %d 个学生的出生年月:(格式:年.月)\n",i+1);
        scanf("%s",stu[i].time);
        printf("请输入第 %d 个学生的地址:\n",i+1);
        scanf("%s",stu[i].add);
        printf("请输入第 %d 个学生的电话:\n",i+1);
        scanf("%s",stu[i].tel);
        printf("请输入第 %d 个学生的E-mail地址:\n",i+1);
        scanf("%s",stu[i].mail);
        if(flag==0)
```

```
        {
            i=i;
            i++;
        }
    }

    while(i<n+m);
        n+=m;
    printf("录入完毕! \n\n");
    sort();
}

void del()               //删除学生信息
{
    int i,j,flag=0;
    char s1[LEN+1];
    printf("请输入要删除学生的学号:\n");
    scanf("%s",s1);
    for(i=0;i<n;i++)
    if(strcmp(stu[i].code,s1)==0)
    {
        flag=1;
        for(j=i;j<n-1;j++)
            stu[j]=stu[j+1];
    }

    if(flag==0)
        printf("该学号不存在! \n");

    if(flag==1)
    {
        printf("删除成功,显示结果请选择菜单6\n");
        n--;
    }
}

void display()           //显示学生信息
{
    int i;
    printf("所有学生的信息为:\n");
    printf("学生学号 学生姓名 年龄  性别   出生年月  地址     电话      E-mail 地址\n");
    printf("----------------------------------------------------------------------\n");
    for(i=0;i<n;i++)
    {

printf("%6s %7s %5d %5s %9s %8s %10s %14s\n",stu[i].code,stu[i].name,stu[i].age,
        stu[i].sex,stu[i].time,stu[i].add,stu[i].tel,stu[i].mail);
    }
}

void save()                              //保存学生信息
{
    int i;
    FILE *fp;
    fp=fopen("student.txt","w");          //写入文件
    for(i=0;i<n;i++)
    {
        fprintf(fp,"%s %s %d %s %s %s %s %s\n",stu[i].code,stu[i].name,stu[i].age,
            stu[i].sex,stu[i].time,stu[i].add,stu[i].tel,stu[i].mail);
    }
```

```
        fclose(fp);
}

void menu()                              //显示菜单界面
{
    int num;
    printf("*********************系统功能菜单**********************        \n");
    printf("友情提醒:查询前请先刷新系统!    \n");
    printf("    ---------------------    ----------------------    \n");
    printf("    *********************    *********************    \n");
    printf("    * 0.系统帮助及说明 * *  1.刷新学生信息    *      \n");
    printf("    *********************    *********************    \n");
    printf("    * 2.查询学生信息    * *  3.修改学生信息    *      \n");
    printf("    *********************    *********************    \n");
    printf("    * 4.增加学生信息    * *  5.按学号删除信息  *      \n");
    printf("    *********************    *********************    \n");
    printf("    * 6.显示当前信息    * *  7.保存当前学生信息*      \n");
    printf("    *********************    *********************    \n");
    printf("    * 8.退出系统        *                             \n");
    printf("    *********************                             \n");
    printf("--------------------------------------------          \n");
    printf("请选择菜单编号:");
    scanf("%d",&num);
    switch(num)
    {
    case 0:
        help();
        break;
    case 1:
        readfile();
        break;
    case 2:
        seek();
        break;
    case 3:
        modify();
        break;
    case 4:
        insert();
        break;
    case 5:
        del();
        break;
    case 6:
        display();
        break;
    case 7:
        save();
        break;
    case 8:
        k=0;
        break;
    default:
        printf("请在 0-8 之间选择\n");
    }
}

void help()              //帮助系统
{
    printf("\n0.欢迎使用系统帮助! \n");
```

```
        printf("\n1.进入系统后,先刷新学生信息,再查询;\n");
        printf("\n2.按照菜单提示键入数字代号;\n");
        printf("\n3.增加学生信息后,切记保存按 7;\n");
        printf("\n4.谢谢您的使用! \n");
    }
```

　　以上程序代码量比较大，但结构清晰，按功能对程序进行了划分，不同功能使用不同的函数来完成。

　　程序首先定义了表示学生信息的结构体。然后编写代码，分别实现了学生信息的增加、删除、修改、查询，以及将内存中的学生信息保存到文本文件，或从文本文件中加载到内存中。

　　程序中各语句的功能参见代码右侧的注释。

15.7　本章小结

　　本章主要讲解了一些构造数据类型及它们的定义与引用。结构体是由一批数据组合而成的一种新的数据类型。它可以有不同数据类型的成员，结构体需要用户根据自己的需要自行定义，决定其内部成员，以及它们的数据类型。

　　链表是一种特殊的结构体，它的内部结构包含两部分：数据域和指针域。数据域用来存储本身的数据，指针域用来存储下一个结点地址或者说指向其直接后继的指针。

15.8　习题

1. 简述结构体类型的概念，以及它在 C 编程中的作用。
2. 简述浅复制和深复制的概念和作用。
3. 定义结构体数组主要有哪几种形式？
4. 编写一个程序，要求使用结构体模拟一个单向链接。
5. 编写一个程序，要求使用结构体模拟一个双向链接。

第 16 章　共用体

共用体又称为联合体，它和结构体一样，也是一种由用户自己定义的数据类型，它也由若干个成员数据组成。其成员的数据类型可以是相同的，也可以是不同的。共用体与结构体的不同之处在于共用体的所有成员都占用相同的内存。使用共用体可以节省内存。

❑ 共用体类型定义；
❑ 共用体类型变量、数组和指针变量的定义；
❑ 共用体类型变量、数组和指针变量的引用；
❑ 共用体应用举例；
❑ 用 typedef 定义数据类型。

16.1　共用体类型定义

由于不同的共用体可以有不同的成员，因此共用体也需要用户在程序中根据自己的需要自定义。定义共用体之后，就可以使用这种数据类型。

16.1.1　定义共用体

所谓共用体类型，是指将不同的数据项组织成一个整体，它们在内存中占用同一段存储单元。由于不同的共用体类型的数据可以有不同的成员，因此共用体也是需要用户在程序中自定义的一种数据类型。共用体的定义格式如下：

```
union 共用体名
{
    数据类型 1  成员 1 名;
    数据类型 2  成员 2 名;
    ...
    数据类型 n  成员 n 名;
};
```

其中，共用体名是用户为标记共用体而取的标识符，它的定义符合标识符的定义规则。数据类型 1~数据类型 n 是共用体中的成员的数据类型，通常是基本数据类型，也可以是结构体类型，或是已经定义过的共用体类型等。成员名 1~成员名 n 也是用户自己取的标识符，用来标识所包含的成员名称。

这个定义语句的功能是定义了一个名为"共用型名"的共用体，该共用体中含有 n 个成员，每个成员都有确定的数据类型和名称。

【实例 16-1】共用体定义。

```
union data
{
    int a ;
    float b;
    double c;
    char d;
};
```

该形式定义了一个名为 data 的共用体数据类型。其一共有四个成员，第一个成员为 a，数据类型为整型；第二个成员为 b，数据类型为单精度浮点型；第三个成员为 c，数据类型为双精度浮点型；第四个成员为 d，数据类型为字符型。

在定义共用体时，需要注意以下几点：

（1）共用体定义最后的分号不能省略。

（2）共用体的成员在定义时是不分配内存的，只有定义了该共用型的变量、数组或指针变量后，才会给该变量、数组和指针变量分配内存。

16.1.2　共用体的存储

从【实例 16-1】中可以看出，共用体数据类型与结构体在形式上非常相似，但两者有本质上的不同。在结构体中各成员有各自的内存空间，一个结构体变量的总长度是各成员长度之和。而共用体中，各成员共享一段内存空间，一个共用体变量的长度等于各成员中最长的长度。

实际上，共用体共享存储空间不是把多个成员同时装入一个共用体变量内，而是指该共用体变量可以被赋予任一成员值，每次只能赋一种值，赋入新值取代旧值。

【实例 16-2】共用体与结构体数据存储的比较。

```c
#include<stdio.h>
union data                    /*共用体*/
{
    int a;
    float b;
    double c;
    char d;
};
struct stud                   /*结构体*/
{
    int a;
    float b;
    double c;
    char d;
};
void main( )
{
    printf("struct stud 的存储空间大小为：");
    printf("%d\n", sizeof(struct stud));
    printf("union data 的存储空间大小为：");
    printf("%d\n",sizeof(union data));
}
```

运行程序运行的结果为：

```
struct stud 的存储空间大小为：17
union data 的存储空间大小为：8
```

对于结构体 struct stud 和共用体 union data，它们都包含四个成员变量，第一个成员为 a，数据类型为整型，在内存中占有 4 个字节；第二个成员为 b，数据类型为单精度浮点型，在内存占用 4 个字节；第三个成员为 c，数据类型为双精度浮点型，在内存中占有 8 个字节；第四个成员为 d，数据类型为字符型，在内存中占用 1 个字节。

程序输出的结果说明结构体类型所占的内存空间为其各成员所占存储空间之和。而形同结构体的共用体类型实际占用存储空间为其最长的成员所占的存储空间。

对于共用体，做以下几点说明：

（1）共用体只有定义了该共用型的变量、数组或指针变量后，才会给该变量、数组和指针变量分配内存。

（2）同一个内存可以用来存放几种不同类型的成员，但在每一瞬时只能存放其中一种，而不是同时存放几种。也就是说，每一瞬时只有一个成员起作用，其他的成员不起作用，即不是同时存在和起作用。

（3）共用体变量中起作用的成员是最后一次存放的成员，在存入一个新的成员后原有的成员就失去作用。

（4）共用体变量的地址和它的各成员的地址都是同一地址。

（5）不能对共用体变量名赋值，不能试图引用变量名来得到一个值，也不能在定义共用体变量时对它初始化。

（6）不能把共用体变量作为函数参数，也不能使函数带回共用体变量，但可以使用指向共用体变量的指针。

（7）共用体类型可以出现在结构体类型定义中，也可以定义共用体数组。反之，结构体也可以出现在共用体类型定义中，数组成可以作为共用体的成员。

16.2　共用体类型变量、数组和指针变量的定义

定义了共用体之后，就可以用这种数据类型来定义相应的变量、数组及指针变量等。共用体变量、数组和指针变量的定义和一般的变量、数组和指针变量的定义方法相同，唯一需要注意的是"数据类型符"必须是用户自己定义的公用体，即"union 共用体名"。

共用体变量、数组和指针变量的定义与结构体变量、数组及指针变量的定义方法相同。分为三种：第一种是先定义共用体，再定义共用体变量、数组及指针变量；第二种是定义共用体的同时定义共用体变量、数组及指针变量；第三种是定义共用体的同时定义共用体变量、数组及指针变量，但省略共用体名。

16.2.1　先定义共用体，再定义共用体变量、数组及指针变量

其定义格式如下：

```
union 共用体名
{
    数据类型1　成员1名;
    数据类型2　成员2名;
    …
    数据类型n　成员n名;
};
    …
union 共用体名　变量名,共用体数组名[数组长度],*共用体指针变量名;
```

例如：

```
union share
{
  int classno;
  char address[20];
};
……
union share a,b[5],*p;
```

定义一个含有两个成员变量的共用体。定义共用体之后，定义了一个共用体变量 a，定义了一个共用体数组 b[5]，数组的长度为 5，还定义了一个共用体指针变量 p。

16.2.2　定义共用体的同时定义共用体变量、数组及指针变量

这种方式的定义如下：

```
union 共用体名
{
    数据类型 1  成员 1 名;
    数据类型 2  成员 2 名;
    ……
    数据类型 n  成员 n 名;
}变量名,共用体数组名[数组长度],*共用体指针变量名;
```

例如：

```
union share
{
    int classno;
    char address[20];
}a,b[5],*p;
```

格式与结构体相似。使用这种方法定义以后还可以使用"union share"定义这种共用体的其他变量、数组及指针变量等。

16.2.3　定义共用体变量、数组及指针变量时省略共用体名

这种格式其实跟第二种格式相似，只是把共用体名省略了。格式如下：

```
union
{
    数据类型 1  成员 1 名;
    数据类型 2  成员 2 名;
    …
    数据类型 n  成员 n 名;
}变量名,共用体数组名[数组长度],*共用体指针变量名;
```

例如：

```
union share
{
    int classno;
    char address[20];
}a,b[5],*p;
```

使用这种方法，以后将不能再定义这种共用体的其他变量、数组及指针变量等。

16.3　共用体类型变量、数组和指针变量的引用

共用体和结构体相似，在使用共用体变量、数组元素及指针变量时，分为几种情况。下面我们以一个共用体为例进行详细说明。

```
union
{
    int classno;
    char address[20];
}a,b[5],*p;
```

（1）用共用体变量引用其成员，引用格式如下：

共用体变量名.成员名

例如：

```
a.classno
```

使用共用体变量 a 引用共用体 share 中的整型成员 classno。

```
a.address[5]
```

使用共用体变量 a 引用共用体 share 中的字符数组 address 的第 6 个元素。

【实例16-3】对共用体变量的引用。

```
#include<stdio.h>
union data              /*定义共用体 data*/
{
  int a;
  float b;
  double c;
  char d;
}mm;                    /*同时定义共用体变量*/
void main( )
{
  mm.a=2;               /*给共用体成员 a 赋值*/
  printf("%d\n",mm.a);
  mm.c=2.2;             /*给共用体成员 c 赋值*/
  printf("%5.1lf\n", mm.c);
  mm.d='W';             /*给共用体成员 d 赋值*/
  mm.b=34.2;            /*给共用体成员 b 赋值*/
  printf("%5.1f,%c\n",mm.b,mm.d);
}
```

程序的运行结果为：

```
2
  2.2
34.2, ?
```

共用体一次只能对一个成员赋值，当先对 d 赋值，又对 b 赋值以后，共用体只有成员 b 覆盖了成员 d，因此运行的结果 d 是一个"？"表明它的值不存在。

（2）用共用体数组元素来引用其成员，引用格式如下：

```
共用体数组名[下标].成员名
```

例如：

```
b[0].classno
```

表示共用体数组第一个元素的 classno 成员。

（3）共用体指针变量引用该共用体的变量或数组，格式如下：

```
共用体指针变量=&共用体变量名
共用体指针变量=&共用体数组名[下标]
共用体指针变量=共用体数组名
```

例如：

```
p=&a;
```

让共用体指针变量指向共用体变量 a。

```
p=&b[1];
```

让共用体指针变量指向共用体数组的第 2 个元素。

```
p=b;
```

让共用体指针变量指向共用体数组的首地址。

（4）使用共用体指针变量引用共用体的成员，引用格式如下：

```
(*共用型指针变量).成员名
共用型指针变量->成员名
```

例如：

```
(*p).classno
p->classno
```

【实例16-4】共用体指针变量的使用。

```
#include <stdio.h>
union ks                    /*定义共用体ks*/
{
 int a;                     /*整型成员a*/
 int b;                     /*整型成员b*/
};
union ks s[4];              /*定义共用体数组*/
union ks *p;                /*定义共用体指针变量*/
void main()
{
  int n=1,i;
  for(i=0;i<4;i++)
  {
     s[i].a=n;
     s[i].b=s[i].a+1;
     n=n+2;
  }
  p=&s[0];
  printf("%d",p->a);
  printf("%d",++p->a);
}
```

程序的运行结果为：

```
2
3
```

16.4　枚举类型

在实际问题中，有些变量的取值被限定在一个有限的范围内。例如，一个星期有7天，一年有12个月，一个班每周有6门课程等。把这些量说明为整型、字符型或其他类型显然是不妥当的。为此，C语言提供了一种称为"枚举"的类型。

16.4.1　枚举类型的定义

枚举类型定义的一般形式为：

```
enum 枚举名
{ 枚举值表 };
```

在枚举值表中应罗列出所有可用值。这些值也称为枚举元素。
例如：

```
enum weekday
{ sun,mou,tue,wed,thu,fri,sat };
```

该枚举名为weekday，枚举值共有7个，即一周中的7天。凡被说明为weekday类型变量的取值只能是7天中的某一天。

对于枚举类型需要说明以下几点：

❑　定义的枚举类型用"enum 标识符"标识。枚举数据（枚举常量）是一些特定的标识符，标识符代表什么含义，完全由程序员决定。数据枚举的顺序规定了枚举数据的序号，从 0 开始，依次递增。

例如：

（1）定义枚举类型 status，包含复制与删除两种状态：

```
enum status
{copy,delete};
```

枚举类型 status 仅有两个数据，一个是 copy，一个是 delete，序号为 0、1，代表复制与删除。

（2）定义枚举类型 color，包含红、黄、蓝、白、黑五种颜色：

```
enum color
{red,yellow,blue,white,black};
```

枚举类型 color 有 red、yellow、blue、white、black 共 5 个数据，序号为 0、1、2、3、4，代表红、黄、蓝、白、黑共 5 种颜色。

❑ 在定义枚举类型时，程序员可在枚举数据时通过"="号自己规定序号，并影响后面的枚举数据的序号，后继序号依次递增。例如：

```
enum status
{copy=6, delete};
则 copy 的序号为 6，delete 的序号为 7
```

❑ 枚举变量的定义与结构体和联合体一样，枚举变量也可用不同的定义方式，即先定义枚举类型再定义变量、定义枚举类型的同时定义变量或直接定义变量。

① 先定义枚举类型再定义变量

例如：

```
enum weekday                          /*定义枚举类型体*/
{sun,mon,tue,wed,thu,fri,sat};
...
enum weekday a,b,c;                    /*定义三个枚举类型变量*/
```

② 定义枚举类型的同时定义变量

例如：

```
enum weekday                          /*定义枚举类型体*/
{sun,mon,tue,wed,thu,fri,sat} a,b,c;  /*定义三个枚举类型变量*/
```

③ 直接定义枚举类型变量

```
enum {sun,mon,tue,wed,thu,fri,sat} a,b,c;  /*定义三个枚举类型变量*/
```

16.4.2 枚举类型变量的赋值和引用

枚举类型变量在定义以后，要使用这些枚举类型变量，以使其具有一定的值。枚举类型变量的赋值和引用需要注意以下几点：

❑ 枚举值是常量，不是变量。不能在程序中用赋值语句再对它赋值。

例如：

```
enum weekday                          /*定义枚举类型体*/
{sun,mon,tue,wed,thu,fri,sat} a,b,c;
```

对枚举 weekday 的元素再做以下赋值：

```
sun=5;
mon=2;
sun=mon;
```

这些操作都是错误的。

❑ 枚举元素本身由系统定义了一个表示序号的数值，从 0 开始顺序定义为0，1，2，……
例如：

```
enum weekday                        /*定义枚举类型体*/
{sun,mon,tue,wed,thu,fri,sat} a,b,c;
```

sun 值为 0，mon 值为 1，……，sat 值为 6。

【实例 16-5】枚举元素的值。

```
#include<stdio.h>
enum weekday
{ sun,mon,tue,wed,thu,fri,sat } a,b,c;     /*定义枚举类型*/
void main()
{
 a=sun;
 b=mon;
 c=tue;
 printf("%d,%d,%d",a,b,c);
}
```

程序的运行结果为：

```
0, 1, 2
```

❑ 只能把枚举值赋予枚举变量，不能把元素的数值直接赋予枚举变量。
例如：

```
enum weekday                        /*定义枚举类型体*/
{sun,mon,tue,wed,thu,fri,sat} a,b,c;
```

将枚举值赋予枚举变量：

```
a=sum;b=mon;
```

是正确的。而：

```
a=0;b=1;
```

是错误的。如一定要把数值赋予枚举变量，则必须用强制类型转换，
例如：

```
a=(enum weekday)2;
```

其意义是将顺序号为 2 的枚举元素赋予枚举变量 a，相当于 a=tue;。还应该说明的是枚举元素不是字符常量也不是字符串常量，使用时不要加单、双引号。

【实例 16-6】枚举类型值赋。

```
#include<stdio.h>
enum body
{ a,b,c,d } month[31],j;
 main()
{
 int i;
 j=a;
 for(i=1;i<=30;i++)
 {
  month[i]=j;
  j++;
  if (j>d)
     j=a;
 }
 for(i=1;i<=30;i++)
 {
```

```
 switch(month[i])
 {
  case a:printf(" %2d %c\t",i,'a'); break;
  case b:printf(" %2d %c\t",i,'b'); break;
  case c:printf(" %2d %c\t",i,'c'); break;
  case d:printf(" %2d %c\t",i,'d'); break;
  default:break;
  }
 }
 printf("\n");
}
```

程序运行结果，如图 16-1 所示。

图 16-1　程序运行结果

16.5　用 typedef 定义数据类型

在 C 语言中，系统定义了各种数据类型，如 int、float 和 double 基本数据类型。并且 int、float 和 double 为系统关键字，不可以修改。为了解决用户自定义数据类型名称的需求，C 语言中引入类型自定义语句 typedef，可以为数据类型定义新的类型名称，从而丰富数据类型所包含的属性信息。

用户不但可以定义各种新的基本数据类型符，还可以定义数组类型、指针类型、结构体及共用体等。一旦在程序中定义了用户自己的数据类型符后，就可以在该程序中用自己定义的数据类型符来定义相关的变量、数组及指针变量等。

自定义数据类型符的语法格式为：

```
typedef 类型符1 类型符2;
```

这个语句实现的功能是将类型符1定义成用户自选的类型符2，使这两个类型符的意义相通，以后就可以用类型符 2 来定义类型符 1 对应的数据类型的变量、数组、指针变量、结构体及共用体类型等。

其中，类型符 1 可以是基本数据类型符，也可以是用户自定义的结构型和共用型等。类型符 2 是用户自己选取的标识符，作为自定义数据类型符，经常使用大写字母来表示。

1. 用 typedef 定义基本数据类型

用 typedef 定义基本数据类型的格式为：

```
typedef 基本数据类型符 用户自定义数据类型符;
```

用这种格式可以将基本数据类型符定义为用户自己的类型符。

【实例 16-7】用 typedef 定义基本数据类型。

```
#include<stdio.h>
typedef char CHARACTER;                /*定义字符型为 CHARACTER*/
typedef int INTEGER;                   /*定义整型为 INTEGER*/
typedef float SINGLE;                  /*定义单精度浮点型为 SINGLE*/
void main()
{
    CHARACTER c;
```

```
    INTEGER i;
    SINGLE s;
    c='A';
    i=2;
    s=15;
    c+=32;
    i++;
    s/=i;
    printf("c=%c,i=%d,s=%f",c,i,s);
}
```

程序运行的结果为：

```
c=a,i=3,s=5.000000
```

由程序的运行结果可以看出：

```
typedef char CHARACTER;
typedef int INTEGER;
typedef float SINGLE;
```

使用 typedef 定义用户自定义的数据类型符之后，可以使用 CHARACTER 定义字符型的数据，使用 INTEGER 定义整型数据，SINGLE 定义单精度浮点型数据。用户自定义的数据类型与原来的数据类型是完全等效的。

2. 用 typedef 定义数组类型

用 typedef 定义数组类型的格式为：

```
typedef 数据类型符 用户自定义数组类型符[数组长度];
```

使用这种方式定义之后，可以直接使用用户自定义数组类型符来定义数组。

【实例 16-8】用 typedef 定义符数组类型。

```
typedef char ARRAY[20];                /*定义 ARRAY 为长度是 20 的字符型数组类型符*/
#include <stdio.h>
void main( )
{
    int i=0 , len;
    ARRAY str="how are you!";
    for(i=0;str[i]!='\0'; i++);
    {
        len=i;
    }
        printf("len=%d\n",len);
    for(i=0;str[i]!='\0';i++)
    {
        putchar(str[i]);
    }
}
```

程序运行的结果为：

```
len=12
how are you!
```

由上例可以看出，使用 typedef 自定义的数组可以像以前学过的数组一样，使用 str[下标]调用数组中的某一个元素，使用字符输出函数等，与原来的数组等价。

```
ARRAY str="how are you!";
```

相当于：

```
char str[20]="how are you!";
```

3．用 typedef 定义指针类型

用 typedef 定义指针类型的格式为：

```
typedef 数据类型符 *用户自定义指针类型符;
```

定义的用户自定义指针类型符可以代替此数据类型符，用来定义指向该数据类型的指针变量和指针数组等。

【实例 16-9】 用 typedef 定义指针类型。

```
#include <stdio.h>
typedef int *POINT;                    /*定义 POINT 为指向整型数据的指针类型符*/
#define N 10
void main( )
{
    int a[N],b;
    POINT p,q;
    for(p=a;p<a+10;p++)
    scanf("%d",p);
    for(p=a,q=a+N-1;p<a+N/2;p++,q--)
    {
        b=*p, *p=*q; *q=b;
    }
    for(p=a;p<a+N;p++)
    {
        printf("%3d",*p);
    }
    printf("\n");
}
```

程序运行时输入：

```
1 2 3 4 5 6 7 8 9 10↙
```

程序运行结果为：

```
10 9 8 7 6 5 4 3 2 1
```

该程序实现的功能是输入 10 个整型数存入整型一维数组，然后按逆序将这些数据重新存放在该整型数组中，再输出。

本例使用：

```
POINT p,q;
```

它相当于：

```
int *p,*q;
```

定义了两个指向整型数组的指针，在进行数组数据逆转时，将指针 p 指向数组的第一个元素，将指针 q 指向数组的最后一个元素，定义了一个整型的中间变量，将 p 和 q 两个指针所指向的元素做交换，完成数据的逆转。

4．用 typedef 定义结构体类型

用 typedef 定义结构体的格式如下：

```
typedef struct
{
    数据类型1  成员名1;
    数据类型2  成员名2;
    …
    数据类型n  成员名n;
}用户自定义结构类型符;
```

这个结构与前面所讲的定义结构体的同时定义结构体变量的格式相似，但中间也有不同。这里使用"typedef struct"，而不是"struct 结构体名"，最后是"用户自定义结构类型符"而不是"结构体变量"。但功能是相似的，当定义一个结构以后，可以使用"用户自定义结构类型符"来定义该结构体变量、数组及指针变量等。

【实例 16-10】用 typedef 定义结构体类型。

```c
#include<stdio.h>
typedef struct
{
    char  name [10];
    float score1;
    float score2;
    float score3;
}STUDENT;              /*用户自定义结构体类型符 STUDENT*/
void main ( )
{
    STUDENT e[3]={{"zhaodi",85,96,75}, {"qianwei",74,91,60}, {"mafang",80,86,57}};
    /* STUDENT 定义一个结构体数组并对其进行赋值*/
    int i;
    for(i=0; i<3; i++)
    {
        printf("姓名：%5s，总分：%5.2f\n",e[i].name,e[i].score1+e[i].score2+e[i].
score3);
    }
}
```

程序运行的结果为：

```
姓名：zhaodi，总分：256.00
姓名：qianwei，总分：225.00
姓名：mafang，总分：223.00
```

本例定义了一个 STUDENT 结构体类型符，然后用它定义了一个结构体数组并对结构体数组进行赋值。

对于 typedef 自定义数据类型需要做以下几点说明：

❑ 用 typedef 自定义数据类型，只是对已有的数据类型加一个类型名，并没有产生新的数据类型。如：

```c
typedef int INTEGER;
INTEGER a;
```

这里只是用 INTEGER 来代替 int 类型，并没有改变其数据类型，用自定义的 INTEGER 类型定义的变量 a 还是整型。

❑ 用 typedef 可以定义各种数据类型名，但不能定义变量。用 typedef 定义的是数据类型的别名，可以用这个别名去定义相应的变量。

❑ 有时可以使用宏定义来代替 typedef 的功能，但事实上，二者是不同的。宏定义只是简单的字符串替换，是在预编译的时候处理完成的；而 typedef 是在编译的时候完成的，更为灵活。

【实例 16-11】用宏定义和 typedef 定义结构体。

```c
#include<stdio.h>
#define STUDENT1 struct student1           /*使用宏定义定义结构体*/
struct student1
{
    char name[20];
    int num;
    float score;
```

```
};
typedef struct student2                    /*使用 typedef 定义结构体*/
{
    char name[20];
    int num;
    float score;
}STUDENT2;
void main()
{
    STUDENT1 a={"wuyou",1001,98};
    STUDENT1 b=a;
    STUDENT2 c={"zhangli",2001,84};
    STUDENT2 d=c;
    printf("%s,%d,%5.2f",b.name,b.num,b.score);
    printf("%s,%d,%5.2f",d.name,d.num,d.score);
}
```

程序运行的结果为：

```
wuyou,1001,98.00
zhangli,2001,84.00
```

由程序运行的结果可以看出，两者在此例中的定义结构的功能是一样的。要注意是，在宏定义"#define STUDENT1 struct student1"的句尾没有";"号，而在 typedef 定义的句的结尾需要有";"号。

（4）使用 typedef 定义数组、指针、结构体等类型很方便，不仅使程序书写简单，而且意义很明确，增强了程序的可读性。

（5）使用 typedef 有利于程序的挪用和移植。当程序依赖于硬件时，用 typedef 自定义数据类型，便于移植。

16.6　典型实例

我们知道共用体的一个内存可以用来存放几种不同类型的成员，但每次只能存放其中一种，而不是同时几种。共用体变量中起作用的成员是最后一次存放的成员，在存入一个新的成员后，原有的成员就失去作用了。

【实例 16-12】共用体成员的存储。

```
#include<stdio.h>
void main()
{
    union data
    {
        char c;
        int i;
        float f;
    }a;
    printf("这个共用体的长度为：%d",sizeof(union data));
    a.c='B';                    /*为成员 c 赋值*/
    printf("c=%c\n",a.c);
    a.f=15.96;                  /*为成员 f 赋值*/
    printf("f=%f",a.f);
    a.i=0x2341;                 /*为成员 i 赋值*/
    printf("c=%c,i=%d,f=%f",a.c,a.i,a.f);
}
```

程序运行的结果为：

```
这个共用体的长度为：4
```

```
c=B
f=15.960000
c=A,i=9025,f=0.000000
```

共用体变量存储空间的大小等于各成员中存储空间最长的成员占用长度。字符类型占有 1 个字节，整型占有 4 个字节，单精度浮点型占有 4 个字节。因此，这个共用体占有空间的长度为 4。

在程序中我们对共用体的成员 c 赋值为字符 'B'，但是最后输出的竟然是字符 'A'，对共用体成员中的 f 赋值为 15.96，但最后输出的结果却是 0.000000，这说明该空间的存储内容发生了变化。此存储空间内存储的内容为整型 i 的值。

由于整型和字符型是可以通用的，将整型 i 的值以字符的形式输出时，字符只有一个字节，只将整型的后 8 位输出，即 0x41，将其转换成十进制为 65，正是字符 'A' 的 ACSII 码值。

另外，共用体中可以出现结构体类型的定义，结构体也可以出现共用体类型的定义。

【实例 16-13】设有若干个成员的数据，其中有教师和学生。学生的数据包括号码、姓名、性别、职业、班级。教师的数据包括号码、姓名、职业、职务。教师和学生的数据是不同的，现在要求把它们放在同一张表格中，如表 16-1 所示。

表 16-1　人员信息表

号码（num）	姓名（name）	性别（sex）	职业（job）	班级（classno）/职务（position）
1001	wufen	w	s	39
1005	lutao	m	t	prof

要求输入人员的数据，然后再输出。

编程思想：

（1）要用同一个表格来表示学生和教师，需要定义一个共用体，使学生的班级和教师的职称共用一个存储空间。

```
union
{
    int classno;
    char position[10];
}type;
```

（2）这是一个学生信息或教师信息的集合，需要定义一个结构体，内部成员有号码、姓名、性别、职业，还有表示学生班级或者教师职称的共用体。

```
struct
{
    int num;
    char name[10];
    char sex;
    char job;
    union other tp;
};
```

（3）输入时，循环输入人员的号码、姓名、性别、职业，然后对职业进行判断，如果职业是学生，就输入学生的班级；如果职业是教师，就输入教师的职称，否则输出错误提示。

（4）输出时，循环输出人员的号码、姓名、性别、职业，然后对职业进行判断，如果职业是学生，就输出学生的号码、姓名、性别、职业和班级；如果职业是教师，就输出教师的学生的号码、姓名、性别、职业和职称。

根据上面的分析，具体代码如下：

```
#include<stdio.h>
```

```
struct                              /*结构体*/
{
    int num;                        /*定义号码*/
    char name[10];                  /*定义姓名*/
    char sex;                       /*定义性别*/
    char job;                       /*定义职业*/
    union                           /*共用体*/
    {
        int classno;                /*成员为班级*/
        char position[10];          /*成员为职称*/
    }type;
}person[2];
void main()
{
    int i;
    for(i=0;i<2;i++)
    {
scanf("%d,%c,%c,%s",&person[i].num,&person[i].sex,&person[i].job,person[i].name);
        if(person[i].job=='s')
            scanf("%d",&person[i].type.classno);
        else if(person[i].job=='t')
            scanf("%s",person[i].type.position);
        else
            printf("error!");
    }
    printf("\n");
    printf("No--Name--sex--job--classno/position\n");
    for(i=0;i<2;i++)
    {
        if(person[i].job=='s')
        {
            printf("%-6d%-10s%-6c%-6c%-6d\n",person[i].num,person[i].name,
            person[i].sex,person[i].job,person[i].type.classno);
        }
        else
        {
            printf("%-6d%-10s%-3c%-3c%-6s\n",person[i].num,person[i].name,
            person[i].sex,person[i].job,person[i].type.position);
        }
    }
}
```

程序运行结果，如图 16-2 所示。

图 16-2　程序运行结果

16.7　本章小结

　　本章承接上一章讲解了一些结构体、链表构造数据类型数据及它们的定义与引用，还讲解了共用体的定义与引用。共用体也是由一批数据组合而成的一种新的数据类型。它可以有不同数据类型的成员，结构体需要用户根据自己的需要自行定义，决定其内部成员，以及它们的数据类型。最后讲解了 typedef 自定义数据类型。typedef 只是对已有的数据类型加一个类型名，并没有产生新的数据类型。

16.8　习题

1. 简述共用体的概念和特点。
2. 简述枚举对象的概念和特点。
3. 简述共用体类型变量、数组和指针变量的定义。
4. 简述共用体类型变量、数组和指针变量的引用。

第17章　文件

文件也是一种数据类型，是存储在外部存储设备上的数据集合，可用于保存大量的数据。对文件的处理，主要分为打开与关闭文件、从文件中读取数据和向文件中写入数据、文件的定位、文件的检测。对文件的这些处理都是利用系统函数和指向文件类型的指针变量进行的。本章的主要内容有：

- ❑ C 文件概述；
- ❑ 文件类型指针；
- ❑ 文件的打开与关闭；
- ❑ 文件的读写操作；
- ❑ 文件的定位；
- ❑ 文件的检测。

17.1　文件概述

文件是按照某个规则集合在一起保存在外部存储器上的一批数据。组成文件的数据类型可以是各种类型的数据，如整型、字符型、字符串等，也可以是程序清单等。

文件在程序设计过程中具有重要的作用。在前面我们学习变量、数组时知道，变量和数据在内存中分配有一定的空间，可以用来存储数据，但是它们存储数据是临时的，存储在这些内存中的数据在程序运行结束时都会消失。文件可以用于永久地保存大量的数据，存储在磁盘上的数据在计算机关闭以后仍然存在，下一次使用的时候可以从磁盘上读取文件中的数据继续处理。

17.1.1　文件名

文件名是文件的标识符，每个文件都以一个唯一的文件名进行存储。文件名是由一组字符构成的，目录分隔符和空操作符不能出现在文件名中。

在对文件进行处理的时候必须给出文件名。文件名的一般组成如下：

```
盘符: 路径\文件名.扩展名
```

例如：

```
D:\web\teacher\PopCalendar2005\Cprograme.txt.
```

其中，盘符指的是文件所存储的盘，比如文件存放在 D 盘中，那么盘符就为 D。盘符可以是你电脑中的任何一个磁盘。

路径是由 0 个或多个目录分隔符组成的，各层级间用 "\" 分隔，表示文件所在位置的目录。

文件名用于标识文件，访问文件就是通过文件名来实现的，文件名是以字母开头，字母、数字或下划线等组成的。

扩展名用于标识文件的格式，以字母开头，由字母数字等组成。如在一个像 "readme.txt" 这样的文件名中，readme 是文件名，txt 为扩展名，表示这个文件是一个纯文本文件。

需要注意的是，在程序中使用文件名的时候有时需要将文件名存储的全部路径写下来，有时可以将其中的一部分省略掉。

① 省略"盘符"表示在当前盘的指定路径下寻找文件。如：

`\web\teacher\PopCalendar2005\Cprograme.txt`

② 省略"路径"表示在指定盘的当前路径下寻找文件。如：

`D:Cprograme.txt.`

③ 同时省略"盘符"和"路径"表示在当前盘、当前路径下寻找文件。如：

`Cprograme.txt`

在同一目录下的两个文件不能具有相同的文件名；位于不同目录下的文件可以具有相同的名称。

17.1.2　文件的类型

按文件中的数据组织形式，可以把文件分为文本文件和二进制文件。

在文本文件中，存放的数据都是将其转换成对应的 ASCII 代码字符来存放的，该文件由一个个字符组成，每一个字节存放一个 ASCII 码值，代表一个字符。例如，一个整型数据-15621 在文本文件中按字符存放，分别存放字符'-'、'1'、'5'、'6'、'2'、'1'，共占 6 个字节；一个单精度类型数据 3.14159，分别存放的是字符'3'、'.'、'1'、'4'、'1'、'5'、'9'，共占 7 个字节。

二进制文件中的数据都是按二进制方式存放的，每个数据占用的字节数取决于该数据的数据类型。例如，一个整型数据-15621 在二进制文件中占 4 个字节，单精度类型数据 3.14159 在二进制文件中占 4 个字节。

C 语言中，文本文件把数据看做一串字符，一个字节代表一个字符，便于对字符进行逐个处理，也便于输出，但是占用的存储空间较大。内存中的数据形式与输出到外部文件中的数据形式不一致，因此要花费二进制形式与 ASCII 码之间的转换时间。使用二进制文件，在内存中的数据形式与输出到外部文件中的数据形式完全一致，可以克服文本文件的缺点，但是不直观，一个字节并不对应一个字符或一个数，不能直接输出字符形式。一般中间数据用二进制文件保存，输入/输出使用文本文件。

老版本的 C 语言中，有两种对文件的处理方法，一是缓冲文件系统，二是非缓冲文件系统。

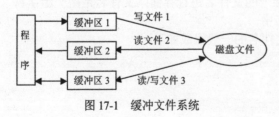

图 17-1　缓冲文件系统

在缓冲文件系统中，系统自动在内存中为每个正在使用的文件开辟一个缓冲区，文件的存取都是通过缓冲区进行的，如图 17-1 所示。缓冲区相当于一个中转站，它的大小由具体的 C 语言版本规定，一般为 512 字节。缓冲文件系统原来用于处理文本文件。

在非缓冲文件系统中，系统不为所打开的文件自动开辟缓冲区，缓冲区的开辟由程序完成。非缓冲文件系统原来用于处理二进制文件。

ANSI C 不再采用非缓冲文件系统，而只采用缓冲文件系统，在处理二进制文件时，也通过缓冲文件系统进行。ANSI C 通过扩充缓冲文件系统，使缓冲文件系统既能处理文本文件，又能处理二进制文件。

17.2　文件类型指针

由于程序处理数据只能在内存中而不能直接在磁盘上进行操作，因此只有把磁盘上文件中的数据读取到内存中，才能通过程序来处理这些数据。同样，要修改文件中的数据，必须先将数据读取到内存中，然后再做修改，最后再将内存中的数据存回到磁盘上。

为了解决高速的内存读写与低速的外部设备之间的矛盾，通常在内存中开辟一个区域，即文件缓冲区。每次读文件时，先在文件缓冲区中寻找数据，找不到，再读一批数据到缓冲区。写数据到文件也是先将数据写到文件缓冲区，缓冲区写满后，再一次写到文件中。在向这个文件缓冲区读写的时候有一个标识这个文件缓冲区的地址，即指向文件缓冲区的文件结构型指针。

文件型是一种特殊的结构体，该结构体用来存放文件的有关信息（如文件的名字、文件的状态及文件当前的位置等）。该结构体类型是由系统定义的，取名为"FILE"。对 FILE 这个结构体类型的定义是在 stdio.h 头文件中。

有的 C 版本的 stdio .h 文件中，FILE 结构体的类型定义如下：

```
.typedef struct
{
    int -fd;                    /*文件号*/
    int -cleft;                 /*缓冲区中剩下的字符*/
    int -mode;                  /*文件操作模式*/
    char *-nextc;               /*下一个字符位置*/
    char *-buff;                /*文件缓冲区位置*/
}FILE;
```

在 TurboC 环境下，FILE 的定义如下：

```
typedef struct
{
    short level;                /*缓冲区满或空的程序*/
    unsigned flags;             /*文件状态标志*/
    char fd;                    /*文件描述符*/
    unsigned char hold;         /*如无缓冲区不读取字符*/
    short bsize;                /*缓冲区大小*/
    unsigned char *buffer;      /*数据缓冲区位置*/
    unsigned char *curp;        /*当前指针位置*/
    unsigned istemp;            /*临时文件指示符*/
    short token;                /*有效性检查*/
}FILE;
```

在 Visual C++ 6.0 环境下，FILE 的定义如下。

在 stdio.h 中有如下定义：

```
struct _iobuf
{
    char *_ptr;                 /*文件输入的下一个位置*/
    int  _cnt;                  /*当前缓冲区的相对位置*/
    char *_base;                /*指基础位置（即是文件的其始位置）*/
    int  _flag;                 /*文件标志*/
    int  _file;                 /*文件的有效性验证*/
    int  _charbuf;              /*检查缓冲区状况，如果无缓冲区，则不读取*/
    int  _bufsiz;               /*文件的大小*/
    char *_tmpfname;            /*临时文件名*/
};
typedef struct _iobuf FILE;
```

在系统中提供了各种处理文件的函数，需要的只是指向这种文件结构体的指针变量。只要程序用到一个文件，系统就为此文件开辟一个结构体变量，有几个文件就开辟几个这样的结构体变量，分别用来存放各个文件的有关信息。这些结构体变量不用变量名来标识，而通过指向结构体类型的指针变量去访问，这就是"文件指针"。

文件指针的定义如下：

```
FILE *文件指针变量名;
```

其中，文件型指针名是用户任意定义的标识符。

如：

```
FILE *fp;
```

fp 是一个指向 FILE 类型结构的指针变量。当 fp 和某个文件建立关联以后，就可以通过 fp 找到存储该文件信息的结构变量，然后按结构变量提供的信息找到该文件，实施对文件的操作。如果有 *n* 个文件，一般应设 *n* 个指向 FILE 类型结构体的指针变量，使它们分别指向 *n* 个文件。

由于"FILE"是在头文件 stdio.h 中定义的，因此在使用它的程序开头必须写上预编译包含命令：

```
#include <stdio.h>或#include "stdio.h"
```

例如：

```
#include <stdio.h>
FILE *fp1,*fp2;
```

定义了 2 个文件指针，但此时它们还未具体指向哪一个结构体。实际引用时将保存有文件信息的结构体的首地址赋给某个文件指针，就可通过这个文件指针变量找到与它相关的文件，以实现对文件的访问。

17.3 文件的打开与关闭

在 C 语言之中，对文件进行读写之前必须先打开文件，在使用以后要关闭该文件。文件的打开与关闭都是利用系统函数来实现的，通过调用文件打开函数 fopen()和文件关闭函数 fclose()，完成文件的打开与关闭。

17.3.1 文件打开函数 fopen()

所谓"打开"，是在程序和操作系统之间建立起联系，程序把所要操作的文件的一些信息通知给操作系统。这些信息中除包括文件名外，还要指出读写方式及读写位置。如果是读，则需要先确认此文件是否已存在；如果是写，则检查原来是否有同名文件，如有则将该文件删除，然后新建立一个文件，并将读写位置设定于文件开头，准备写入数据。

文件打开函数 fopen()的调用格式为：

```
FILE *fp;
fp=fopen(filename,mode);
```

文件打开函数 fopen()如果打开成功，就返回一个文件类型的指针，并将赋值给文件指针变量 fp，如果失败，则返回 NULL。

文件打开函数 fopen()有两个参数，filename 指定打开的文件名，mode 指定文件打开的方式。

按文件中的数据组织形式，可以把文件分为文本文件和二进制文件。因此对应的文件打开方式也分为文本文件的打开方式和二进制文件的打开方式。

（1）文本文件的打开方式有以下几种。

- r：打开一个已经存在的文本文件，只能从文本文件中读取数据。如果指定文件不存在，程序就会出错。
- w：打开一个文件文件，只能将数据写入文件。如果已经存在该文件名的文件，文件被重写；如果不存在，则以该文件名建立新的文件。
- a：以附加方式打开文件，将数据写入文件的尾部。如果文件不存在，创建新的文件用于写入。

❏ r+：打开一个已经存在的文本文件，可以从中读取数据，也可以写入数据。

❏ w+：打开一个已经存在的文本文件，可以读取数据，也可以写入数据，若文件不存在，则自动建立一个新文件，接收写入的数据；若文件存在，则删去旧文件，建立一个同名新文件，接收写入的数据。

❏ a+：打开一个已经存在的文本文件，可以读取数据，也可以从当前文件的尾部追加写入数据。当文件不存在时，创建新的文件用于文件尾写入。

（2）二进制文件的打开方式有以下几种。

❏ rb：打开一个已经存在的二进制文件，只能从二进制文件中读取数据。如果指定文件不存在，程序就会出错。

❏ wb：打开一个二制制文件，只能将数据写入文件。如果已经存在该文件名的文件，文件被重写；如果不存在，则以该文件名建立新的文件。

❏ ab：打开一个已经存在的二进制文件，只能从当前文件的尾部追加写入数据。如果文件不存在，创建新的文件用于写入。

❏ rb+：打开一个已经存在的二进制文件，可以从中读取数据，也可以写入数据。

❏ wb+：打开一个已经存在的二进制文件，可以读取数据，也可以写入数据，若文件不存在，则自动建立一个新文件，接收写入的数据；若文件存在，则删去旧文件，建立一个同名新文件，接收写入的数据。

❏ "ab+"，打开一个已经存在的文本文件，可以读取数据，也可以从当前文件的尾部追加写入数据。当文件不存在时，创建新的文件用于文件尾写入。

r(read)表示读。

w(write)表示写。

a(append)表示添加。

b(binary)表示二进制文件。

从上面的文本文件和二进制文件的打开方式可以看出，带"+"的打开方式既可以用来读取数据，也可以用来写入数据。

例如，以"只读"方式打开文本文件 a:\aa.dat：

```
FILE *fp;
fp=fopen("a:\aa.dat","r");
```

以读写方式打开一个已有的二进制文件 file1：

```
FILE *fp;
fp=fopen("file1", "rb+");
```

为读写建立一个新的文本文件 a:\aa.dat：

```
FILE *fp;
fp=fopen("a:\aa.dat","w+");
```

【实例 17-1】打开一个文件。

```
#include<stdio.h>
void main()
{
    FILE *fp;
    fp=fopen("test","r");                /*以只读的方式打开文本文件 test*/
    if(fp==NULL)
    {
        printf("the file does not exist!");
        exit(0);
    }
```

```
else
{
    printf("open the file");
    fclose(fp);
}
}
```

　　该程序的作用是打开当前目录下的一个名叫 test 的文件，如果当前目录下存在该文件，就打开该文件，在屏幕上输出一行提示信息 "open the file"；如果当前目录下不存在该文件，就输出提示信息 "the file does not exist"。本例只是用只读方式去打开文件，并没有去读取文件的内容。

17.3.2　文件关闭函数 fclose()

　　使用完一个文件后应该关闭它，以免它被误用，造成数据丢失。所谓"关闭"就是使文件指针变量不指向该文件，以后不能再通过该指针对其相连的文件进行读写操作。如果需要进行读写操作，要再次打开该文件。

　　文件关闭函数 fclose() 的调用格式为：

```
fclose(文件指针);
```

　　文件关闭函数 fclose() 有一个参数，它是指向打开文件的指针变量。fclose() 函数有一个返回值，当顺利执行了关闭操作时，返回值为 0；如果返回值为非零值，则表示关闭时有错误。可以用 ferror() 函数来测试。

　　关闭的过程是先将缓冲区中尚未存盘的数据写盘，然后撤销存放该文件信息的结构体，最后令指向该文件的指针为空值（NULL）。以后，如果再想使用刚才的文件，则必须重新打开。

　　应该养成在文件访问完之后及时关闭的习惯，一方面是避免数据丢失；另一方面是及时释放内存，减少系统资源的占用。

　　【实例 17-2】 关闭文件。

```
#include<stdio.h>
void main()
{
    FILE *fp;
    fp=fopen("test","r");                    /*以只读的方式打开文本文件 test*/
    if(fp==NULL)
    {
        printf("the file does not exist!");
        exit(0);
    }
    if(fclose(fp)==0)                        /*关闭文件，并检查是否被关闭*/
    {
        printf("the file has been closed!");
    }
    else
    {
        printf("the file can't be closed!");
    }
}
```

　　该程序在运行中，如果打开了当前目录下名为 test 的文件，在关闭该文件时，如果文件关闭成功，就输出提示信息 "the file has been closed"；如果关闭失败，就输出提示信息 "the file can't be closed"。

⑰.4　文件的读写操作

当文件以合适的方式打开以后，可以对其进行读写操作。C 语言提供了丰富的数据读写函数，可以按字符读写，可以按行读写，也可以按指定长度的数据块读写，还可以进行格式化读写。这些函数都包含在头文件 stdio.h 中。

17.4.1　字符读写函数

字符读写函数在处理文件中的数据时，是以字符为单位进行读写的，即每次只读写一个字符。它常用来处理文本文件，但也可以处理二进制文件。

1. 读取字符函数 fgetc()

读取字符函数 fgetc()的调用格式为：

```
fgetc(文件指针);
```

读取字符函数 fgetc()只有一个参数，是指向文件的文件指针变量。

它的功能是从文件指针所指向的文件中读取一个字符。如果读取正确，则返回读取的字符，如果错误或遇到文件结束标志 EOF，就返回 EOF。EOF 是一个文件结束标志，EOF 在 stdio.h 中定义的值为-1。例如：

```
ch=fgetc(fp);
```

fp 为文件指针，ch 为字符变量，fgetc 函数返回一个字符，赋给 ch。如果在执行 fgetc 读字符时遇到文件结束符，函数返回一个文件结束标志 EOF；如果想从一个打开的文件中顺序读入字符并在屏幕上显示出来，可以用：

```
ch=fgetc(fp);
while(ch!=EOF)
{
    putchar(ch);                    /*输出读取的字符到屏幕*/
    ch=fgetc(fp);                   /*从打开的文件读取字符*/
}
```

这里使用 EOF 标记来判断文件是否结束，只适用于 ASCII 码文件，因为 ASCII 码文件中没有-1 字符，而二进制文件中可能含有-1，这时就不用使用 EOF 作为文件的结束标志，一种有效的方式就是利用函数 feof 来判断文件是否结束。

【实例 17-3】统计文件中字符的个数。

```
#include <stdio.h>
void main( )
{
    FILE *fp ;
    long num=0 ;
    fp=fopen ("fname.dat", "r");              /*以只读的方式打开文件*/
    if (fp==NULL)
    {
        printf ("Can' t open file!\n");
        exit (0);
    }
    while (!feof (fp))                         /*判断是否到文件的结尾*/
    {
        fgetc (fp) ;
        num++ ;
    }
    printf ("num=%d\n", num) ;
```

```
      fclose (fp) ;
  }
```

该例实现的功能是打开一个文件，从文件中读取数据，来统计文件中字符的个数。首先以只读的方式打开文件 fname.dat。如果打开失败，就输出提示信息：Can't open file!；在使用 fgetc() 函数从文件中读取字符时，要先判断是否到文件的结尾，如果不是文件的结尾，可以读取字符，使用整型变量 num 记数，使用 while 循环语句记数。最后输出文件中字符的个数，然后关闭文件。

2　写入字符函数 fputc()

向文件中写入字符函数 fputc() 的调用格式为：

```
fputc(字符，文件指针变量);
```

向文件中写入字符函数 fputc() 有两个参数，一个是用于输出的字符，另一个是用于指向输出文件的文件变量指针。fputc(ch,fp) 函数的作用是将字符输出到文件变量指针所指向的文件中去。fputc() 函数也带回一个值，如果输出成功，则返回值就是输出字符，如果输出失败，则返回一个 EOF（-1）。例如：

```
fputc(ch,fp);
```

将字符 ch 的值输出到 fp 所指向的文件中去。ch 可以是一个字符常量，也可以是一个字符变量。fp 是文件指针变量。

【实例 17-4】从键盘输入一行字符，写入到文本文件 test.txt 中。

```
#include"stdio.h"
void main()
{
    FILE *fp;
    char ch;
    fp=fopen("test.txt","w");          /*以写方式打开 test.txt 文件*/
    if(fp==NULL)
    {
        printf("can't open file!");
        exit(0);
    }
    do                                 /*不断接收字符并写入文件,直至遇到换行符为止*/
    {
        ch=getchar();
        fputc(ch,fp);
    }while(ch!='\n');
    fclose(fp);
}
```

程序运行时，打开当前文件夹中的 test.txt 文本文件，如果没有该文本文件，就在当前文件夹下创建一个名叫 test.txt 文本文件。如果打开不成功，则输出提示信息 "can't open file"。

使用 do　while 循环语句，循环从外部设备输入字符，使用 fputc(ch,fp) 函数向文本文件中写入输入的字符。以回车键作为输入的结束标志。

使用 fputc 函数时应注意，所操作的文件必须以写、读写或添加方式打开，另外，每写入一个字符，文件内部的位置指针自动指向下一个字节。

在对文件进行读写操作时，字符的读写函数通常是结合使用的。

【实例 17-5】将磁盘中当前目录下名为 test.txt 的文本文件复制在同一目录下，文件名改为 test2.txt。

程序分析：

① 将当前目录下名为 test.txt 的文本文件中的内容复制到另一个文件中，首先要确保该文件

存在。

② 以只读的方式打开该文本文件，使文件指针 f1 指向该文本文件。

③ 以只写的方式打开复制的目标文件，如果该文件不存在，就新建一个此名的文件，使文件指针 f2 指向该文本文件。

④ 用 fgetc()函数，从文件 test.txt 中读取一个字符，然后使用 fputc()函数将读取的字符写入另一个文件 test2.txt 中。

⑤ 使用 while 循环，循环执行④的操作，直到文件的结束，feof()为文件结束函数，来判断文件指针 f1 是否向文件的结尾，如果是就结束该循环，否则就继续执行。

程序如下：

```
#include "stdio.h"
#include<stdlib.h>
void main ( )
{
    FILE  *f1, *f2;
    char c;
    f1=fopen ("test.txt", "r");          /*以只读方式打开文本文件 test.txt*/
    if (f1==NULL)
    {
        printf ("Can not open file!\n") ;
        exit (0);
    }
    f2=fopen ("test2.txt", "w");          /*以只写方式打开文本文件 test2.txt*/
    if (f2==NULL)
    {
        printf ("Can not open file!\n") ;
        exit (1);
    }
    while (!feof (f1))
    {
        c=fgetc(f1);       /*从文件指针 f1 中读取字符，赋值给字符变量 c*/
        fputc(c,f2);       /*将字符变量 c 的值写入 f2 所指向的文件中*/
    }
}
```

17.4.2 字符串读写函数

字符串读写函数是将文件中的数据以字符串为单位进行处理的，即每次一个字符串。字符串读写函数所处理的文件是文本文件，但也可以是二进制文件。

1. 读取字符串函数 fgets()

从文件中读取字符串函数 fgets 的功能是从指定的文件中读一个字符串到字符数组中，函数调用的形式为：

```
fgets(字符数组名，n，文件指针);
```

读取字符串函数 fgets()从文件中读取字符存入字符数组中，当读取 n-1 个字符或遇到换行符时，就停止读取，在其后补充一个字符串结束标志符 '\0'。读取字符串函数 fgets()如果调用成功，就返回所读取的字符串的地址，如果失败，就返回 NULL。

读取字符串函数 fgets()有三个参数，第一个参数是字符数组名，也就是字符串的首地址，也可以是指向某个存放字符串的内存区域的字符型指针变量。第二个参数是 n，它表示的是指定读入的字符个数，可以是一个整型常量、整型变量，还可以是一个整型表达式。第三个参数是文件指针变量，它必须指向某个打开的可读文件。

例如：

```
fgets(str,n,fp);
```

表示从 fp 所指向的文本文件中读出 *n*-1 个字符送入字符数组 str 中。如果读取前 *n*-1 个字符中有回车换行符'\n'，则只读到回车换行符为止，补充字符串结束标记符'\0'，组成字符串存入 str 指向的内存区中。如果读取的前 *n*-1 个字符中遇到文件尾部，则在读取的字符后面补充字符串结束标记符'\0'，组成字符串存入 str 指向的内存区中。

例：如果一个文件的当前位置的文本如下：

```
how are you?
Fine,thank you.
```

如果用：

```
fgets(str1,4,file1);
```

则执行后 str1="how"，读取了 4-1=3 个字符，而如果用：

```
fgets(str1,23,file1);
```

则执行 str="how are you?"，读取了一行（包括行尾的'\n'）。

【实例 17-6】从 10_4.c 文件中读入一个含 10 个字符的字符串。

```
#include<stdio.h>
#include<stdlib.h>
void main()
{
    FILE *fp;
    char str[11];
    fp=fopen("10_4.c","rb");        /*打开当前目录中的文件10_4.c*/
    if(fp==NULL)
    {
        printf("Cannot open file strike any key exit!");
        getch();
        exit(1);
    }
    fgets(str,11,fp);               /*从打开文件中读取10个字符*/
    printf("%s\n",str);             /*将字符串输出到屏幕上*/
    fclose(fp);
}
```

程序运行的结果为：

```
#include"s
```

【实例 17-4】是从键盘输入一行字符，写入到文本文件 test.txt 中。程序的开头是预编译命令，引用 stdio 头文件：

```
#include"stdio.h"
```

读取 10 个字符即为上面的程序运行结果。

本例定义了一个字符数据 str 共 11 个字节，以读二进制文件的方式打开当前目录中的文件 10_4.c，然后从中读取 10 个字符 "#include's" 存入字符数组 str 中，并在数组的最后一个单元内加上'\0'，然后将字符数组输出到屏幕上，最后关闭文件。

2. 写入字符串函数 fputs()

文件写入字符串函数 fputs()的功能是把一个字符串写入到指定的文件中。其调用形式为：

```
fputs(字符串，文件指针)
```

写入字符串函数 fputs()有两个参数，第一个参数是字符串，它可以是字符串常量，也可以是存放待输出字符串的字符数组名，也可以是指向待输出字符串的指针变量。第二个参数是文件指针，它必须指向已经打开的可写文件。

写入字符串函数 fputs()如果调用成功则返回 0，如果调用失败就返回 EOF。

例如：

```
fputs("abcd",fp);
```

是把字符串"abcd"写入 fp 所指的文件之中。

【实例 17-7】向【实例 17-4】建立的文件 test.txt 中追加一个字符串。

```
#include<stdio.h>
#include<stdlib.h>
void main()
{
    FILE *fp;
    char ch,st[50];
    fp=fopen("test.txt","ab+");            /*以附加方式打开文件*/
    if(fp==NULL)
    {
        printf("Cannot open file!");
        getch();
        exit(1);
    }
    printf("input a string:\n");
    gets(st);                              /*输入要追加的字符串*/
    fputs(st,fp);
    rewind(fp);                            /*将文件指针指向文件的开头*/
    ch=fgetc(fp);
    while(ch!=EOF)
    {
        putchar(ch);
        ch=fgetc(fp);
    }
    printf("\n");
    fclose(fp);
}
```

程序运行过程：

```
input a string:
when are you going to leave school?✓
how are you?fine, thank you!when are you going to leave school?
```

在【实例 17-4】中，程序运行后生成了一个名为"test.txt"的文本文件，文件的内容为：

```
how are you?fine, thank you!
```

本例要求在 test.txt 文件末加写字符串，因此，程序以追加读写文本文件的方式打开文件 test.txt。然后输入字符串，并用 fputs()函数把该串写入文件 test.txt 中。由于追加后，文件指针指向文件的末尾，使用 rewind()函数把文件指针移到文件首部。然后再使用 while 循环，逐个显示当前文件中的全部内容。

使用文件字符串读写函数时，需要以下几点：

（1）这两个函数主要用于处理文本文件，也可以用来处理二进制文件，每次读写的是一个字符串。

（2）从文件中读取字符串时，不是用字符串结束标记符'\0'来控制字符串结束，而是用字符串的字符数目或者回车换行符'\n'来控制字符串结束。

（3）当正确地读或写一个字符串后，文件的文件指针会自动后移一个字符串的位置。

【实例 17-8】文件字符串读写函数的使用。

从键盘输入 6 个长度不等的字符串，写入文本文件 studyenglish.txt 中，然后从这个文本文件中读取第三个字符串并显示到屏幕上。

　　编程思想：从文件中读取字符串时，不是用字符串结束标记符'\0'来控制字符串结束，而是用组字符串的字符数目或者回车换行符'\n'来控制字符串结束。由于从键盘中输入 6 个字符串的长度不等，因此在向文件写入的时候以回车换行符'\n'来区分字符串。

　　① 以只写方式从当前文件打开文本文件 studyenglish.txt，如果不存在，则新建一个名为 studyenglish.txt 的文本文件。

　　② 使用 for 循环向文件中输入 6 个字符串，使用数组来存储字符串。注意在输入字符串时，各个字符串之间使用回车换行符'\n'进行区分。

　　③ 关闭文件。

　　④ 以只读的方式打开文本文件 studyenglish.txt。

　　⑤ 使用 for 循环读取前三个字符串，依次存入同一个数组中，最后一次存入的就是所要的第三个字符串内容。使用字符串输出函数输出到屏幕上。

　　⑥ 再次关闭文件。

程序设计如下：

```c
#include<stdio.h>
#include<stdlib.h>
void main()
{
    FILE *fp;
    int i;
    char s[81];
    if((fp=fopen("studyenglish.txt","w"))==NULL)      /*以只写的式打开文本文件*/
    {
        printf("file can not open!");
        exit(0);
    }
    for(i=0;i<6;i++)                                  /*依次输入 6 个字符串*/
    {
        gets(s);
        fputs(s,fp);
        fputc('\n',fp);
    }
    fclose(fp);                                       /*关闭文本文件*/
    if((fp=fopen("studyenglish.txt","r"))==NULL)      /*以只读的方式打开文本文件*/
    {
        printf("file can not open!");
        exit(0);
    }
    for(i=0;i<3;i++)
    fgets(s,81,fp);                /*从文件中读取长度小于 80 的字符串存入数组 s 中*/
    puts(s);                       /*将 s 中存放的字符串输出到显示器上*/
    fclose(fp)                     /*再次关闭文本文件*/
}
```

程序运行过程如下：

```
I wanna thank you for giving me time to breathe✓
Like a rock you waited so patiently✓
while i got it together✓
while i figured it out✓
i only looked but i never touched✓
cause in my heart was a picture of us✓
while i got it together
```

17.4.3 数据块读写函数

C 语言还提供了用于整块数据的读写函数。可用来读写一组数据，如一个数组元素，一个结构变量的值等。所处理的文件一般是二进制文件，也可以是文本文件。

1. 读取数据块的函数 fread()

fread()函数用来从指定文件中读一个数据块，该函数的调用格式为：

```
fread(buffer,size,count,fp);
```

对读取数据块的函数 fread()做以下几点说明：

（1）该函数的功能是从 fp 所指向的文件的当前位置读取 count 个数据块，每个数据块的字符数据为 size，共组成 n 个长度为 size 的数据块存入 buffer 指定的内存区中。

（2）fread 函数有 4 个参数：

buffer 是读出数据在内存中存放的首地址。buffer 可以是变量的地址，数组的首地址，还可以是指向存放数据的内存首地址的指针变量等。

size 是每次读出的字符数。size 是一个无符号整型数，可以是常量、变量或表达式。通常使用 sizeof（数据类型符）。

count 是每次读出数据的块数。count 是一个无符号整型数，可以是常量、变量或表达式。

fp 表示文件指针，它指向已经打开的可读文件。

（3）fread 函数如果调用成功，就返回实际读的数据块的个数，即 count；如果读入数据块的个数小于要求的字节数，说明读到了文件尾或出错，则返回 0。

例如：

```
char str[500];
FILE *fp;
fp=fopen("studentenglish","r");
fread(x,10,12 ,fp);
```

将当前目录中的文件 studentenglish 以只读方式打开，文件指针 fp 指向该文件。然后从 fp 所指的文件中每次读 10 个字节送入字符数组 str 中，连续读 12 次，共读取 10*12=120 个字节存入字符数组 str 中。

2. 写入数据块的函数 fwrite()

fwrite 函数用来将一个数据块写入文件，该函数的调用格式为：

```
fwrite(buffer,size,count,fp);
```

对写入数据块的函数 fwrite()做以下几点说明：

（1）fwrite()函数将 buffer 指向的内存区域的 count 个数据块写入文件指针 fp 所指向的文件中，每个数据块的大小为 size。

（2）fwrite()函数中有四个参数，与 fread()的参数对应，表示的意义相同。

buffer 是写入数据在内存中存放的首地址。buffer 可以是变量的地址、数组的首地址，还可以是指向存放数据的内存首地址的指针变量等。

size 是每次写入的字符数。size 是一个无符号整型数，可以是常量、变量或表达式。通常使用 sizeof（数据类型符）。

count 是每次写入数据的块数。count 是一个无符号整型数，可以是常量、变量或表达式。

fp 表示文件指针，它指向已经打开的可写文件。

（3）fwrite()函数如果调用成功，就返回实际写入文件中数据块的个数，如果写入数据块的个数小于指定的字节数据，函数调用失败，返回 0。

【实例 17-9】建立一个学生文件 student.dat，输入四个学生的信息，每个学生包含姓名、性别和年龄。

```
#include<stdio.h>
#include<stdlib.h>
struct student
{
    char sname[8];                        /*学生姓名*/
    char ssex[2];                         /*学生性别*/
    int sage;                             /*学生年龄*/
}stu1[4];
void main()
{
    int i;
    FILE *fp;
    fp=fopen("student.dat","wb");         /*以只写的方式打开二进制文件*/
    if(fp==NULL)
    {
        printf ("Can not open file!\n") ;
        exit (0);
    }
    printf("四个学生的基本信息：\n");
    for(i=0;i<4;i++)
    {
        scanf("%s%s%d",stu1[i].sname,stu1[i].ssex,&stu1[i].sage); /*读取学生的信息*/
        fwrite(&stu1[i],sizeof(struct student),1,fp);            /*写到文件中*/
    }
    fclose(fp);
}
```

程序运行时输入：

```
liuhong 女 23✓
sunyang 男 25✓
malin 男 23✓
zhanghua 女 24✓
```

结果如图 17-2 所示。

该程序运行实现的功能是将四个学生的信息存入 student.dat 文件中，使用 fwrite(stu,sizeof (struct student),1,fp) 逐个将学生的信息写入到文件中，最后生成一个 student.dat 文件。

图 17-2　程序运行结果

【实例 17-10】学生文件 student.dat 中，读取学生的信息，并将信息输出到屏幕上。

```
#include<stdio.h>
#include<stdlib.h>
struct student
{
    char sname[8];                        /*学生姓名*/
    char ssex[2];                         /*学生性别*/
    int sage;                             /*学生年龄*/
}stu[4];
void main()
{
    FILE *fp;
    int i;
    fp=fopen("student.dat","rb");         /*以只读方式打开二进制文件*/
```

```
    if(fp==NULL)
    {
        printf("file can not open!");
        exit(0);
    }
    printf("sname--ssex--sage\n");
    for(i=0;i<4;i++)
    {
        fread(&stu[i],sizeof(student),1,fp);  /*从 fp 所指向的文件中读取一个学生信息*/
        printf("%s-%s-%d",stu[i].sname,stu[i].ssex,stu[i].sage);
        printf("\n");
    }
    fclose(fp);                              //关闭文件
}
```

程序的运行结果如图 17-3 所示。

本例从【实例 17-9】所生成的 srudent.dat 的文件中读取所输入的学生信息。使用 fread(&stu[i], sizeof(student),1,fp)对文件中学生的信息进行逐一读取,输出到屏幕上。

图 17-3　程序运行结果

17.4.4　格式数据读写函数

格式数据的读写函数 fscanf()、fprintf()与格式输入输出函数 scanf()、printf()类似,是以格式来控制读写的数据,可以是字符型、整型、实数型等数据,可以用来处理二进制文件,也可以用来处理文本文件。

1．格式数据读取函数 fscanf()

格式数据读取函数 fscanf()类似于 scanf()函数,两者都是格式化输入函数,不同的是 scanf()函数的作用对象是终端键盘,而 fscanf()函数的作用对象是文件。fscanf()函数调用的一般格式为:

```
fscanf(文件指针,格式控制,输入列表)
```

对 fscanf()函数做以下几点说明。

（1）fscanf()函数有三个参数:

❑　文件指针,指向已经打开的可读文件。

❑　格式控制,与 scanf()函数的格式控制相同,由控制输出格式字符等字符组成的字符串,如"%d,%d"。

输入列表,与 scanf()函数的输入列表相同,用逗号分隔的若干个表达式。和输入格式字符串中的输入格式字符数据类型匹配的变量、数组元素等的地址。

（2）fscanf()函数的功能是按指定的格式从一个指定的文件中读取数据。即按照格式控制指定的格式,从文件指针所指向的文件中读取若干个数据,存入输入列表所对应的地址中。

例如:

```
fscanf(fp,"%d,%c",&x,&y);
```

表示从 fp 指向的文件中读取一个整数存入变量 x,读取一个字符存入变量 y 中。

（3）若 fscanf()函数调用成功就返回输入项的个数,若遇到文件末尾则返回 EOF。

2．格式数据写入函数 fprintf()

格式数据写入函数 fprintf()类似于格式输出函数 printf(),两者都是格式化输出函数,只不过两者的作用对象不同,fprintf()函数输出到文件,printf()函数输出到终端。fprintf()函数调用的一般格式为:

```
fprintf(文件指针，格式控制，输入列表)
```

fprintf()函数中有三个参数，"格式控制"、"输入列表"与 printf()函数中的描述相同。文件指针指向的是已经打开的可写文件。

fprintf()函数的作用是将输出项按指定的格式写入到文件指针变量所指向的文件中。

例如：

```
fprintf(fp,"%d,%c",14,65);
```

表示将整型常量 100 以整型的形式存放到文件指针变量 fp 所指向的文件中，将整型常量 65 以字符的形式存放到文件指针变量 fp 所指向的文件中，即存入字符 'A'。

【实例 17-11】把文本文件 test.txt 复制到文本文件 test2.txt 中，要求仅复制 test.txt 中的英文字符。

```
#include <stdio.h>
#include <stdlib.h>
void main( )
{
    FILE *fp1,*fp2;
    char ch;
    fp1=fopen("test.txt","r");              /*以只读方式打开文本文件 test.txt*/
    if(fp1==NULL)
    {
        printf ("Can not open file!\n") ;
        exit (0);
    }
    fp2=fopen("test2.txt","w");             /*以只写方式打开文本文件 test2.txt*/
    if(fp2==NULL)
    {
        printf ("Can not open file!\n") ;
        exit (1);
    }
    fscanf(fp1,"%c",&ch);                   /*从文件 test.txt 中读取字符*/
    while(!feof(fp1))                       /*判断是否到文件尾*/
    {
        if(ch>='A'&&ch<='Z'||ch>='a'&&ch<='z')    /*找出文件中的英语字符*/
        fprintf(fp2,"%c",ch);              /*将从文件 test.txt 中读取的字符写入 test2.txt 中*/
    }
    fclose(fp1);
    fclose(fp2);
}
```

本例主要使用格式数据读写函数对文件中的字符进行读写。首先以只写的方式打开 test.txt 文件，然后从中读取字符。如果所读取的字符为英语字符，就将其写入到 test2.txt 文件中，使用 while 循环依次进行判断，直到文件的末尾，最后将两个文件关闭。

从实例中可以看出用 fprintf()函数和 fscanf()函数对文件读写很方便，也容易理解，但与块读写函数 fread()和 fwrite()相比，fprintf()函数和 fscanf()函数一次只能读写一个结构数组元素，而且占用系统资源较大。因此在数据量较大的情况下，最好不用 fprintf()函数和 fscanf()函数，使用 fread()函数和 fwrite()函数。

17.5　文件的定位

C 语言中，打开文件时会产生一个文件指针指向文件的头，在读取文件时，需要从文件头开始，每次读写完一个数据后，该位置指针会自动指向下一个数据的位置。为了能够从文件中直接读取某个数据，系统提供了能将文件内部指向直接定位到某个字节上的函数。

17.5.1 文件头定位函数 rewind()

文件头定位函数 rewind()的作用是将文件位置指针返回到文件指针变量指向的文件的开头。函数 rewind()调用的一般格式为：

```
rewind(文件指针)
```

其中，文件指针指向的是某个已经打开的文件。rewind()函数没有返回值。

【**实例 17-12**】新建一个文本文件，输入一个字符串，然后再读取输入的字符。

```c
#include<stdio.h>
#include<stdlib.h>
void main()
{
    FILE *fp;
    char ch,st[50];
    fp=fopen("word.txt","w");          /*以只写方式打开文件*/
    if(fp==NULL)
    {
        printf("Cannot open file!");
        exit(1);
    }
    printf("input a string:\n");
    gets(st);                          /*输入字符串*/
    fputs(st,fp);
    rewind(fp);                        /*将文件指针指向文件的开头*/
    ch=fgetc(fp);                      /*读取一个字符*/
    while(ch!=EOF)
    {
        putchar(ch);                   /*将字符输出*/
        ch=fgetc(fp);
    }
    printf("\n");
    fclose(fp);                        /*关闭文件*/
}
```

前面我们对文件进行读写的时候，要先以只写的方式打开文件，接着进行写文件操作，然后关闭文件。若要读取文件，再以只读方式打开文件，进行读取操作，然后再关闭文件。实际上，完全可以以读写的方式打开文件，进行读写操作，这样只需要打开一次文件就可以了。但需要注意的是，调用写文件函数以后，文件的位置指针向后移动了，要想从头读取需要调用文件头定位函数，使文件的位置指针重新指向文件头部。

17.5.2 文件随机定位函数 fseek()

文件头定位函数 rewind()是将文件位置指向文件的开头，要读取某个数据，需要从头开始，不方便，C 语言提供了文件随机定位函数 fseek()，能将文件位置指针按需要移动到任意位置，可以实现对文件的随机读取。

文件随机定位函数 fseek()的一般调用格式为：

```
fseek(文件指针，位移量，起始位置)
```

对 fseek()函数做以下几点说明：

（1）fseek()函数有三个参数。

文件指针指向的是某个已经打开的文件。

位移量指重新定位时的偏移字节数，表示相对于基址的字符数，通常是一个长整型数，可以是整型常量，整型表表式等。如果选用整型常量，需要在常量的后面加上字母"L"或"1"；如果使用表达式，可以用"(long)(表达式)"强制转换成长整型。

起始位置指重新定位时的基准点，也就是基址，基址用整数或符号常量表示，如表 17-1 所示。

表 17-1　起始位置取值含义

整　　数	符号常量	对应的起始位置
0	SEEK_SET	文件开头
1	SEEK_CUR	文件指针的当前位置
2	SEEK_END	文件末尾

例如：

```
fseek(fp,10L,0);
```

表示将文件位置指针移到距文件头 10 个字节的位置。

```
fseek(fp,20L,1);
```

表示将文件位置指针移到距文件当前位置 20 个字节的位置。

```
fseek(fp,-30L,2);
```

表示将文件位置指针从文件尾向前移动 80 个字节。

（2）fseek()函数调用成功时返回 0，失败时返回非零值。

（3）随机定位函数主要用于二进制文件，因为存放数据的二进制文件中每个数据的类型确定了，其字节是已知的，偏移量可以计算出来。如果用文本文件存放数据，则每个数据占据的字节数不能确切知道，偏移量难以计算。

【实例 17-13】使用随机定位函数 fseek()读取。

```
#include<stdio.h>
#include<stdlib.h>
void main( )
{
    FILE *fp;
    int i;
    char s1[80],s[]="abcdefghijklmnop";
    fp=fopen("art.dat","wb+");              /*以读写的方式打开二进制文件"art.dat"*/
    if(fp==NULL)
    {
        printf ("Can not open file!\n") ;
        exit (1) ;
    }
    i=sizeof(s);                           /*求字符串的大小*/
    fwrite(s,i,1,fp);                      /*将字符串写入文件中*/
    rewind(fp);                            /*将文件指针指向文件头*/
    fread(s1,i,1,fp);                      /*读取输入的字符串*/
    printf("input:%s\n",s1);
    fseek(fp,0L,0);                        /*文件位置指针移到距文件头位置*/
    printf("seek1 ch=%c\n",fgetc(fp));
    fseek(fp,10L,1);                       /*文件位置指针移到距文件当前位置10个字节的位置*/
    printf("seek2 ch=%c\n",fgetc(fp));
    fseek(fp,1L,1);                        /*文件位置指针移到距文件当前位置1个字节的位置*/
    printf("seek3 ch=%c\n",fgetc(fp));
    fclose(fp);
}
```

程序运行结果，如图 17-4 所示。

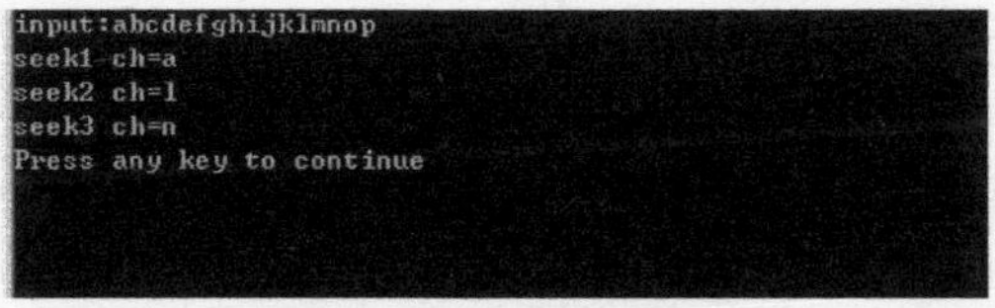

图 17-4　程序运行结果

17.5.3　测试当前位置函数 ftell()

在对文件进行读写时，特别是多次调用随机定义函数 fseek()以后，文件位置指针的值经常发生变化，很难确定其当前的位置。C 语言定义了测试当前位置的函数 ftell()。

测试当前位置函数 ftell()调用的一般格式为：

```
ftell(文件指针)
```

其中，参数文件指针指向某个已经打开的文件。

ftell()函数的作用是得到文件指针变量所指向文件的当前读写位置，该函数调用成功时返回文件的当前读写位置，该值是一个长整型，是文件位置指针从文件头算起的字节数。如果调用失败，返回-1L。

【实例 17-14】使用函数 ftell()测试文件指针的当前位置。

本例引用【实例 17-13】所建立的 "art.dat" 文件。

```
#include <stdio.h>
#include <stdlib.h>
void main()
{
    FILE *fp;
    long length;
    fp=fopen("art.dat","rb");
    if(fp==NULL)
    {
        printf("file not found!\n");
        exit(0);
    }
    else
    {
        fseek(fp,0L,SEEK_END);          //调用随机定位函数 fseek()将文件指针指向文件的末尾
        length=ftell(fp);               //测试文件指针的当前位置
        printf("the file length %ld bytes\n",length);
        fclose(fp);
    }
}
```

程序运行结果为：

```
the file length 17 bytes
```

17.6　文件的检测

C 语言中，对文件的检测主要是对文件末尾、读写出错等方面进行的检查和测试，C 语言常用的文件检测函数有文件末尾检测函数 feof()、文件读写出错检测函数 ferror()等。

17.6.1　文件末尾检测函数 feof()

在文本文件中，C 语言规定 EOF 为文件结束标志，EOF 的值为-1，因为在 ASCII 码表中没

有 -1 所对应的字符。但在二进制文件中，-1 可能为有效数据，就不能用 EOF 来作为文件结束标志了。

　　C 语言专门定义了 feof() 函数作为二进制文件的结束标志，也可以作为文本文件的结束标志。

　　文件末尾检测函数 feof() 的一般调用格式为：

```
feof(文件指针)
```

文件指针指向某个已经打开的文件。

　　函数 feof() 用于判断文件是否处于文件结束位置，如文件结束，则返回值为 1，否则为 0。

　　【实例 17-15】将【实例 17-10】改写，使用函数 feof() 检测文件的结尾

```
#include<stdio.h>
#include<stdlib.h>
struct student
{
    char sname[8];                          /*学生姓名*/
    char ssex[2];                           /*学生性别*/
    int sage;                               /*学生年龄*/
}stu[4];
void main()
{
    FILE *fp;
    int i;
    fp=fopen("student.dat","rb");           /*以只读方式打开二进制文件*/
if(fp==NULL)
{
    printf("file can not open!");
    exit(0);
}
printf("sname--ssex--sage\n");
while(!feof(fp))                            /*判断是否到文件的末尾*/
{
    fread(&stu[i],sizeof(student),1,fp); /*fp 所向的文件中读取一个学生信息*/
    printf("%s-%s-%d",stu[i].sname,stu[i].ssex,stu[i].sage);
    printf("\n");
}
fclose(fp);                                 /*关闭文件*/
}
```

　　程序的运行结果与【实例17-10】的结果相同，如图 17-5 所示。

图 17-5　程序运行结果

17.6.2　文件读写出错检测函数 ferror()

　　在程序执行过程中，特别是文件读写过程中，会出现一会不可预见的错误。C 语言定义了文件读写出错检测函数 ferror()。

　　读写文件出错检测函数 ferror() 函数的一般调用格式：

```
ferror(文件指针);
```

其中，文件指针指向某个已经打开的文件。

　　ferror() 函数用于检测文件读写时是否发生错误，若未发生错误，则返回 0，若发生错误，则返回非 0 值。需要注意的是，对同一个文件每调用一次文件读写函数，都会产生一个新的 ferror 函数值，所以，在调用一个文件读写函数后，应当立即使用 ferror 函数进行检测，否则信息可能会丢失。

【实例 17-16】使用 ferror()函数对文件进行写入检测。

```
#include<stdio.h>
#include<stdlib.h>
void main()
{
    FILE *fp;
    char s1[80],s2[80];
    fp=fopen("errortest.txt","w");              /*以只读的方式打开文件 errortest.txt*/
    if(fp==NULL)
    {
        printf("file can not open!");
        exit(0);
    }
    printf("input string:\n");
    gets(s1);                                   /*输入一串字符*/
    fputs(s1,fp);                               /*将输入的字符串写入文件中*/
    if(ferror(fp))                              /*检测写入错误*/
    printf("errors processing the file\n");
    rewind(fp);                                 /*将指针重定位到文件的头部*/
    fgets(s2,80,fp);                            /*从文件中读出字符串*/
    printf("fgets string:%s\n",s2);
    fclose(fp);
}
```

程序的运行过程如下：

```
input string:
he wishes he could spend more time with her✓
fgets string:
he wishes he could spend more time with her
```

程序运行过程中，使用 ferror(fp)对文件的写入操作进行检测，一旦出现错误就会输出错误提示信息：

```
errors processing the file
```

然后退出程序。

17.6.3 清除文件末尾和出错标志函数 clearerr()

在文件打开时，出错标志置为 0，一旦文件读写过程出现错误，错误标志被置为非 0 值，直到同一文件调用 clearerr()函数或 rewind()函数才重新置 0。

出错标志函数 clearer()调用的一般格式为：

```
clearerr(文件指针);
```

clearerr()函数的功能是将文件指针变量指向的文件的出错标志和文件结束标志设置为 0 值。

【实例 17-17】打开文件错误。

```
#include<stdio.h>
void main()
{
    char c;
    FILE *fp;
    fp=fopen("errortest.txt","w");              /*以只读方式打开文件*/
    printf("找开文件时的错误标志为：");
    printf("%d\n",ferror(fp));
    c=fgetc(fp);
    printf("读取文件后的错误标志为：");
    printf("%d\n",ferror(fp));
```

```
    clearerr(fp);                                    /*错误标志置 0*/
    printf("调用错误标志函数后的错误标志为: ");
    printf("%d\n",ferror(fp));
    fclose(fp);
}
```

程序运行的结果如图 17-6 所示。

图 17-6　程序运行结果

17.7　典型实例

【实例 17-18】显示文件内容。要查看某个文件的内容有很多种方法，在 DOS 环境下，可以使用 type 命令，在 Windows 环境下，可以使用记事本打开文件。现在编写一个程序，模拟 DOS 中的 type 命令，用来显示文本文件的内容。

代码代码如下：

```
#include <stdio.h>
void main(int argc,char *argv[])        //命令行参数
{
    int ch;
    FILE *fp;                           //定义文件类型指针
    if(argc!=2)                         //判断命令行是否正确
    {
        printf("错误的命令格式,格用格式为: display  文件名\n");
        return;
    }

    if((fp=fopen(argv[1],"r"))==NULL) //按读方式打开由 argv[1]指出的文件
    {
        printf("打开文件 %s 出错了!\n",argv[1]);//打开操作不成功
        return;                         //结束程序的执行
    }
    //成功打开了 argv[1]所指文件
    ch=fgetc(fp);                       //从 fp 所指文件的当前指针位置读取一个字符
    while(ch!=EOF)                      //判断刚读取的字符是否是文件结束符
    {
        putchar(ch);                    //若不是结束符，将它输出到屏幕上显示
        ch=fgetc(fp);                   //继续从 fp 所指文件中读取下一个字符
    }

    fclose(fp);                         //关闭 fp 所指文件
}
```

将以上程序保存为 display.c。然后编译，得到一个名为 display.exe 的文件，然后在 DOS 环境下，使用以下命令来查看文件内容：

```
display 17-18.c
```

在上面的命令中，前面的 "display" 是上面程序编译得到的可执行程序，后面的 "17-18.c" 是要查看的文本文件。

【实例 17-19】复制文件。在 DOS 中使用 copy 命令可以得到一个文件的副本，可以编写

程序来完成这个工作。具体代码如下：

```c
#include <stdio.h>

void main(int argc,char *argv[]) //命令行参数
{
    int ch;
    FILE *in,*out;      //定义 in 和 out 两个文件类型指针
    if(argc!=3)         //判断命令行是否正确
    {
        printf("命令格式错误，正确使用方法：copyfile 文件 1 文件 2\n");
        return;
    }
    //按读方式打开由 argv[1]指出的文件
    if((in=fopen(argv[1],"r"))==NULL)
    {
        printf("文件 %s 打开错误! \n",argv[1]);
        return;
    }
    //按写方式打开由 argv[2]指出的文件
    if((out=fopen(argv[2],"w"))==NULL)
    {
        printf("文件 %s 打开错误! \n",argv[2]);
        return;
    }
    //成功打开了 argv[2]所指文件
    ch=fgetc(in);           //从 in 所指文件的当前指针位置读取一个字符
    while(ch!=EOF)          //判断刚读取的字符是否是文件结束符
    {
        fputc(ch,out);      //若不是结束符，将它写入 out 所指文件
        ch=fgetc(in);       //继续从 in 所指文件中读取下一个字符
    }

    fclose(in);    //关闭 in 所指文件
    fclose(out);   //关闭 out 所指文件
}
```

将以上程序保存为 copyfile.c，然后编译得到名为 copyfile.exe 的可执行程序，然后在 DOS 环境下，使用以下命令即可复制文件：

```
copyfile  student1.txt  student2.txt
```

使用上面的命令，即可将 student1.txt 复制一份副本（student2.txt）。

【实例 17-20】合并文件。编写程序，实现将两个文本文件的内容合并到一个文件中。
具体代码如下：

```c
#include <stdio.h>
#define SIZE 512

void main(int argc,char *argv[])
{
    char buffer[SIZE];
    FILE *fp1,*fp2;

    if(argc!=3)
    {
        printf("命令格式错误，正确格式：linkfile 文件 1 文件 2\n");
        return;
    }
```

```
    if((fp1=fopen(argv[1],"a"))==NULL)              // 按追加方式打开 argv[1] 所指文件
    {
        printf("文件 %s 打开错误! \n",argv[1]);
        return;
    }
    if((fp2=fopen(argv[2],"r"))==NULL)
    {
        printf("文件 %s 打开错误! \n",argv[2]);
        return;
    }

    while(fgets(buffer,SIZE,fp1)!=NULL)             //读入文件 1 的内容，直到文件结尾
        printf("%s\n",buffer);                      //输出文件 1 的内容

    while(fgets(buffer,SIZE,fp2)!=NULL)             //读入文件 2 的内容，写入到文件 1 中
        fputs(buffer,fp1);

    fclose(fp1);
    fclose(fp2);

    if((fp1=fopen(argv[1],"r"))==NULL)
    {
        printf("文件 %s 打开错误! \n",argv[1]);
        return;
    }

    while(fgets(buffer,SIZE,fp1)!=NULL)             //输出合并后文件 1 的内容
        printf("%s\n",buffer);
    fclose(fp1);
}
```

将以上程序保存为 linkfile.c，编译后得到名为 linkfile.exe 的文件，然后在 DOS 环境下，使用以下命令即可合并两个文件：

```
linkfile student1.txt student2.txt
```

使用上面的命令，即可将 student2.txt 的内容合并到 student1.txt 中，最终 student1.txt 中的内容将包含原来 student1.txt 的内容，以及 student2.txt 中的内容。

17.8 本章小结

本章讲解了 C 语言的一种特殊的数据类型——文件。文件是按照某个规则集合在一起，保存在外部存储器上的一批数据。C 语言提供了丰富的数据读写函数，可以按字符读写，可以按行读写，也可以按指定长度的数据块进行读写，还可以进行格式化读写。文件定位函数能将文件内部指向直接定位到文件的某个位置，便于对文件的操作。文件检测函数主要是对文件末尾、读写出错等方面进行的检查和测试。

17.9 习题

1. 文件的类型有哪些？
2. 文件的读写操作会涉及哪些函数，请简单说明。
3. 文件的定位操作会涉及哪些函数，请简单说明。
4. 文件的检测操作会涉及哪些函数，请简单说明。
5. 编写一个程序，打开指定路径的文件，修改文件后，保存该文件。

第4篇 案例实战

第18章 学生成绩管理系统设计

本章运用 C 语言来设计一个学生成绩管理系统，整个系统综合运用我们前几章所学习的 C 语言的知识，如结构化程序设计、数组、函数、结构体等，在复习巩固 C 语言基础知识的基础上，进一步加深对 C 语言编程的理解和掌握。利用所学知识，理论和实际结合，采用模块化的结构，锻炼学生综合分析、解决实际问题的编程能力，使读者对 C 语言有更加深刻的了解与认识。

18.1 学生成绩管理系统功能

本系统实现的功能：
（1）录入学生的成绩；
（2）输出学生的成绩；
（3）添加学生的成绩信息；
（4）删除指定学生的成绩信息；
（5）按照要求对学生成绩信息进行排序；
（6）根据学号查询指定学生的成绩；
（7）将学生的成绩信息保存到文件。
系统的主要功能如图 18-1 所示。
系统功能执行流程图如图 18-2 所示。

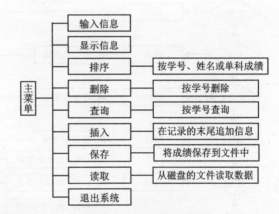

图 18-1 系统功能框架图

18.2 功能模块的描述

功能模块主要介绍该学生成绩管理系统的数据结构，以及各个模块实现其功能所使用的函数，通过 N-S 图使函数功能更加明晰。

18.2.1 数据结构

学生信息包括学号、姓名、语文成绩、数学成绩、英语成绩，所以将其定义为结构体。本系统使用链表对数据进行添加、删除、修改，然后把数据赋给结构体，以结构体的形式保存到文件。结构体的定义如下：

```
struct scorenode
{
    int number;                          /*学生学号*/
    char name[10];                       /*学生姓名*/
    float chinese;                       /*语文成绩*/
    float mathmatic;                     /*数学成绩*/
    float english;                       /*英语成绩*/
    struct scorenode *next;
};
    typedef struct scorenode score;      /*定义结构体变量*/
```

18.2.2 main()主函数

程序采用模块化设计，主函数是程序的入口，各模块独立，可分块调整，均由主函数控制。

采用 while 死循环和 switch 分支语句编写菜单选择控制各个模块的功能，每个模块的功能由简单的基本函数构成。

调用菜单显示函数 menu()在屏幕上显示一个系统操作界面，并显示一个提示输入选项，输入 1~9 之间的数字，将此数字作为菜单函数的返回值返回主函数，主函数根据这个数字调用相应的功能函数，制作简便，操作简单。

主函数执行的 N-S 图如图 18-3 所示。

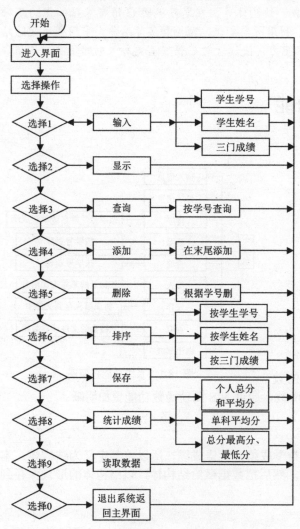

图 18-2　系统功能执行流程图

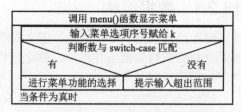

图 18-3　主函数执行的 N-S 图

18.2.3　score *creatlink()创建动态链表

由于记录并不是一次性全部输入，而是随时添加和删除的，而预先开辟的空间数往往大于实际的记录数，浪费内存空间，因此使用动态空间开辟函数 malloc()为输入的数据动态分配内存空间。

creatlink()函数创建链表头结点为 head。为了使输入时不出错，使用一个逐一提示的方式输入，用回车确定。考虑到学生的学号不可能为 0，所以当输入的学号数为 0 时，把表尾结点的指针变量置 NULL。在输入结束时对已经输入的学生按照学号进行排序存放，如图 18-4 所示。

18.2.4　void print(score *head)显示学生信息

使用参数 head 传递链表的首地址，首先判断链表是否为空，如果为空，则输出提示信息；如果不为空，则设一个指针变量 p，先指向第一个结点，输出 p 所指向的结点，然后使 p 后移一个结点，再输出，直到链表的尾结点，如图 18-5 所示。

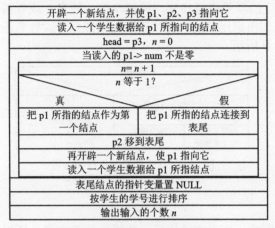

图 18-4　创建动态链表 N-S 图

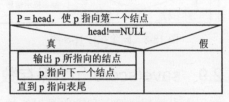

图 18-5　显示学生信息 N-S

18.2.5　score *add(score *head,score *stu)向链表中添加学生数据

该函数有两个数，head 头结点指向链表的首地址，stu 指向新建立的结点，向其中输入数据，然后添加到链表上，最后根据学生的学号进行排序。

score *add(score *head,score *stu)的总体执行过程如图 18-6 所示。

18.2.6　score *search(score *head)查询学生成绩

由于在向链表中输入数据、添加数据的时候，已经对链表按学号从大到小排好序了，因此在进行查找时，只需要从链表的表头开始进行查询。如果链表为空，则直接输出提示信息；如果链表不为空，则按输出的学号进行查询，查询成功就输出该学号学生的成绩，否则输出提示信息。

该函数的执行流程如图 18-7 所示。

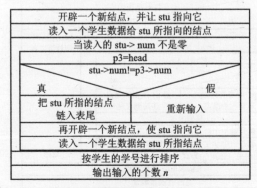

图 18-6　添加函数的执行 N-S 图

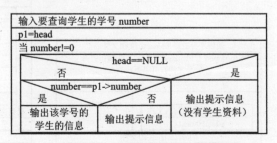

图 18-7　查询函数执行 N-S 图

18.2.7　score *dele(score *head)删除数据

该函数根据输入学生的学号，在链表中进行查找。如果有匹配的，就将该学号的学生信息删除。最后返回删除后的链表的头结点。执行过程如图 18-8 所示。

18.2.8　score *sortdata(score *head)对数据进行排序

该函数提供了几种排序方法，可以按照学生的学号进行排序，按照学生的姓名，或者按照学生的单科成绩进行排序。使用 switch-case 语句根据用户的选择，判断是按照学号、姓名还是单科成绩排序，使用交换法。执行过程如图 18-9 所示。

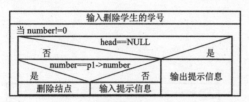

图 18-8　删除执行 N-S 图

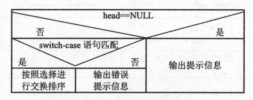

图 18-9　排序函数的执行 N-S 图

18.2.9　save(score *p1)保存数据

在程序中的数据输入和输出是以终端为对象的，当程序关闭后，数据也就丢失了，所以为了能随时查阅数据，必须将数据输出到磁盘文件上保存起来，使用时从磁盘中读入到内存中，这就用到了磁盘文件的读写操作。

首先让用户输入要保存的文件名，然后定义一个指向文件的指针，按 "w+" 写的方式打开文件，将学生的信息逐一保存到文件中。如图 18-10 所示。

18.2.10　score *load(score *head)从文件中读取数据

为了避免程序关闭后丢失，我们将数据保存到磁盘文件中，下一次对已经有的数据进行操作的时候可以直接从文件中读取数据进行操作。

先定义一个指向文件的指针，按照 r+ 的方式打开已经保存好的文件，输入要打开文件的路径和文件名，fp=open（filename，"r"），同时判断是否正常打开，如果文件打不开，则输出出错信息；如果文件正常打开，则将文件中的数据读取到新建的链表中，如图 18-11 所示。

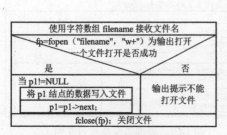

图 18-10　保存数据 N-S 图

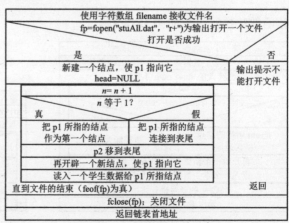

图 18-11　读取数据 N-S 图

18.2.11　score *statistics(score *head)成绩统计

该函数主要实现了对学生成绩统计的几种方式：统计个人总分和平均分、统计单科平均分、统计总分最高分和最低分，如图 18-12～图 18-15 所示。

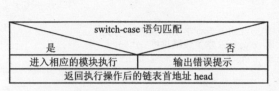

图 18-12　成绩函数执行 N-S 图

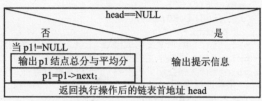

图 18-13　统计个人总分和平均分

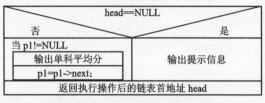

图 18-14　统计单科平均分

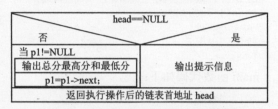

图 18-15　统计总分最高分和最低分

18.2.12　int menu(int k)菜单

该函数主要提供一个系统显示的界面，对系统模块进行介绍，便于用户进行操作。系统界面如图 18-16 所示。

18.2.13　用到的头文件和全局变量

```
#include <malloc.h>
#include <stdio.h>
#include <stdlib.h>
#include <string.h>
#define LEN sizeof(struct scorenode)
#define DEBUG
int n,k;
/*n,k 为全局变量,本程序中的函数均可以使用它,分别
用于记数和标记*/
```

图 18-16　系统界面

18.3　程序代码

上一节对学生成绩管理系统的数据结构的模块功能的分析，并列出了实现各个模块功能的函数以及它们的程序执行 N-S 图，下面是实现各个函数的程序代码以及程序运行后的结果。

18.3.1　主函数 main()代码

主函数 main()的功能是通过调用 creat()，search()，dele()，add()print()，ststistics()，save()，sortdata()等函数，实现学生成绩查询系统功能。

首先，函数体中调用 menu()函数，提供一个系统显示的界面，对系统模块进行介绍，便于用户进行操作。然后使用 switch-case 语句根据用户的不同选择来进入相应的模块，执行不同的操作。

menu()函数代码如下：

```
int menu(int k)
{
 int i;
 printf("\t\t\t\t 学生成绩管理系统\n");                    /*打印出系统标题*/
 printf("\n");
 for(i=0;i<80;i++)
     printf("*");
printf("1 编辑学生的成绩\t\t\t2 显示学生的成绩\t\t\t3 查询学生的成绩\n");
printf("4 添加学生的成绩\t\t\t5 删除学生的成绩\t\t\t6 学生成绩排序\n");
printf("7 保存学生的资料\t\t\t8 统计学生的成绩\t\t\t9 读取学生的成绩\n");
 /*菜单选择界面*/
for(i=0;i<80;i++)
     printf("*");
printf("欢迎进入学生成绩管理系统，请选择您所要的操作(选择(0)退出):");
scanf("%d",&k);                                        /*选择操作*/
 getchar();
return (k);
}
```

main 函数代码如下：

```
void main()
{
int k;
score *head=0,*stu=0;
while(1)
{
k=menu(k);
switch(k)                              /*用 switch 语句实现功能选择*/
{case 1:head=creatlink();break;        /*调用创建链表函数*/
 case 2: print(head); break;           /*调用显示学生资料函数*/
 case 3: head=search (head);break;     /*调用成绩查询函数*/
 case 4: head=add (head,stu);break;    /*调用追加学生资料函数*/
 case 5: head=dele (head); break;      /*调用删除学生资料函数*/
 case 6: sortdata(head);break;         /*调用排序函数*/
 case 7: save (head);break;            /*调用保存函数*/
 case 8: statistics(head); break;      /*调用统计函数*/
 case 9: head=loadfile(head);break;    /*从文件调入记录函数*/
 case 0:exit(0);/*退出系统，返回主界面*/
 default: printf("输入错误,请重试!\n"); }
}
}
```

程序运行时，出现学生成绩管理系统的主界面，如图 18-17 所示。

18.3.2 创建链表函数 creatlink()

函数 creatlink()的功能是创建链表，此函数带回一个指向链表头的指针。函数体中使用了 goto 语句，方便程序执行过程中的跳转。

函数 creatlink()代码如下：

图 18-17 系统界面

```
score *creatlink()
{
 score*head;
 score *p1,*p2,*p3,*max;
 int i,j;
```

```
float fen;
char t[10];
n=0;
p1=p2=p3=(score *)malloc(LEN);head=p3;                    /*开辟一个新单元*/
printf("请输入学生资料，输 0 退出!\n");
repeat1: printf("请输入学生学号(学号应大于 0)：");        /*输入学号，学号应大于 0*/
       scanf("%d",&p1->number);
     while(p1->number<0)
  {
   getchar();
   printf("输入错误，请重新输入学生学号:");
   scanf("%d",&p1->number);}        /*输入学号为字符或小于 0 时，程序报错，提示重新输入学号*/
   if(p1->number==0)
   goto end;                        /*当输入的学号为 0 时，转到末尾，结束创建链表*/
   else
   {
   p3=head;
   if(n>0)
   {for(i=0;i<n;i++)
     {if(p1->number!=p3->number)
     p3=p3->next;
     else
     {printf("学号重复,请重输!\n");
     goto repeat1;
     /*当输入的学号已经存在时，程序报错，返回前面重新输入*/
       }
    }
   }
  }
     printf("请输入学生姓名：");
     scanf("%s",&p1->name);                    /*输入学生姓名*/
     printf("请输入语文成绩(0~100)：");         /*输入语文成绩，成绩应在 0~100*/
     scanf("%f",&p1->chinese);
   while(p1->chinese<0||p1->chinese>100)
{
     getchar();
     printf("输入错误，请重新输入语文成绩");    /*输入错误，重新输入语文成绩直到正确为止*/
     scanf("%f",&p1->chinese);}
     printf("请输入数学成绩(0~100)：");         /*输入数学成绩，成绩应在 0~100*/
     scanf("%f",&p1->mathmatic);
   while(p1->mathmatic<0||p1->mathmatic>100)
  {
   getchar();
   printf("输入错误，请重新输入数学成绩");      /*输入错误，重新输入数学成绩直到正确为止*/
   scanf("%f",&p1->mathmatic);}
   printf("请输入英语成绩(0~100)：");           /*输入英语成绩，成绩应在 0~100*/
   scanf("%f",&p1->english);
   while(p1->english<0||p1->english>100)
   {
   getchar();
   printf("输入错误，请重新输入英语成绩");
   scanf("%f",&p1->english);}                   /*输入错误，重新输入英语成绩直到正确为止*/
   head=NULL;
while(p1->number!=0)
 {
  n=n+1;
if(n==1)
  head=p1;
else
  p2->next=p1;
```

```
    p2=p1;
    p1=(score *)malloc(LEN);
    printf("请输入学生资料, 输 0 退出!\n");
repeat2:printf("请输入学生学号(学号应大于 0): ");
    scanf("%d",&p1->number);                /*输入学号, 学号应大于 0*/
    while(p1->number<0)
  {
    getchar();
    printf("输入错误,请重新输入学生学号:");
        scanf("%d",&p1->number);}            /*输入学号为字符或小于 0 时, 程序报错, 提示重新输入学号*/
  if(p1->number==0)
   goto end;                                 /*当输入的学号为 0 时, 转到末尾, 结束创建链表*/
   else
   {
   p3=head;
   if(n>0)
    {for(i=0;i<n;i++)
      {if(p1->number!=p3->number)
    p3=p3->next;
    else
    {
     printf("学号重复,请重输!\n");
     goto repeat2;                           /*当输入的学号已经存在时, 程序报错, 返回前面重新输入*/
      }
     }
    }
   }
  printf("请输入学生姓名: ");
  scanf("%s",&p1->name);                      /*输入学生姓名*/
  printf("请输入语文成绩(0~100): ");
   scanf("%f",&p1->chinese);                  /*输入语文成绩, 成绩应在 0~100*/
  while(p1->chinese<0||p1->chinese>100)
  {
   getchar();
   printf("输入错误, 请重新输入语文成绩");
   scanf("%f",&p1->chinese);}                 /*输入错误, 重新输入语文成绩直到正确为止*/
   printf("请输入数学成绩(0~100): ");
   scanf("%f",&p1->mathmatic);                /*输入数学成绩, 成绩应在 0~100*/
  while(p1->mathmatic<0||p1->mathmatic>100)
{
   getchar();
   printf("输入错误, 请重新输入数学成绩");
   scanf("%f",&p1->mathmatic);}               /*输入错误, 重新输入数学成绩直到正确为止*/
   printf("请输入英语成绩(0~100): ");
   scanf("%f",&p1->english);                  /*输入英语成绩, 成绩应在 0~100*/
   while(p1->english<0||p1->english>100)
   {getchar();
   printf("输入错误, 请重新输入英语成绩");
   scanf("%f",&p1->english);}                 /*输入错误, 重新输入英语成绩直到正确为止*/
}
end: p1=head;
     p3=p1;
  for(i=1;i<n;i++)
  {
    for(j=i+1;j<=n;j++)
    {
     max=p1;
     p1=p1->next;
     if(max->number>p1->number)
       {
```

```
                    k=max->number;
                    max->number=p1->number;
                    p1->number=k;                   /*交换前后结点中的学号值，使得学号大者移到后面的结点中*/
                    strcpy(t,max->name);
                    strcpy(max->name,p1->name);
                    strcpy(p1->name,t);             /*交换前后结点中的姓名，使之与学号相匹配*/
                    fen=max->chinese;
                    max->chinese=p1->chinese;
                    p1->chinese=fen;                /*交换前后结点中的语文成绩，使之与学号相匹配*/
                    fen=max->mathmatic;
                    max->mathmatic=p1->mathmatic;
                    p1->mathmatic=fen;              /*交换前后结点中的数学成绩，使之与学号相匹配*/
                    fen=max->english;
                    max->english=p1->english;
                    p1->english=fen;                /* *交换前后结点中的英语成绩，使之与学号相匹配*/
                    }
              }
              max=head;p1=head;                     /*重新使 max,p 指向链表头*/
        }
        p2->next=NULL;                              /*链表结尾*/
        printf("输入的学生数为:%d 个!\n",n);
    return(head);
}
```

在输入学生的姓名和各科成绩时，采用使用逐一提示的输入方法，用回车确定。考虑到学生的学号不可能为 0，所以当输入的学号数为 0 时，把表尾结点的指针变量置 NULL，输入结束。在输入结束时，该函数对已经输入的学生按照学号进行排序存放。因此，creatlink()所创建的链表是一个有序的链表。

18.3.3　显示学生信息函数 print()

函数 print()的功能是显示学生成绩，即将所建立的学生成绩链表打印出来。如果链表不为空，逐个打印出学生的学号、姓名和各科成绩。

print()函数代码如下：

```
void print(score *head)
{
  score *p;
  if(head==NULL)
      {printf("\n 没有任何学生资料!\n");}
  else
   { printf("%d\n",n);
    printf("-------------------------------------------\n");
    printf("|学号\t|姓名\t|语文\t|数学\t|英语\t|\n");
    printf("-------------------------------------------\n");      /*打印表格域*/
    p=head;
    do
    {printf("|%d\t|%s\t|%.1f\t|%.1f\t|%.1f\t|\n",p->number,p->name,p->chinese,
p->mathmatic, p->english);
        printf("-------------------------------------------\n");   /*打印表格域*/
        p=p->next;}while (p!=NULL);                                /*打印完成了*/
    }
}
```

18.3.4　向链表中添加学生数据函数 add()

函数 add()的功能是向已经建立的链表中追加学生资料，并且将所有学生资料按学号排序。
函数 add()代码如下：

```
score *add(score *head,score *stu)
{
score *p0,*p1,*p2,*p3,*max;
int i,j;
float fen;
char t[10];
p3=stu=(score *)malloc(LEN);                    /*开辟一个新单元*/
 printf("\n 输入要增加的学生的资料!");
 repeat4: printf("请输入学生学号(学号应大于 0): ");
 scanf("%d",&stu->number);                       /*输入学号,学号应大于 0*/
 while(stu->number<0)
   { getchar();
    printf("输入错误,请重新输入学生学号:");
    scanf("%d",&stu->number);}                    /*输入错误,重新输入学号*/
    if(stu->number==0)
    goto end2;                                     /*当输入的学号为 0 时,转到末尾,结束追加*/
   else
   {
    p3=head;
    if(n>0)
    {   for(i=0;i<n;i++)
       {   if(stu->number!=p3->number)
            p3=p3->next;
          else
          {printf("学号重复,请重输!\n");
           goto repeat4;                           /*当输入的学号已经存在,程序报错,返回前面重新输入*/
           }
       }
    }
  }
printf("输入学生姓名: ");
scanf("%s",stu->name);                             /*输入学生姓名*/
printf("请输入语文成绩(0~100): ");
scanf("%f",&stu->chinese);                         /*输入语文成绩,成绩应在 0~100*/
while(stu->chinese<0||stu->chinese>100)
  { getchar();
    printf("输入错误,请重新输入语文成绩");
    scanf("%f",&stu->chinese);}                    /*输入错误,重新输入语文成绩直到正确为止*/
     printf("请输入数学成绩(0~100): ");
     scanf("%f",&stu->mathmatic);                  /*输入数学成绩,成绩应在 0~100*/
    while(stu->mathmatic<0||stu->mathmatic>100)
    { getchar();
      printf("输入错误,请重新输入数学成绩");
      scanf("%f",&stu->mathmatic);}                /*输入错误,重新输入数学成绩直到正确为止*/
      printf("请输入英语成绩(0~100): ");
      scanf("%f",&stu->english);                   /*输入英语成绩,成绩应在 0~100*/
     while(stu->english<0||stu->english>100)
     { getchar();
        printf("输入错误,请重新输入英语成绩");
        scanf("%f",&stu->english);
     }                                             /*输入错误,重新输入英语成绩直到正确为止*/
 p1=head;
 p0=stu;
 if(head==NULL)
 { head=p0;p0->next=NULL;}                         /*当原来链表为空时,从首结点开始存放资料*/
 else                                              /*链表不为空*/
 {
  if(p1->next==NULL)                               /*找到原来链表的末尾*/
  {
   p1->next=p0;
```

```
    p0->next=NULL;                      /*将它与新开单元相连接*/
  }
  else
  {
    while(p1->next!=NULL)               /*还没找到末尾，继续找*/
    {
      p2=p1;p1=p1->next;
    }
    p1->next=p0;
    p0->next=NULL;
  }
}
n=n+1;
p1=head;
p0=stu;
  for(i=1;i<n;i++)
  {
    for(j=i+1;j<=n;j++)
    {
      max=p1;
      p1=p1->next;
      if(max->number>p1->number)
      {
        k=max->number;
        max->number=p1->number;
        p1->number=k;                   /*交换前后结点中的学号值,使得学号大者移到后面的结点中*/
        strcpy(t,max->name);
        strcpy(max->name,p1->name);
        strcpy(p1->name,t);             /*交换前后结点中的姓名，使之与学号相匹配*/
        fen=max->chinese;
        max->chinese=p1->chinese;
        p1->chinese=fen;                /*交换前后结点中的语文成绩，使之与学号相匹配*/
        fen=max->mathmatic;
        max->mathmatic=p1->mathmatic;
        p1->mathmatic=fen;              /*交换前后结点中的数学成绩，使之与学号相匹配*/
        fen=max->english;
        max->english=p1->english;
        p1->english=fen;                /*交换前后结点中的英语成绩，使之与学号相匹配*/
      }
    }
    max=head;p1=head ;                  /*重新使max,p指向链表头*/
  } end2:
printf("现在的学生数为:%d 个!\n",n);
return(head);
}
```

18.3.5 查询学生成绩函数 search

函数 search 的功能是从链表中查询输入学号的学生信息。

由于在向链表中输入数据、添加数据的时候，已经对链表按学号从大到小排好序了，因此在进行查找时，只需要从链表的表头开始进行查询。如果没有查询到结果，则给出反馈信息，如果查找到，则打印出结果。

函数 search 代码如下：

```
score *search(score *head)
{
 int number;
 score *p1,*p2;
 printf("输入要查询的学生的学号：");
```

```
    scanf("%d",&number);
  while(number!=0)
  {
    if(head==NULL)
    {
    printf("\n 没有任何学生资料!\n");
    return(head);}
    printf("------------------------------------------\n");
    printf("|学号\t|姓名\t|语文\t|数学\t|英语\t|\n");
    printf("------------------------------------------\n");/*打印表格域*/
    p1=head;
    while(number!=p1->number&&p1->next!=NULL)
    {
     p2=p1;
     p1=p1->next;
    }
    if(number==p1->number)
    {
     printf("|%d\t|%s\t|%.1f\t|%.1f\t|%.1f\t|\n",p1->number,p1->name,p1->chinese,
p1->mathmatic, p1->english);
     printf("------------------------------------------\n");
    }                       /*打印表格域*/
    else
       printf("%d 不存在此学生!\n",number);
    printf("输入要查询的学生的学号,");
    scanf("%d",&number);
  }
  printf("已经退出了!\n");
  return(head);
  }
```

18.3.6　删除数据函数 dele

函数 dele 的功能是删除输入学号的学生信息。

```
score *dele(score *head)
{
 score *p1,*p2;
 int number;
 printf("输入要删除的学生的学号(输入 0 时退出):");
 scanf("%d",&number);
 getchar();
 while(number!=0)                              /*输入学号为 0 时退出*/
 {
  if(head==NULL)
  {
  printf("\n 没有任何学生资料!\n");
  return(head);
  }

  p1=head;
  while(number!=p1->number&&p1->next!=NULL)  /*p1 指向的不是要找的首结点,并且后面还有结点*/
  {
  p2=p1;p1=p1->next;
  }                                           /*p1 后移一个结点*/
  if(number==p1->number)                      /*找到了*/
  {
   if(p1==head)
    head=p1->next;                            /*若 p1 指向的是首结点, 把第二个结点地址赋予 head*/
   else
    p2->next=p1->next;                        /*否则将下一个结点地址赋给前一结点地址*/
```

```
  printf("删除:%d\n",number);n=n-1;
  }
 else
  printf("%d 不存在此学生!\n",number);          /*找不到该结点*/
  printf("输入要删除的学生的学号:");
  scanf("%d",&number);
  getchar();
 }
#ifdef DEBUG
 printf("已经退出了!\n");
#endif
printf("现在的学生数为:%d 个!\n",n);
 return(head);
}
```

18.3.7　对数据进行排序函数 sortdata()

函数 sortdata()的功能是对链表中的数据按照一定的要求进行排序。本函数提供了几种排序方法，使用 switch-case 语句根据用户的选择，判断是按照学号、姓名或是单科成绩使用交换法进行排序。此函数带回一个指向链表头的指针。

函数 sortdata()代码如下：

```
score *sortdata(score *head)
 {
  score *p,*max;
  int  i,j,x;
  float fen;
  char t[10];
  if(head==NULL)
  {printf("\n 没有任何学生资料，请先建立链表!\n");return(head);}          /*链表为空*/
  max=p=head;

  for(i=0;i<80;i++)
  printf("*");
    printf("1 按学生学号排序\t2 按学生姓名排序\t3 按语文成绩排序\n");
    printf("4 按数学成绩排序\t5 按英语成绩排序\t\n");
  for(i=0;i<80;i++)
  printf("*");
  printf("请选择操作:");
  scanf("%d",&x);                              /*选择操作*/
  getchar();
  switch(x)                                    /*用 switch 语句实现功能选择*/
  {case 1 :
        for(i=1;i<n;i++)
        {
          for(j=i+1;j<=n;j++)
            {
              max=p;
              p=p->next;
              if(max->number>p->number)
                {
      k=max->number;
      max->number=p->number;
      p->number=k;                /*交换前后结点中的学号值，使得学号大者移到后面的结点中*/
      strcpy(t,max->name);
      strcpy(max->name,p->name);
      strcpy(p->name,t);          /ᐧ交换前后结点中的姓名，使之与学号相匹配*/
      fen=max->chinese;
      max->chinese=p->chinese;
```

```
            p->chinese=fen;                    /*交换前后结点中的语文成绩，使之与学号相匹配*/
            fen=max->mathmatic;
            max->mathmatic=p->mathmatic;
            p->mathmatic=fen;                  /*交换前后结点中的数学成绩，使之与学号相匹配*/
            fen=max->english;
            max->english=p->english;
            p->english=fen;                    /*交换前后结点中的英语成绩，使之与学号相匹配*/
              }
          }
      max=head;p=head;/*重新使 max,p 指向链表头*/
    }
      print(head);break;/*打印值排序后的链表内容*/
case 2 :    for(i=1;i<n;i++)
            {
  for(j=i+1;j<=n;j++)
  {
  max=p;
  p=p->next;
    if(strcmp(max->name,p->name)>0)  /*strcmp=>字符串比较函数*/
    {
    strcpy(t,max->name);                     /*strcpy=>字符串复制函数*/
    strcpy(max->name,p->name);
    strcpy(p->name,t);        /*交换前后结点中的姓名，使得姓名字符串的值大者移到后面的结点中*/
    k=max->number;
    max->number=p->number;
    p->number=k;                            /*交换前后结点中的学号值，使之与姓名相匹配*/
    fen=max->chinese;
     max->chinese=p->chinese;
     p->chinese=fen;                        /*交换前后结点中的语文成绩，使之与姓名相匹配*/
     fen=max->mathmatic;
     max->mathmatic=p->mathmatic;
     p->mathmatic=fen;                      /*交换前后结点中的数学成绩，使之与姓名相匹配*/
     fen=max->english;
     max->english=p->english;
     p->english=fen;                        /*交换前后结点中的英语成绩，使之与姓名相匹配*/
    }
  }
    p=head;
    max=head;
  }
 print(head);
 break;
case 3 :      for(i=1;i<n;i++)
              {for(j=i+1;j<=n;j++)
                {max=p;
  p=p->next;
  if(max->chinese>p->chinese)
  {
    fen=max->chinese;
    max->chinese=p->chinese;
    p->chinese=fen;             /*交换前后结点中的语文成绩，使得语文成绩高者移到后面的结点中*/
   k=max->number;
   max->number=p->number;
   p->number=k;                         /*交换前后结点中的学号，使之与语文成绩相匹配*/
   strcpy(t,max->name);
   strcpy(max->name,p->name);
   strcpy(p->name,t);                   /*交换前后结点中的姓名，使之与语文成绩相匹配*/
   fen=max->mathmatic;
   max->mathmatic=p->mathmatic;
   p->mathmatic=fen;                    /*交换前后结点中的数学成绩，使之与语文成绩相匹配*/
```

```
             fen=max->english;
             max->english=p->english;
             p->english=fen;              /*交换前后结点中的英语成绩，使之与语文成绩相匹配*/
               }
          }
             p=head;
             max=head;
          }
        print(head);
        break;
      case 4 :       for(i=1;i<n;i++)
       {for(j=i+1;j<=n;j++)
        {max=p;
         p=p->next;
         if(max->mathmatic>p->mathmatic)
          {
           fen=max->mathmatic;
           max->mathmatic=p->mathmatic;
           p->mathmatic=fen;        /*交换前后结点中的数学成绩，使得数学成绩高者移到后面的结点中*/
           k=max->number;
           max->number=p->number;
           p->number=k;                  /*交换前后结点中的学号，使之与数学成绩相匹配*/
           strcpy(t,max->name);
           strcpy(max->name,p->name);
           strcpy(p->name,t);            /*交换前后结点中的姓名，使之与数学成绩相匹配*/
           fen=max->chinese;
           max->chinese=p->chinese;
           p->chinese=fen;              /*交换前后结点中的语文成绩，使之与数学成绩相匹配*/
           fen=max->english;
           max->english=p->english;
           p->english=fen;              /*交换前后结点中的英语成绩，使之与数学成绩相匹配*/
           }
        }
           p=head;
           max=head;
        }
       print(head);
       break;
      case 5 :       for(i=1;i<n;i++)
        {for(j=i+1;j<=n;j++)
          {max=p;
           p=p->next;
           if(max->english>p->english)
           {
            fen=max->english;
            max->english=p->english;
            p->english=fen;             /*交换前后结点中的英语成绩，使得英语成绩高者移到后面的结点中*/
            k=max->number;
            max->number=p->number;
            p->number=k;                 /*交换前后结点中的学号，使之与英语成绩相匹配*/
           strcpy(t,max->name);
           strcpy(max->name,p->name);
           strcpy(p->name,t);            /*交换前后结点中的姓名，使之与英语成绩相匹配*/
           fen=max->chinese;
           max->chinese=p->chinese;
           p->chinese=fen;              /*交换前后结点中的语文成绩，使之与英语成绩相匹配*/
           fen=max->mathmatic;
           max->mathmatic=p->mathmatic;
           p->mathmatic=fen;            /*交换前后结点中的数学成绩，使之与英语成绩相匹配*/
           }
```

```
        }
         p=head;
         max=head;
      }
       print(head);
       break;
      default :printf("输入错误,请重试! \n");
     }
     return (0);
}
```

18.3.8   保存数据函数 save()

函数 save()的功能是保存学生的资料到磁盘中，在程序关闭以后，下次使用时不会丢失。
函数 save()代码如下：

```
save(score *p1)
{
 FILE *fp;
 char filepn[20];/*用来存放文件保存路径以及文件名*/
 printf("请输入文件路径及文件名:");
 scanf("%s",filepn);
 if((fp=fopen(filepn,"w+"))==NULL)
 {
 printf("不能打开文件!\n");
 return 0;
 }
    fprintf(fp,"             学生成绩管理系统             \n");
   fprintf(fp,"\n");
    fprintf(fp,"-------------------------------------------\n");
 fprintf(fp,"|学号\t|姓名\t|语文\t|数学\t|英语\t|\n");
    fprintf(fp,"-------------------------------------------\n"); /*打印表格域*/
 while(p1!=NULL)
 {
 fprintf(fp,"%d\t%s\t%.1f\t%.1f\t%.1f\t\n",p1->number,p1->name,p1->chinese,p1->
mathmatic, p1->english);
 p1=p1->next;                                        / *下移一个结点*/
 }
 fclose(fp);
 printf("文件已经保存!\n");
 return 0;
 }
```

18.3.9   从文件中读取数据函数 loadfile()

函数 loadfile()的功能是从文件读入学生记录。当把学生记录保存到磁盘上后，下次使用时
还需要从保存的文件中读取。
函数 loadfile()代码：

```
score *loadfile(score *head)
{
   score *p1,*p2;
   int m=0;
   char filename[10];
  FILE *fp;
 printf("请输入文件路径及文件名:");
 scanf("%s",filename);/*输入文件路径及名称*/
 if((fp=fopen(filename,"r+"))==NULL)
 {
 printf("不能打开文件!\n");
```

```
      return 0;
    }
      fscanf(fp,"              学生成绩管理系统              \n");
      fscanf(fp,"\n");
        fscanf(fp,"-------------------------------------------\n");
    fscanf(fp,"|学号\t|姓名\t|语文\t|数学\t|英语\t|\n");
        fscanf(fp,"-------------------------------------------\n");  /*读入表格域*/
    printf("              学生成绩管理系统              \n");
      printf("\n");
        printf("-------------------------------------------\n");
    printf("|学号\t|姓名\t|语文\t|数学\t|英语\t|\n");
        printf("-------------------------------------------\n");  /*打印表格域*/
    m=m+1;
    if(m==1)
    {

    p1=(score *)malloc(LEN);                                    /*开辟一个新单元*/
    fscanf(fp,"%d%s%f%f%f",&p1->number,p1->name,&p1->chinese,&p1->mathmatic,&p1->
english);
        printf("|%d\t|%s|\t|%.1f\t|%.1f\t|%.1f\t|\n",p1->number,p1->name,
p1->chinese, p1->mathmatic, p1->english);
      /*文件读入与显示*/
    head=NULL;
    do
    {
     n=n+1;
     if(n==1) head=p1;
     else p2->next=p1;
     p2=p1;
     p1=(score *)malloc(LEN);                                    /*开辟一个新单元*/
        fscanf(fp,"%d%s%f%f%f\n",&p1->number,p1->name,p1->chinese, &p1->mathmatic,
&p1-> english);
            printf("|%d\t|%s\t|%.1f\t|%.1f\t|%.1f\t|\n",p1->number,p1->name,p1->
chinese,p1-> mathmatic,p1->english);
              /*文件读入与显示*/
    }while(!feof(fp));
    p2->next=p1;
    p1->next=NULL;
    n=n+1;
    }
    printf("-------------------------------------------\n");     /*表格下线*/
     fclose(fp);                                               /*结束读入，关闭文件*/

    return (head);
    }
```

18.3.10 成绩统计函数 statistics()

函数 statistics()的功能是统计学生成绩，该函数主要实现了对学生成绩进行统计个人总分和平均分、统计单科平均分、统计总分最高分和最低分的操作。

函数 statistics()代码如下：

```
score *statistics(score *head)
{
float sum1=0,sum2=0,sum3=0,ave1=0,ave2=0,ave3=0,max=0,min=0;
  char maxname[10],minname[10];
  score *p;
  int x,y=0,i=0;
  p=head;
  printf("1 个人总分和平均分\t2 单科平均分\t3 总分最高分和最低分\n");
```

```c
        scanf("%d",&x);
        getchar();
     switch(x)                       /*用 switch 语句实现功能选择*/
      {
     case 1: if(head==NULL)
      {printf("\n 没有任何学生资料!\n");return(head);}/*链表为空*/
      else
      {
         printf("------------------------------------------------------------\n");
         printf("|学号\t|姓名\t|语文\t|数学\t|英语\t|总分\t|平均分\t|\n");
         printf("------------------------------------------------------------\n");
                                                              /*打印表格域*/
         while(p!=NULL)
         {
           sum1=p->chinese+p->mathmatic+p->english;  /*计算个人总分*/
           ave1=sum1/3;                               /*计算个人平均分*/
                  printf("|%d\t|%s\t|%.1f\t|%.1f\t|%.1f\t|%.1f\t|%.1f\t|\n",p->
number,p-> name,p->chinese,p->mathmatic,p->english,sum1,ave1);   /*打印结果*/
              printf("------------------------------------------------------------\n");
                                                              /*打印表格域*/
         p=p->next;}
         }
      return(head);     break;
     case 2: if(head==NULL)
       {printf("\n 没有任何学生资料!\n");return(head);}        /*链表为空*/
        while(p!=NULL)
        {
        sum1=sum1+p->chinese;
        sum2=sum2+p->mathmatic;
        sum3=sum3+p->english;                          /*计算总分*/
         y=y+1;
         ave1=sum1/y;
         ave2=sum2/y;
         ave3=sum3/y;                                   /*计算平均分*/
         p=p->next;/*使 p 指向下一个结点*/
         }
        printf("语文平均分是%.1f\n",ave1);
        printf("数学平均分是%.1f\n",ave2);
        printf("英语平均分是%.1f\n",ave3);                /*打印结果*/
         return(head); break;
     case 3:
      if(head==NULL)
      {printf("\n 没有任何学生资料!\n");return(head);}        /*链表为空*/
       min=max=p->chinese+p->mathmatic+p->english;
      while(i<n)
      {
      i=i+1;
      sum1=p->chinese+p->mathmatic+p->english;          /*计算个人总分*/
      if(max<sum1)
       {
       max=sum1;
       strcpy(maxname,p->name);
        }
       if(min>sum1)
      {
      min=sum1;
      strcpy(minname,p->name);
      }
     p=p->next;
      }
```

```
 printf("总分最高分:%.1f,姓名: %s、",max,maxname);
 printf("\n");
 printf("总分最低分:%.1f,姓名: %s",min,minname);
 printf("\n");
 return(head); break;
 default :printf("输入错误,请重试!\n");
 }
 return(head);
}
```

18.4 程序运行

程序运行时,出现学生成绩管理系统的主界面,如图 18-18 所示。

图 18-18 系统界面

18.4.1 编辑学生成绩

输入 1,按回车键以后,进入编辑学生成绩模块,按照提示进行输入。

输入 10 个学生的成绩信息,如表 18-1 所示,然后显示如图 18-19 所示。

表 18-1 学生成绩信息

学　　号	姓　　名	语　　文	数　　学	英　　语
1001	杨力伟	76	85	90
1003	孙少华	85	95	91
1004	王丽	62	76	86
1006	张三	56	93	82
1002	李帅	78	81	80
1005	孙燕	69	69	94
1010	李飞	90	86	98
1014	杨丽丽	86	91	78
1013	张非非	79	90	60
1008	刘静静	84	83	76

按表 18-1 将数据全部输入以后,输出数字 0,退出编辑学生成绩模块,进入主界面,并显示刚才输入的学生的成绩的个数,如图 18-19 所示。

18.4.2 显示学生成绩

输入 2,按回车键以后,进入显示学生成绩模块,显示刚才输出的学生信息,如图 18-20 所示。

从图 18-20 中显示的数据可以看出输入以后已经按学生的学号进行了排序。

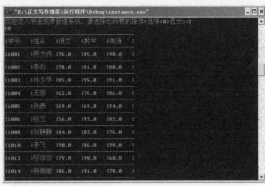

图 18-19　输入界面	图 18-20　显示学生成绩

18.4.3　保存学生成绩信息

为了使刚才输入的信息能够一次再使用，需要将数据保存在磁盘上，输入 2，按回车键以后，系统提示输入要保存的路径及文件名，输入后，提示文件已保存，如图 18-21 所示。

18.4.4　查询学生的成绩

输入 2，按回车键以后，进入查询学生成绩模块，输入要查询学生的学号，如所查询学生存在就显示学生的成绩信息；如果该学号对应的学生不存在，则给出提示信息，如图 18-22 所示。

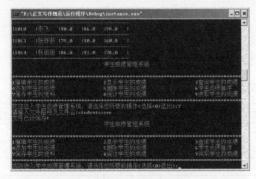

图 18-21　保存文件	图 18-22　查询学生成绩

18.4.5　添加学生的成绩

从刚才的查询模块中，输入数字 0 退出到系统主界面，然后输入数字 4，按回车键后进入添加学生成绩信息的模块。

输入一个学生的成绩信息如下：

学　　号	姓　　名	语　文	数　　学	英　语
1009	张敏	93	85	91

添加后如图 18-23 所示。

18.4.6　删除学生的成绩

输入 5，按回车后，进入删除学生成绩信息的模块。输入要删除的学生的学号，将其信息删除，如图 18-24 所示。

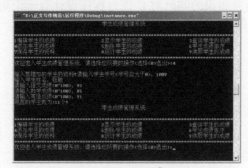

图 18-23　添加学生成绩

图 18-24　删除学生的成绩

18.4.7　学生成绩排序

输入 6，按回车后，进入学生成绩排序的模块。本模块提供了几种排序依据：按照学号、姓名、语文成绩、数学成绩、英语成绩进行排序，用户可选择自己需要的排序方式进行升序排列，如图 18-25 所示。

18.4.8　从文件中读取学生的成绩

当关闭系统以后，下次再用到上次输入的数据时，需要从文件中读取数据。在系统主界面中输入数据 9，按回车键后进入文件读取界面。然后输入需要读取的文件路径及文件名，如图 18-26 所示。

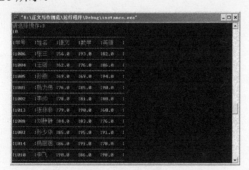

图 18-25　按学生的语文成绩

图 18-26　从文件中读取数据

18.4.9　统计学生的成绩

从文件中读取数据以后，对文件中的数据进行统计，输入数字 8，按回车键进入学生成绩统计模块。这个模块提供了三种统计方式：统计个人总分和平均分、统计单科平均分、统计总分最高分和最低分。根据用户不同的选择统计方式进行统计，如图 18-27 所示。

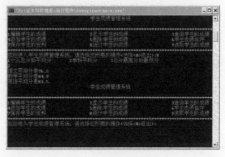

图 18-27　单科平均分统计

18.5　本章小结

　　本章运用一个具体的学生成绩管理系统的设计过程，从系统界面设计、功能的分析、模块描述及程序编写的实现，在熟悉前面几章学习 C 语言知识的同时对 C 语言程序设计有一个更加系统、深刻的理解。C 语言重在应用，能够用所学的知识解决问题，才是最终的目的。

附录 A ASCII 字符集

ASCII 值	控制字符	ASCII 值	控制字符	ASCII 值	控制字符	ASCII 值	控制字符
000	(NULL)	032	(space)	064	@	096	、
001	SOH	033	!	065	A	097	a
002	STX	034	"	066	B	098	b
003	ETX	035	#	067	C	099	c
004	EOT	036	$	068	D	100	d
005	END	037	%	069	E	101	e
006	ACK	038	&	070	F	102	f
007	BEL	039	'	071	G	103	g
008	BS	040	(	072	H	104	h
009	HT	041	)	073	I	105	i
010	LF	042	*	074	J	106	g
011	VT	043	+	075	K	107	k
012	FF	044	,	076	L	108	l
013	CR	045	-	077	M	109	m
014	SO	046	.	078	N	110	n
015	SI	047	/	079	O	111	o
016	DLE	048	0	080	P	112	p
017	DC1	049	1	081	Q	113	q
018	DC2	050	2	082	R	114	r
019	DC3	051	3	083	S	115	s
020	DC4	052	4	084	T	116	t
021	NAK	053	5	085	U	117	u
022	SYN	054	6	086	V	118	v
023	ETB	055	7	087	W	119	w
024	CAN	056	8	088	X	120	x
025	EM	057	9	089	Y	121	y
026	SUB	058	:	090	Z	122	z
027	ESC	059	;	091	[	123	{
028	FSS	060	<	092	\	124		
029	GS	061	=	093	]	125	}
030	RS	062	>	094	^	126	~
031	US	063	?	095	_	127	DEL

说明：

控制字符	含　义	控制字符	含　义	控制字符	含　义
NUL	空	VT	垂直制表	SYN	空转同步
SOH	标题开始	FF	走纸控制	ETB	信息组传送结束
STX	正文开始	CR	回车	CAN	作废
ETX	正文结束	SO	移位输出	EM	纸尽
EOY	传输结束	SI	移位输入	SUB	换置
ENQ	询问字符	DLE	空格	ESC	换码
ACK	承认	DC1	设备控制	FSS	文字分隔符
BEL	报警	DC2	设备控制	GS	组分隔符
BS	退一格	DC3	设备控制	RS	记录分隔符
HT	横向列表	DC4	设备控制	US	单元分隔符
LF	换行	NAK	否定	DEL	删除

附录 B　运算符的优先级与结合性

优 先 级	运 算 符	含 义	要求运算对象的个数	结合方向
15	( )	圆括号		自左向右
	[ ]	下标运算符		
	->	指向结构体成员运算符		
	.	结构体成员运算符		
14	!	逻辑非运算符	单目运算符	自右向左
	~	按位取反运算符		
	++	自增运算符		
	--	自减运算符		
	-	负号运算符		
	(类型)	类型转换运算符		
	*	指针运算符		
	&	取地址运算符		
	sizeof	长度运算符		
13	*	乘法运算符	双目运算符	自左向右
	/	除法运算符		
	%	求余运算符		
12	+	加法运算符	双目运算符	自左向右
	-	减法运算符		
11	<<	左移运算符	双目运算符	自左向右
	>>	右移运算符		
10	< <= > >=	关系运算符	双目运算符	自左向右
9	==	等于运算符	双目运算符	自左向右
	!=	不等于运算符		
8	&	按位与运算符	双目运算符	自左向右
7	^	按位异或运算符	双目运算符	自左向右
6	|	按位或运算符	双目运算符	自左向右
5	&&	逻辑与运算符	双目运算符	自左向右
4	||	逻辑或运算符	双目运算符	自左向右
3	?:	条件运算符	三目运算符	自右向左
2	=　+=　-=　*= /=　%=　>>=　<<= &=　^=　|=	赋值运算符	双目运算符	自右向左
1	,	逗号运算符		自左向右

说明：优先级 15 最高，优先级 1 最低。运算时，优先级高的运算符先执行运算。

C语言运算符优先级等级口诀

- [圆方括号、箭头一句号]
- [自增自减非反负、针强地址长度]
- [乘除，加减，再移位]
- [小等大等、等等不等]
- [八位与], [七位异], [六位或], [五与], [四或], [三疑], [二赋], [一真逗]

（其中"[]"号为一个等级分段）

说明：

1　"圆方括号、箭头一句号"

指的是第 15 级的运算符。

其中：

【圆方括号】为"( )、[]"。

【箭头】指的是指向结构体成员运算符"->"。

【句号】指的是结构体成员运算符"."。

2　"自增自减非反负、针强地址长度"

指的是第 14 级的运算符。

其中：

【非】指的是逻辑运算符"!"。

【反】指的是按位取反运算符"~"。

【负】指的是负号运算符"—"。

【针】指的是指针运算符"*"。

【强】指的是强制类型转换运算符。

【地址】指的是地址运算符"&"。

【长度】指的是长度运算符"sizeof"。

3　"乘除，加减，再移位"

【移位】指的是左移运算符"<<"和右移运算符">>"。

【除】还包括了 取余运算符"%"。

4　"小等大等、等等不等"

【小等大等】指的是第 10 级到第 9 级的运算符：<、<=、>和>=。

【等等】指的是等于运算符"=="。

【不等】指的是不等于运算符"!="。

5　"八位与，七位异，六位或"

【八位与】指的是第 8 级的 按位与 运算符"&"。

【七位异】指的是第 7 级的按位异或 运算符"^"。

【六位或】指的是第 6 级的按位或运算符"||"。

6　"五与，四或"

【五与】指的是第 5 级的逻辑与运算符"&&"。

【四或】第 4 级的逻辑或运算符"||"。

7　"三疑，二赋，一真逗"

指的是第 3 级到第 1 级的运算符。

其中：

【三疑】指的是条件运算符"？："，三有双重含义：即指优先级别是三，它的运算符类型也是三目，疑也取"？"之意。

【二赋】指的是赋值运算符=、+=、-=、*=、/=、%=、>>=、<<=、&=、^=和|= 。

【一真逗】指的是第 1 级的"，"运算符，"真"字只是为了语句需要罢了。

附录 C C 语言常用库函数

1. 数学函数

函 数 名	函数原型	功 能	返 回 值	说 明
abs	int abs(int x);	求|x|	计算结果	x 在整型的范围之内
acos	double acos(double x);	求 arccosx	计算结果	$-1 \leqslant x \leqslant 1$
asin	double asin(double x);	求 arcsinx	计算结果	$-1 \leqslant x \leqslant 1$
atan	double atan(double x);	求 arctanx	计算结果	
cos	double cos(double x);	求 cosx	计算结果	x 的单位为弧度
exp	double exp(double x);	求 e^x	计算结果	
fabs	double fabs(double x);	求|x|	计算结果	
log	double log(double x);	求 lnx	计算结果	x 为正数
log10	double log10(double x);	求 lgx	计算结果	x 为正数
pow	double pow(double x,double y);	求 x^y	计算结果	
sin	double sin (double x);	求 sinx	计算结果	x 的单位为弧度
sprt	double sqrt(double x);	求 $\sqrt{x}$	计算结果	x 为非负数
tan	double tan(double x);	求 tanx	计算结果	

注意：这些函数在使用时要求在源文件中包含头文件 math.h。

2. 字符函数

函 数 名	函数原型	功 能	返 回 值
isalnum	int isalnum(int c);	判断 c 是否为字母或数字	是，返回 1；否，返回 0
isalpha	int isalpha(int c);	判断 c 是否为字母	是，返回 1；否，返回 0
iscntrl	int iscntrl(int c);	判断 c 是否为控制字符	是，返回 1；否，返回 0
isdigit	int isdigit(int c);	判断 c 是否为数字	是，返回 1；否，返回 0
islower	int tislower(int c);	判断 c 是否为小写字母	是，返回 1；否，返回 0
isspace	int isspace(int c);	判断 c 是否为空格、制表符或换行符	是，返回 1；否，返回 0
isupper	int isupper(int c);	判断 c 是否为大写字母	是，返回 1；否，返回 0
isxdigit	int isxdigit(int c);	判断 c 是否为十六进制数字	是，返回 1；否，返回 0
tolower	int tolower(int c);	将 c 中的字母转换成小写字母	返回对应的小写字母
toupper	int toupper(int c);	将 c 中的字母转换成大写字母	返回对应的大写字母

注意：这些函数在使用时要求在源文件中包含头文件 ctype.h。

3. 字符串函数

函数名	函数原型	功 能	返 回 值
strcat	char *strcat(char *s1,char *s2);	将 s2 所指字符串接到 s1 所指字符串的后面	s1 所指字符串的首地址
strchr	char *strchr(char *s,int c);	在 s 所指字符串中，找出第一次出现字符 c 的位置	找到，返回该位置的地址，否则返回 NULL
strcmp	char *strcmp(char *s1,char *s2);	在 s1 和 s2 所指字符串进行比较	s1<s2，返回负数；s1==s2，返回 0；s1>s2，返回正数

续表

函数名	函数原型	功　能	返回值
strcpy	char *strcpy(char *s1,char *s2);	将 s2 所指字符串复制到 s1 所指向的内存空间中	s1 所指内存空间地址
strlen	char *strlen(char *s);	将 s 所指字符串的长度	有效字符串个数
strlwr	char *strlwr(char *s);	将 s 所指字符串变为小写字母	s 所指内存空间地址
strstr	char *strstr(char *s1,char *s2);	在 s1 所指字符串中,找出 s2 所指字符串第一次出现的位置	找到,返回该位置的地址,否则返回 NULL
strupr	char *strupr(char *s);	将 s 所指字符串变为大写字母	s 所指内存空间地址

注意：这些函数在使用时要求在源文件中包含头文件 string.h。

4. 输入/输出函数

函数名	函数原型	功　能	返回值
fclose	int fclose(FILE *fp);	关闭 fp 所指的文件,释放文件缓冲区	出错返回非零值;否则返回 0
feof	int feof(FILE *fp);	判断文件是否结束	遇文件结束返回非零值;否则返回 0
fgetc	int fgetc(FILE *fp);	从 fp 所指的文件中取得下一个字符	出错返回 EOF;否则所读字符
fgets	int fgets(char *b,int n,FILE *fp);	从 fp 所指的文件中读取一个长度为 n-1 的字符串,并存为 b 所存储区	返回 b 所指存储区地址;若遇文件结束或出错返回 NULL
fopen	FILE *fopen(char *filename,char *mode);	以 mode 指定的方式打开名为 filename 的文件	成功,返回文件信息区的起始地址;否则返回 NULL
fprintf	int fprintf(FILE *fp,char *format,args,…);	把 args…的值以 format 指定的格式输出到 fp 所指定的文件中	返回实际输出的字符数
fputc	int fputc(char c,FILE *fp);	将 c 中字符输出到 fp 所指文件中	成功返回该字符,否则返回 EOF
fputs	int fputs(char c,FILE *fp);	将 s 所指字符串输出到 fp 所指文件中	成功返回非 0;否则返回 0
fread	int fread(char *p,unsigned size,unsigned n,FILE *fp);	从 fp 所指文件读取长度为 size 的 n 个数据块存入 p 所指文件中	返回读取数据块数;若遇文件结束或出错返回 0
fscanf	int fscanf(FILE *fp,char *format,args,…);	从 fp 所指定的文件中按 format 指定的格式把输入数据存入到 args…所指的内存中	已输入的数据个数;遇文件结束或出错返回 0
fseek	int fseek(FILE *fp,long offer,int base);	移动 fp 所指文件的位置指针	成功返回当前位置;否则返回-1
ftell	long ftell(FILE *fp);	求出 fp 所指文件当前的读写位置	读写位置
fwrite	int fread(char *p,unsigned size,unsigned n,FILE *fp);	把 p 所指向的 n*size 个字节输出到 fp 所指文件中	输出的数据块个数
getch	int getch(void);	从标准输入设备读取一个字衍,但不显示到屏幕上	返回所读字符;若出错或文件结束返回-1
Getc	int getchar(void);	从标准输入设备读取一个字符	返回所读字符;若出错或文件结束返回-1
gets	char gets(char *s);	从标准输入设备读取一个字符串	返回 s
printf	int fprintf(char *format,args,…);	把 args…的值以 format 指定的格式输出到标准输出设备中	输出字符的个数
putchar	int putchar(char c);	把 c 输出到标准输出设备	返回输出的字符,若出错,返回 EOF
puts	int puts(char *s);	把 s 所指字符串输出到标准设备,将 '\0' 转换成回车换行符	返回换行符,若出错,返回 EOF

续表

函 数 名	函 数 原 型	功　能	返 回 值
scanf	int fscanf(char *format,args,…);	把标准输入设备以 format 指定的格式把输入数据存入到 args…所指的内存中	返回已输入的数据个数；出错返回 0

注意：这些函数在使用时要求在源文件中包含头文件 stdio.h。

5．动态分配函数和随机函数

函 数 名	函 数 原 型	功　能	返 回 值
malloc	void *malloc(unsigned s);	分配一个 s 个字节的存储空间	返回分配内存空间的地址；如不成功则返回 0
calloc	void *calloc(unsigned n,unsigned s);	分配 n 个数据项的内存空间，每个数项占 s 个字节	返回分配内存空间的地址；如不成功则返回 0
realloc	void *realloc(void *p,unsigned s);	将 p 所指内存区的大小改为 s 个字节	新分配内存空间的地址；如不成功则返回 0
free	void free(void p);	释放 p 所指的内存区	无
rand	int rand(void);	产后 0 到 2147483647 的随机整数	返回所产生的整数
random	int random(int n);	产生 0 到 n-1 的随机整数	返回所产生的整数
randomize	void randomize(void);	初始化随机数发生器	无

注意：这些函数在使用时要求在源文件中包含头文件 stdlib.h。使用 randomize 函数时，在源文件要包含头文件 time.h。

6．图形功能函数

函 数 名	函 数 原 型	功　能	返 回 值
circle	void circle(int x,int y,int radius);	以 x，y 为圆心，以 radius 为半径画圆	无
initgraph	void initgraph(int *driver,int *mode,char *path);	初始化图形系统	无
setbkcolor	void setbkcolor(int color);	设置背景色	无
setcolor	void setcolor(int color);	设置画线颜色	无
setlinestyle	void setlinestyle(int style,unsigned pattern,int width);	确定画线方式	无

注意：这些函数在使用时要求在源文件中包含头文件 graphics.h。

7．其他函数

函 数 名	函 数 原 型	功　能	返 回 值
chrscr	void chrscr(void);	清除当前字符窗口	无
gotoxy	void gotoxy(int x,int y);	光标移动到 x,y 指定处	无
textbackground	void textbackgroung(int color);	设置字符屏幕的背景色	无
textcolor	void textcolor(int color);	设置字符屏幕下的字符颜色	无
window	void window(int left,int top,int right,int bottom);	建议矩形字符窗口	无

注意：这些函数在使用时要求在源文件中包含头文件 conio.h。

附录D 安装 Visual C++ 6.0 集成开发环境

安装 Visual C++ 6.0 集成开发环境的具体步骤如下。

（1）双击安装包内的 SETUP.EXE 文件，弹出"Installation Wizard for Visual Studio 6.0 Enterprise Edition"窗口，如图 D-1 所示。

（2）单击"Next"按钮，弹出"End User License Agreement"窗口，如图 D-2 所示。

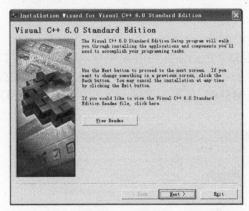

图 D-1　启动安装

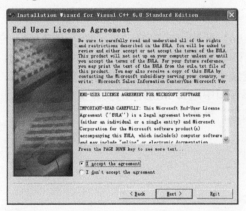

图 D-2　"End User License Agreement"窗口

（3）点选"I accept the agrement"单选按钮后，单击"Next"按钮，弹出"Product Number and User ID"窗口，输入正确的序列号和用户名如图 D-3 所示。

（4）单击"Next"按钮，弹出"Choose Common Install Folder"窗口，如图 D-4 所示。可以单击"Browse"按钮，选择安装的路径。如果使用系统默认的安装路径，直接单击"Next"按钮。

图 D-3　"Product Number and User ID"窗口

图 D-4　"Choose Common Install Folder"窗口

（5）进入安装模式选择界面，选择安装模式如图 D-5 所示。安装模式分为典型和自定义两种。如果用户单击"Typical"按钮，会直接进行安装。如果用户单击"Custom"按钮，则显示选择安装文件界面，如图 D-6 所示，用户可以根据自己的需要进行选择安装。

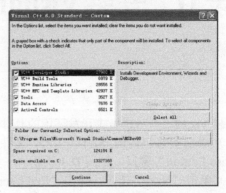

图 D-5　选择安装模式　　　　　　　　　　图 D-6　选择安装文件

（6）开始正式安装，显示如图 D-7 所示的安装进度条。

（7）安装完毕后，显示 MSDN 安装界面，如图 D-8 所示。从图 D-8 中可以看出，该窗口提示安装者安装 MSDN。如果选择安装 MSDN，则单击"Next"按钮，弹出如图 D-9 所示的窗口，从该窗口中选择 MSDN 的安装文件。如果不想安装 MSDN，可不勾选图 D-8 中的"Install MSDN"复选框，单击"Exit"按钮。

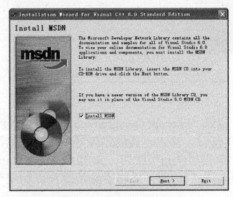

图 D-7　安装进度条　　　　　　　　　　图 D-8　MSDN 安装界面

（8）完成安装如图 D-10 所示，单击"finish"完成安装，进行注册。

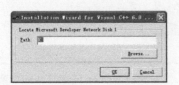

图 D-9　选择 MSDN 的安装文件 1　　　　　图 D-10　选择 MSDN 的安装文件 2